KB194119

4퍼센트
우주

THE 4% UNIVERSE

4

THE 4 PERCENT
UNIVERSE

우주의 96퍼센트를 차지하는
암흑물질·암흑에너지를 말하다

4퍼센트
우주

리처드 파넥 지음 | 김혜원 옮김

사이언스

"알아요." 닉이 말했다.
"넌 모른단다." 닉의 아버지가 말했다.
—어니스트 헤밍웨이

CONTENTS

상자 안을 들여다볼 시간이 왔다. 2009년 11월 5일, 전 세계 16개 기관의 과학자들이 컴퓨터 모니터 앞에 앉아 쇼가 시작되기를 기다렸다. 미네소타대학교와 캘리포니아공과대학의 대학원생 둘이 두 프로그램을 동시에 돌릴 예정이었다. 두 프로그램은 북부 미네소타에 있는 오래된 폐철광산의 지하 깊숙한 곳에서 수집해온 데이터를 15분 동안 정리할 터였다.

지난 1년 동안 고감도 검출기 30대가 우주의 특별한 조각을 탐색했다. 이 검출기들은 냉장고 크기의 극저온 냉동 공동空洞들로, 800미터 두께의 기반암과 두툼한 납 피복으로 산란 우주 선cosmic rays을 차단한다. 그 내부는 거의 절대영도까지 냉각되고 각각에는 제라늄 원자핵이 들어 있다. 이 탐색에서 얻은 데이터는 검출기에서 외부 컴퓨터로 전송되었고, 블라인드 분석이라는 원칙에 따라 실험자들이 볼 수 없도록 '상자' 안에 들어 있는 상태였다. 미국 중부표준시로 오전 9시가 지나서, 데이터의 실체가 마침내 공개되었다.

조디 쿨리Jodi Cooley는 서던 메소디스트대학교Southern Methodist University 연구실에서 모니터를 지켜보았다. 그 실험의 데이터 분석 코디네이터인 그녀는 편견을 최대한 방지하기 위해, 연구자들이 서로 다른 접근 방식으로 두 프로그램을 만들도록 조처했다. 또한 이 프로젝트의 모든 공동연구자들 – 스탠퍼드, 버클리, 브라운 대학교와, 플로리다, 텍사스, 오하이오, 스위스의 물리학자들 – 이 동시에 컴퓨터 앞에 앉도록 조처했다. 그들은 검출기마다 하나의 이야기가, 각 이야기마다 두 가지 해석이 가능한 증거가 컴퓨터 모니터에 올라오는 것을 함께 지켜볼 것이다.

잠시 뒤, 이야기들이 모습을 드러내기 시작했다. 아무것도 없었다. 아무것도.

프로그램을 돌리고 3, 4분쯤 지났을 때, 하나가 검출되었다. 그래프에 점 한 개가 찍혔다. 그 점은 좁다랗고 바람직한 띠에 위치했다. 그 띠 안에서는 모든 점들이 떨어지지 않고 있었다.

몇 분 뒤 이 좁은 띠 안에 한 쌍의 이야기가 더 있는 또 다른 한 쌍의 점이 나타났다.

그리고 몇 분 뒤 프로그램들이 종료되었다. 검출 두 개, 그게 전부였다.

'와우.'

쿨리는 생각했다.

여기서 '와우'는 그들이 거의 2년 전에 다른 데이터의 '상자'를 조사했을 때는 아무 결과도 얻지 못할 거라 예상했는데, 사실 무언가를 발견했다는 놀라움의 의미였다.

여기서 '와우'는 만약 무언가를 검출하게 된다면, 두 개는 통계적으로는 흥미로워도 어떤 발견을 주장하기에는 충분하지 않은, 좌절감을 안겨주는 숫자라는 의미였다.

그러나 대체로 여기서 '와우'는 그들이 어쩌면 암흑물질을 처음으로 얼핏 보았을지 모른다는 벅찬 감격의 의미였다. 우리 우주가 거의 보이지 않음을 최근까지도 깨닫지 못했기 때문에, 탐색할 수 있을 거라고 생각조차 할 수 없었던, 우리 우주의 조각을 말이다.

우주의 대부분이 눈에 보이지 않는다는 사실을 안 건 이번이 처음이 아니다. 1610년에 갈릴레오는 망원경이라 부르는 새로운 장비로 하늘을 관측하여, 우주가 눈에 보이는 것 이상이라는 사실을 발견했다. 그 관측 결과를 발표하는 소책자 500부는 순식간에 팔려나갔다. 이 소책자가 담긴 소포가 피렌체에 도착하자, 소포의 수신자 주위로 군중이 벌 떼처럼 모여들어서 책의 내용을 소상히 듣겠다고 아우성을 쳤다.

몇몇 사람들이 밤하늘을 올려다보는 우리 등 뒤에서 거짓말을 해온 오랜 시간 동안, 우리는 눈에 보이는 게 존재하는 전부라고 생각했다. 그러나 그 뒤 갈릴레오가 달의 산과 목성의 위성들, 그리고 수백 개의 별들을 발견했다. 갑자기 탐구해야 할 새로운 우주가 생겼다. 그리고 천문학자들은 향후 400년에 걸쳐 이 새로운 우주에 다른 행성들의 주위를 도는 새로운 위성들, 태양 주위를 공전하는 새로운 행성들, 다른 별들의 주위를 도는 수백 개의 행성들, 우리 은하 안에 있는 수천억 개의 별들, 우리 은하 너머에 있는 수천억 개의 은하들을 추가했다.

그러나 21세기의 첫 10년이 지날 무렵, 천문학자들은 이런 엄청난 통계적 수치조차도, 갈릴레오가 고대인들로부터 물려받은 다섯 행성의 우주만큼이나 케케묵은 것일지 모른다는 결론에 도달했다. 이 새로운 우주에는 우리가 우주의 모든 것이라 믿었던 물질, 즉 여러분과 나, 그리고 내 컴퓨터와 저 모든 위성과 별과 은하들을 구성하는 물질이 아주 미량으로만 존재한다. 우주의 압도적인 대부분을 차지하는 나머지는… 누가 알겠는가?

우주론자들은 그것을 '암흑'이라 부른다. 그런 점에서 그것은 역사에서 궁극적인 의미론상의 굴복으로 받아들여질 수 있을 것이다. 이것은 거리상 멀거나 보이지 않는다는 의미에서의 암흑이 아니다. 블랙홀이나 깊숙한 우주에서와 같은 암흑도 아니다. 이것은 지금으로서는 그리고 어쩌면 영원히 알 수 없다는 미지로서의 암흑이다. 즉 암흑물질이라 부르는 신비한 23퍼센트의 무언가와, 암흑에너지라 부르는 훨씬 더 신비한 73퍼센트의 무언가가 그것이다. 그렇게 되면 우리 같은 물질은 4퍼센트만 남는다. 어떤 이론가가 대중 강연에서 즐겨 말하듯이, "우리는 그저 오염물질에 불과하다." 우리와 우리가 우주로 생각해온 그 밖의 모든 것을 다 없애버려도 변화는 거의 없을 것이다. 그는 유쾌하게 이렇게 덧붙인다. "우리는 그야말로 있으나 마나 한 존재다"라고.

모두 다 좋다. 천문학은 인간의 하찮은 통찰력으로 가득 차 있다. 그러나 하찮음에 대한 이러한 교훈들은 항상 우주를 더 깊이 이해함으로써 적어도 다소는 개선되었다. 우리는 관측하면 할수록 더 많이 알게 되었다. 그러나 관측을 더 적게 하면 어떻게 될까? 그러면 우주를 이해하는 데 어떤 문제가 생길까? 이러한 한계와, 극복할 수 있든 없든 그 한계를 넘어설 능력이, 우리와 우주를 관련짓는 쌍둥이 준거체계인 물리학 법칙과 철학에 어떤 상상할 수도 없는 영향을 미칠까?

천문학자들이 지금 알아내는 중이다. 그들이 종종 '근본적인 코페르니쿠스 혁명'이라 부르는 게 바로 지금 일어나고 있다. 그 혁명은 고감도 검출기들이 이미 도달했거나 결코 도달한 적이 없는 어떤 가설적 입자의 포착을 기다리는 지하 광산에서 일어나고 있다. 그 혁명은 커피를 마시며 대화를 나누는 중에, 에스프레소 잔에서 피어오르는 김을 보며 다중 우주를 생각해내는 상아탑에서 일어나고 있다. 그 혁명은 망원경들이 빅뱅의 잔존 복사를 추적하는 남극에서, 노벨상 수상자들이 이미 미지의 영역과의 만남으로 인정받기 시작한 스톡홀름에서, 편안한 거실 소파에 앉아 수백 광년 떨어진 별들의 실시간 자기소멸을 관측하는 전 세계 포스트닥터 연구원들의 컴퓨터에서 일어나고 있다. 그 혁명은 건강한 공동연구로, 또한 우주는 본질적으로 다원주의적 장소이기 때문에, 경력을 다투는 경쟁으로 일어나고 있다.

이 혁명을 주도한 천문학자들은 애초에 그런 계획을 한 게 아니었다. 갈릴레오처럼, 그들도 새로운 현상을 발견하게 되리라고는 전혀 예상치 못했다. 그들은 암흑물질을 찾고 있지 않았다. 암흑에너지를 찾고 있지도 않았다. 그리고 암흑물질과 암흑에너지의 증거를 찾았을 때, 그것을 믿지 못했다. 그러나 더 많은 증거와 더 확실한 증거가 축적되자, 그들은 오래도록 문명이 밤하늘을 조사해온 시간 동안 우리가 알고 있다고 생각한 우주는 저 밖에 존재하는 것의 그림자에 불과하다는 생각이 들었다. 그동안 우주의 실체를 이해하지 못한 것은 우주를 구성하는 물질들이 눈에 보이지 않았기 때문이라는, 그리고 바로 그런 우주가 우리의 우주이며, 우리가 이제야 탐구하기 시작한 우주라는 합의에 도달했다.

또다시 1610년이다.

CHAPTER
01

눈에 보이는
것보다 많다

빛이
있으라

알 수 없는 잡음

말하자면 1965년에는 우주가 간단했다. 그 일은 그해 초 어느 날 정오에 전화통화를 하다 시작되었다. 짐 피블스Jim Peebles는 자신의 멘토이자 자주 공동연구를 하는 프린스턴대학교의 물리학자 로버트 디키Robert Dicke의 연구실에서 다른 두 동료와 함께 앉아 있었다. 전화벨이 울렸다. 디키가 전화를 받았다. 디키는 별도로 어떤 연구업체의 경영을 도왔고, 수십 개의 특허를 보유하고 있었다. 주중에 연구실에서 갈색 종이봉투에 싸온 점심을 먹는 동안, 디키는 종종 기술적인 단어들이 난무하는 내밀한 전화통화를 하곤 했다. 피블스는 그 내용을 전혀 알아듣지 못했다.

그러나 이번 통화 내용에는 그가 금방 알아들을 수 있는 내밀하고 기술적인 단어들이, 그 네 물리학자가 바로 그날 오후에 논의하던 개념들이 포함되어 있었다. 예컨대 저온부하Cold load라는 말이 나왔다. 그것은 우주에서 오는 특정 신호를 포착하기 위해 사용되는 나팔형 안테나의 효율 보정을 도와주는 장치였다. 세 물리학자는 조용히 디키를 바라보았다. 디키는 수화기 너머로 고마움을 전하고 전화를 끊은 뒤 동료들에게 고개를 돌렸다. "이런, 여보게들, 우리가 특종을 빼앗겼네."

전화를 건 사람은 벨전화연구소Bell Telephone Laboratories의 한 천문학자로, 그는 그동안 어떤 진기한 데이터를 수집했지만 그게 무슨 의미인지 전혀 몰랐다. 피블스와 디키는 어떤 진기한 아이디어를 발전시켰지만 그것을 뒷받침할 만한 데이터가 없었다. 함께 점심을 들던 다른 두 물리학자는 이 아이디어를 뒷받침하는 신호를 탐지할 안테나를 만들고 있었다. 그런데 디키가 벨연구소의 두 천문학자가 그것을 먼저 찾아낸 것 같다고 말한 것이다. 그러나 두 천문학자는 정작 자신들이 무슨 일을 했는지는 알지 못했다.

디키의 연구실에는 좌절이나 실망의 분위기가 감돌지 않았다. 만약 그들 네 사람이 정말 특종을 빼앗긴 거라면, 그들이 옳다는 것도 입증된 셈이다. 만약 전화를 건 사람이 옳다면, 그들 역시 옳거나 아니면 적어도 잠재적으로 좋은 결과가 나올 만한 과학적 방향으로 나아가고 있다는 뜻이었다. 그것도 아니라면 그들이 사상 처음으로 우주의 역사를 이해한 사람들이 될 수 있다는 가능성으로, 약간의 위안을 삼을 수도 있을 것이다.

그러나 그들은 어떤 결론이든 도달하기 전에 그 데이터를 직접 점검해야만 할 것이다. 디키와 프린스턴의 다른 두 물리학자는 곧 차를 몰고 50킬로미터를 달려 벨연구소 연구센터의 본거지인 뉴저지의 홈델 타운십으로 갔다. 벨연구소의 천문학자들−디키에게 전화를 건 아노 펜지어스Arno Penzias와, 공동연구자 로버트 윌슨Robert Wilson이 그들을 데려가 안테나를 보여주었다. 그것은 주변 수 킬로미터 이내에서 가장 높은 지대인 크로포드힐 꼭대기의 사설 도로면에 있는 유개화차 크기의 나팔형 장비였다. 그들이 진공관과 계기판에 팔꿈치를 스치며 조종간 안으로 비집고 들어가자, 벨연구소의 천문학자들이 이 물리학자들에게 물리학을 설명했다.

벨연구소는 1960년, 지름 30미터의 고반사 기구氣球인 에코 통신위성에서 되튀는 미국 전역의 신호를 수신하기 위해 이 안테나를 설치했다. 에코 임무가 끝난 뒤에는 텔스타 위성에 이용했다. 이후 펜지어스와 윌슨은 이 안테나로 지구가 속한 은하계Milky Way Galaxy의 가장자리에서 오는 전파를 연구했다. 에코 임무 때보다 훨씬 더 고감도로 전파가 측정되어야 했기 때문에, 펜지어스는 저온부하를 만들었다. 저온부하는 펜지어스와 윌슨이 어떤 잉여의 잡음도 탐지하지 않음을 확인하려고, 이 안테나의 측정 데이터들과 비교할 특정 신호를 방출하는 장비였다. 그런데 이 저온부하는 그들의 바람과 전혀 다른 방식으로 작동했다. 대기와 장비 내부에 있는 전자들의 피할 수 없는 움직임은 그렇다 치고, 펜지어스와 윌슨은 설명할 수 없는 지속적인 잡음을 얻었다.

지난해 대부분 동안 그들은 이 잡음의 출처를 알아내기 위해 애썼다. 그들은 이 안테나를 80킬로미터가량 떨어진 뉴욕 시로 향하게 했다. 전파 잡음은 미미했다. 그들은 안테나를 지평선에 있는 다른 모든 위치로 향하게 했다. 마찬가지였다. 그들은 별에서 오는 신호가 자신들이 이미 계산에 넣은 것과 다른지 여부를 알아보기 위해 점검했다. 다르지 않았다. 달의 상은? 1년에 걸친 대기의 온도 변화는? 둘 다 아니었다. 그해 봄 그들은 다시 안테나 자체로 관심을 돌렸다. 안테나의 알루미늄 리벳 둘레에 테이프를 붙여보기도 하고, 나팔의 입구를 분해했다가 다시 조립하기도 했으며, 심지어 나팔 안쪽에 둥지를 튼 비둘기 한 쌍의 배설물을 긁어내기도 했다(그들은 이 비둘기들을 잡아서 우편으로 65킬로미터 이상 떨어진 뉴저지 휘패니의 벨연구소 부지로 보냈다). 여전히 아무 변화도 없었다. 그저 잡음뿐이었다.

이 다섯 과학자들은 크로포드힐에 있는 한 회의실로 갔고, 이제는 물리학자들이 천문학자들에게 천문학을 설명했다. 디키가 칠판에 쓰기 시작했다. 만약 우주 역사의 빅뱅 해석이 옳다면, 우주는 측정할 수 없을 정도로 응축되고 상상할 수 없을 정도로 뜨거운 에너지의 폭발로 생겨났다고 디키는 말했다. 우주에 존재했을 모든 것이 그 뒤 공간 자체의 충격파 때문에 바깥쪽으로 질주했고 계속 바깥쪽으로 질주해서 마침내 우리가 오늘날 보는 우주로 진화하게 되었다. 그리고 우주는 팽창하는 동안 식었다. 프린스턴 공동연구팀의 한 멤버로, 그 자리에 참석하지 않은 동료인 짐 피블스는 저 초기의 에너지 수준이 어때야 했는지 계산했고, 그 뒤 수십억 년의 팽창과 냉각을 거친 뒤 현재의 에너지 수준이 어때야 하는지도 계산했다. 그러한 잔여 에너지─그것이 존재한다고 가정할 때, 그리고 빅뱅이론이 옳다고 가정할 때─는 측정할 수 있을 것이다. 그리고 이제, 명백히 펜지어스와 윌슨이 그것을 측정한 것 같았다. 그들의 안테나가 어떤 반향을 수신하고 있었지만, 이번에 그 출처는 미국 서해안에서 오는 전파방송이 아니었다. 그 출처는 바로 우주의 탄생이었다.

펜지어스와 윌슨은 공손히 경청했다. 디키도 자신이 하는 말을 전적으로 믿지는 않았다. 아직은. 그와 다른 두 프린스턴 물리학자는 펜지어스와 윌슨이 완벽한 실험을 했다는 사실에 만족하고 다시 프린스턴으로 돌아가 피블스에게 그들이 알게 된 내용을 전해주었다. 피블스도 자신이 듣고 있는 말을 전적으로 믿지는 않았다. 그는 신중했다. 그러나 당시에 그는 항상 신중했다. 네 공동연구자는 과학적 결과에는 2차 견해인 확증이 필요하다는 사실에 동의했다. 이 경우엔 그들 자신의 확증이었다. 그들은 프린스턴대학교의 구요트홀 옥상에 안테나를 설치하고 그것이 벨연구소의 안테나와 동일한 측정을 얻는지 알아볼 터였다. 비록 그렇다 해도, 그들은 여전히 신중해야만 함을 알고 있었다. 요컨대, 우주의 새로운 모습을 발견하게 된다는 게 자주 있는 일은 아니지 않은가.

증거 없는 이론

미국 작가 플래너리 오코너Flannery O'Connor는 한때 모든 이야기에는 "순서는 다를지언정 시작과 중간과 결말이 있기 마련이다"라고 말했다. 1960년대까지 우주 이야기를 하고 싶어 하는 과학자들, 정의하자면 우주론자들은 자신들이 그 이야기의 중간을 알고 있다는 가정하에 작업을 진행했다. 그들은 문명의 가장 영속적인 등장인물들 가운데 하나인 우주, 이 경우엔 팽창하는 우주의 최신판을 갖고 있었다. 이제 그들은 이렇게 자문할 수 있었다. 우리의 주인공은 여기에 어떻게 도달했을까?

이야기를 하는 능력은 우리가 알고 있는 한, 인간만이 갖고 있다. 인간은 우리가 알고 있는 한, 자의식을 가진 유일한 종이기 때문이다. 우리는 우리 자신을 본다. 우리는 존재할 뿐 아니라 우리의 존재에 대해서 생각한다. 우리는 어떤 환경을, 아니 스토리텔링의 용어로 말하면 배경인 시간과 장소를 점유한 자신의 모습을 상상한다. 자신을 특정한 시간과 장소에 존재한다고 보는 것은, 우리가 다른 시간과 장소에서 과거부터 죽 존재해왔으며 미래에도 존재할 것임을 암시한다. 당신은 자신이 이 세상에 태어났다는 사실을 안다. 그리고 죽었을 때 어떤 일이 일어날지 궁금해한다.

그러나 우리가 궁금해하는 것은 그저 우리가 아니다. 우리는 산책을 나가 별들을 보며, 지금 산책을 하고 있고 별을 보고 있다는 사실을 알기 때문에 이미 그 과정에서 어떤 이야기에 합류하고 있음을 이해한다. 우리는 그 모든 게 어떻게 여기에 도달했는지 묻는다. 우리가 생각해내는 답에는 빛과 어둠, 물과 불, 정자와 난자, 신이나 조물주, 거북이, 나무, 송어가 필요할지도 모른다. 그리고 충분히 만족스러운 답을 만들어냈을 때, 자연히 우리를 포함한 그 모든 것이 어디서 끝나게 될지 묻는다. 갑자기 폭발할까? 잦아들 듯 오그라들까? 천국과 같을까? 아니면 무無의 상태일까?

이런 물음들은 어쩌면 물리학 영역 밖에 있는 것처럼 보일지도 모르며, 1965년 이전에는 대부분의 과학자들이 우주론을 대체로 형이상학으로 간주했다. 우주론은 노년의 천문학자들이 죽음을 맞을 때쯤 찾는 분야였다. 그것은 물리학이라기보다 철학이었고, 조사라기보다 추측이었다. 벨 연구소에 가지 않은, 프린스턴 팀의 네 번째 멤버는 자신을 우주론 회의론자로 분류했을 것이다.

모든 사람에게 짐Jim으로 알려진 필립 제임스 에드윈 피블스Phillip James Edwin Peebles는 모든 면을 고루 갖춘 사람이었다. 키가 크고 마른 체형의 그는 팔꿈치와 무릎으로 세상 사람들에게 자신의 생각을 분명히 표현했다. 그는 모든 가능성들을 포용하려는 듯 두 팔을 넓게 벌렸다가는, 에너지를 모아 집중하려는 듯 자신의 두 다리를 감싸 안았다. 이는 자칭 상반되는 감수성의 소유자인 짐 피블스 같은 사람이 으레 하는 버릇이었다. 그는 정치적으로는 자신을 '섬세하고 연약한 자유주의자'라고 불렀지만, 과학적으로는 자신을 '매우 보수주의자'로, 심지어는 '반동주의자'로 생각했다.

그는 자신의 멘토인 디키로부터 '이론이란 얼마든지 공상적일 수 있지만, 만약 머지않은 장래에 어떤 실험으로 이어지지 않는다면 무엇 때문에 그런 이론으로 골머리를 앓는가'라는 이야기를 들어왔다. 일찍이(그가 좀 더 많은 지식을 쌓기 전에), 피블스는 자신이 어쩌면 20세기의 양대 물리학인 일반상대성이론과 양자역학을 통합시키는 노력을 하게 될지도 모르겠다고 말한 적이 있었다. 그러자 디키가 일침을 놓았다. "가서 노벨상이나 타게. 진정한 물리학은 그다음에 돌아와서 하고."

우주론은 피블스에게 진정한 물리학이 아니었다. 그것은 우리가 알고 있는 과학자들과 과학이 존재하기 전, 과학자들이 지난 2,000년 동안 어떻게 과학을 했는지 거꾸로 추적해가는 과정이었다. 고대 천문학자들은 자신들의 방법을 '외형 구현saving appearance'이라고 불렀다. 현대 과학자들은 이 방법을 '불가능한 상황에서 사물을 이해하기 위해 최선을 다하는 일'이라 부를지도 모른다.

플라톤이 기원전 4세기에 기하학을 이용해서 천체들의 운동을 묘사해보라고 학생들에게 말했을 때, 그는 답변들이 하늘에서 실제로 일어나는 일을 표현하리라 기대하지 않았다. 그러한 지식은 도달할 수 없는 것이기 때문에 알 수 없었다. 우리는 하늘로 올라가서 그것을 직접 조사할 수 없다. 대신 플라톤이 원한 것은 지식의 '근사approximation'였다. 그는 학생들이, 사실이 아니라 외형과 일치하는 수학을 찾아내주길 바랐다.

에우독소스Eudoxus라는 학생이 이런저런 형태로 2,000년 동안 살아남게 될 어떤 해답에 도달했다. 수학적 목적을 위해 그는 하늘을 차례로 포개어진 일련의 투명한 동심구들로 상상했다. 이러한 구들 가운데 일부에는 천체들이 있었고, 또 일부는 천체들이 궤도를 도는 내내 감속되고 가속되는 현상을 설명하기 위해서, 그러한 동심구들과 상호작용으로 그 운동을 늦추거나 빨라지게 했다. 에우독소스는 태양과 달에 각각 세 개의 구를 할당했다. 다섯 개의 행성(수성, 금성, 화성, 토성, 목성) 각각에는 그것들이 때로 별들을 배경으로 잠깐 역행 운동을 해서, 밤마다 서에서 동이 아니라 동에서 서로 움직이는 외형과 조화를 이루도록 여분의 구 하나를 더 할당했다.* 그리고 그 뒤 그는 별들의 영역을 위한 구 하나를 추가했다. 그렇게 해서 그의 체계는 총 27개의 구로 구성되었다.

플라톤의 또 다른 학생인 아리스토텔레스는 이 체계를 수정했다. 그는 이 구들이 수학적 구조물일 뿐 아니라 물리적 실체라고 가정했다. 서로 맞물리는 체계의 역학과 조화시키기 위해서 그는 역회전하는 구들을 추가했다. 그의 체계는 총 56개의 구로 구성되었다. 기원후 150년 즈음 알렉산드리아의 프톨레마이오스는 기존의 천문학적 지혜를 모아 그 체계를 단순화시키는 작업을 떠맡았고, 마침내 성공했다. 그의 밤하늘은 단 40개의 구만으로도 충분히 가동되었다. 수학은 여전히 외형과 정확히 들어맞지는 않았지만, 그런 근사치만으로도 충분히 좋았고, 당시로서는 그게 도달할 수 있는 최선이었다.

오늘날 폴란드의 천문학자 니콜라우스 코페르니쿠스가 1543년에 펴낸《천구의 회전에 대하여On the Revolutions of the Heavenly Spheres》는 새로운 우주의 발명을 뜻하는 코페르니쿠스 혁명과 동의어다. 그것은 교회의 가르침에 대한 도전의 상징이 되었다. 그러나 코페르니쿠스로 하여금 하늘의

---

*오늘날 우리는 그러한 역행 운동이 생기는 까닭이, 행성들이 태양 주위를 공전하는 궤도에서 지구가 또 다른 행성을 추월하거나, 혹은 역으로 또 다른 행성이 지구를 추월하기 때문이라고 설명할 것이다.

운동을 설명하는 새로운 수학을 고안하게 한 건 바로 교회였고, 교회가 그렇게 했던 데는 그럴 만한 이유가 있었다. 또다시 외형을 구현해야 할 필요가 생긴 것이다.

수 세기에 걸쳐 프톨레마이오스 체계의 미미한 불일치들, 즉 수학이 운동을 설명하지 못하는 부분들은 결국 달력에서 점차적인 이동을 일으켰고, 마침내 계절이 전통적인 날짜에서 몇 주씩이나 벗어나게 만들었다. 코페르니쿠스의 연구 덕분에 교회는 태양 중심 우주의 개념 없이도 그의 수학을 이용해서 1582년에 달력을 개정할 수 있었다. 고대인들처럼 코페르니쿠스도 물리학적으로든 철학적으로든 새로운 우주를 제안하지 않았다. 대신 그는 존재하는 우주의 '외형을 구현하는' 새로운 방법을 공식화하고 있었다. 그러나 그러한 우주의 진정한 운동들은 이해할 수 없었고, 과거에도 늘 그랬으며, 앞으로도 늘 그럴 터였다.

그러나 그 뒤, 그 운동들을 이해할 수 있게 되었다. 1609년, 이탈리아의 수학자 갈릴레오 갈릴레이가 우주에 대한 새로운 정보를 발견했다. 사실상 원시적인 망원경의 발명 덕분에 가능했다. 그는 원통에 렌즈를 끼웠을 때 어떤 이점이 생기는지 설명하려고 1609년 8월, 베니스의 원로들을 이끌고 산마르코 광장의 종탑 계단을 올라가서는 "보시오"라고 외쳤다. 그리고 채 6개월도 지나지 않아 〈별들의 메신저 Sidereus Nuncius〉라는 소책자에서 "더 멀리 본다는 것은 경쟁 상인들의 무역선이나 적의 함대 같은, 동일한 것의 더 많은 부분을 본다는 뜻이 아니라, 글자 그대로 더 많은 새로운 것을 본다는 것을 의미한다"는 새로운 사실을 알렸다.

그해 가을, 갈릴레오는 자신의 원통으로 밤하늘을 오랫동안 관측하는 훈련을 해서 달의 산, 수백 개의 별, 태양의 흑점, 목성의 위성들과 금성의 상 등 다른 사람은 한 번도 본 적이 없는 천체들을 발견하는 장기 프로그램을 시작했다. 역사상 인간의 오감 가운데 하나를 확장시킨 최초의 도구인 망원경의 발명은 공간을 얼마나 멀리, 얼마나 잘 볼 수 있는지만 변화시킨 게 아니었다. 그것은 저 밖에 무엇이 있는지에 대한 우리의 지식을 변화시켰다. 그것은 외형을 변화시켰다.

여기에는 코페르니쿠스 수학의 중심 사고인, 지구가 행성이고 그것을 비롯한 모든 다른 행성들이 태양을 공전한다는 사실을 확인하는 증거가 있었다. 그러나 과학적 방법의 도구라는 '증거'가 있다는 사실도 그만큼 중요하다. 더 멀리 본다는 게 반드시 더 많이 본다는 것을 의미할 필요는 없었다. 밤하늘은 육안으로 볼 수 있는 것보다 더 많은 물체를 품고 있지 않을 수도 있었다. 우리는 여전히 하늘로 올라가서 그 운동들이 어떻게 행해지는지 직접 볼 수가 없었다. 그러나 외형뿐 아니라 사실을 알아낼 정도로 충분히 가까이 하늘을 조사할 수는 있었다.* 그리고 사실들은 구현이 아니라 설명이 필요했다.

1697년에 영국의 수학자 아이작 뉴턴은 《자연철학의 수학적 원리 Mathematical Principles of Natural Philosophy》에서 두 가지 설명을 제안했다. 그는 지구가 행성이라면, 지구 영역에 적용되는 공식이 하늘 영역에서도 적용되어야 한다고 추론했다. 요하네스 케플러Johannes Kepler의 수학적 연구와 갈릴레오와 그의 계승자들의 천문학 관측을 바탕으로, 그는 하늘의 운동에는 수십 개의 구가 아니라 중력이라는 단 한 개의 법칙이 필요하다고 결론 내렸다.

1705년에 그의 친구이자 후원자인 에드먼드 핼리Edmund Halley는 1531

*이 때문에 결국 갈릴레오는 교회와 분란에 휘말린다.

년, 1607년, 1682년에 출현한 혜성들의 과거 관측에 뉴턴의 법칙을 적용하여, 그것들이 동일한 혜성이며 그가 사망하고 한참 뒤인 1758년에 돌아올 것이라고 주장했다. 그 혜성*은 정말로 돌아왔다. 더는 수학이 하늘의 운동에 맞춰 조정될 필요가 없었다. 이제 하늘이 수학에 맞춰 조정되어야 했다. 뉴턴의 만유인력 법칙을 점차 정확해지는 망원경 관측에 적용하자, 질서정연하고 예측 가능한, 그리고 대체로 변하지 않는 우주를 갖게 되었다. 가장 흔히 비유되듯이, 시계처럼 돌아가는 우주 말이다.

갈릴레오가 종탑에 오른 순간부터 크로포드힐에서 전화가 걸려온 순간까지 350년이 넘는 시간 동안, 우주 내용물의 목록은 망원경이 개선될 때마다 증가하는 것처럼 보였다. 행성 주위에서는 더 많은 위성들이 발견되었고, 태양 주위에서는 더 많은 행성과 더 많은 별들이 발견되었다. 20세기 초까지 천문학자들은 육안으로든 망원경으로든 밤에 보이는 모든 별들은 수십억 개에 달하는 막대한 별무리의 일부라고 결정했다. 우리는 오래전에 이것을, 밤하늘에 엎질러진 젖줄 같다고 해서 은하수^{Milky Way}라고 명명했다. 은하수 너머에도 각각 수백억 개의 별들을 품은 또 다른 별무리들이 존재할까? 앞선 발견 패턴을 근거로 한 간단한 추정은 그 가능성을 제기했다. 그리고 천문학자들은 심지어 '섬우주^{island universes}'가 될 자격이 있는 천체들의 무리인 한 가지 후보까지 갖고 있었다.

1781년에 프랑스의 천문학자 샤를 메시에^{Charles Messier}는 얼룩처럼 보이는 103개 천체 목록을 출간했다. 그것들은 그가 혜성을 찾고 있는 천문학자들을 혼란시킬 거라고 걱정한 희미한 천체들이었다. 천문학자들은 그러한 103개의 얼룩들 가운데 몇 개는 별들이 무리 지어 있는 성단임을 알

---

*이 혜성은 핼리의 이름을 따 핼리혜성이라 불린다.

눈에 보이는 것보다 많다

수 있었다. 다른 것들은 망원경의 성능이 향상되었을 때도 여전히 미스터리로 남아 있었다. 이 성운 같은 천체들이 우리 은하계 안에서 병합되어 훨씬 더 많은 별들이 되는 과정의 가스구름일까? 아니면 우리 은하와는 다르지만 크기가 똑같은, 수백억 개의 별들이 성운처럼 모여 있는 막대한 무리일까? 천문학계는 이 물음에 대해 의견이 갈렸고, 1920년에 저명한 두 천문학자가 각 주장의 찬반이론을 대변하기 위해 워싱턴 D.C.의 국립자연사박물관에서 대논쟁을 벌였다.

3년 뒤 미국의 천문학자 에드윈 허블Edwin Hubble이 논쟁만으로는 해결할 수 없는 일을 해냈다. 경험적 증거를 통해 이 문제를 해결한 것이다. 1923년 10월 4일, 그는 세계 최대 망원경인 패서디나 외곽의 고지대에 있는 윌슨산의 새로운 2.5미터* 망원경으로 안드로메다대성운Great Andromeda Nebula인 메시에 목록 M31의 사진을 찍었다. 그는 새로운 별을 뜻하는 '신성'을 발견했다고 생각하고 다음 날 밤에도 망원경을 M31로 돌려 동일한 나선팔의 또 다른 사진을 찍었다. 연구실로 돌아간 그는 이 새로운 사진건판들과 여러 다른 날에 찍은 성운 사진들을 비교했고, 이 신성이 사실 변광성임을 알아냈다. 그 이름이 암시하듯 '변화하는 별'이라는 뜻의 변광성은 밝기가 밝아졌다 희미해졌다를 반복한다. 더욱 중요한 점은 그것이 규칙적인 간격으로 밝아졌다 희미해졌다를 반복하는 세페이드 변광성Cepheid variable이라는 점이었다. 허블은 그런 패턴이 이 논쟁을 해결할 수 있을 거라 생각했다.

1908년에 하버드대학교의 천문학자 헨리에타 스완 레빗Henrietta Swan Leavitt이 세페이드 변광성의 맥동주기와 그 절대밝기 사이의 비례 관계를

*이 숫자는 빛을 모으는 집광 표면의 지름을 뜻한다.

발견했다. 즉 주기가 길수록 변광성은 더 밝았다. 그 뒤 천문학자들은 광도를 측정해서 그것을 밝기와 거리 사이의 관계와 비교했다. 즉 동일한 밝기의 광원이 두 배 멀리 떨어져 있다면 그 밝기가 4분의 1로 줄어들고, 세 배 멀리 떨어져 있다면 9분의 1로, 네 배 멀리 떨어져 있다면 16분의 1로 줄어든다는 또 다른 수량 관계와 비교했다. 만약 어떤 변광성이 얼마나 자주 맥동하는지 안다면, 그게 다른 변광성들에 비해 얼마나 밝은지 알게 된다. 그리고 다른 변광성들에 비해 얼마나 밝은지 안다면, 얼마나 멀리 있는지도 알게 된다. M31에서 발견한 세페이드 변광성들의 맥동주기를 다른 세페이드 변광성들의 맥동주기와 비교한 허블은 그 변광성이 (그러므로 그 숙주 성운인 M31이) 섬우주라고 결론 내렸다. 즉 그것은 우리 은하 너머에 놓여 있을 정도로 멀리 떨어져 있었다.

허블은 자신이 10월 5일에 찍은 사진건판 H335H로 돌아가서 이 변광성에 붉은색으로 'VAR!'라는 축하의 말과 함께 화살표로 표시했다. 그는 M31을 별개의 섬우주로 선언했고, 그렇게 함으로써 우주에 은하라는 목록 하나를 더 추가했다.

뉴턴의 시계우주는 1929년에 분해되기 시작했다. 허블은 'VAR!' 돌파구 이후 계속 섬우주들을 조사했고, 특히 천문학자들이 10년 넘게 해온 어떤 불가해한 측정들을 했다. 1912년에 미국의 베스토 슬라이퍼Vesto Sliper는 광원의 파장을 기록하는 장치인 분광기로 성운을 조사하기 시작했다. 기차가 역에 다가오거나 멀어질 때 기적소리의 음파처럼, 광파도 광원이 우리에게 다가오거나 멀어짐에 따라 압축되거나 연장된다. 즉 촘촘히 뭉쳐지거나 길게 잡아 늘여진다. 광파의 '속도'는 변하지 않는다. 그것은 여전히 시속 299,792킬로미터다. 변하는 것은 파동의 '길이'다. 그리고 광파의 길이가 우리 눈이 인식하는 색깔을 결정하기 때문에, 광원의 색깔도 변하는 것처럼 보인다. 만약 광원이 우리 쪽으로 움직인다면 그 파동은 뭉쳐지고, 분광계는 스펙트럼의 청색 쪽으로 이동할 것이다. 만약 광원이 우리에게서 멀어지고 있다면, 스펙트럼의 적색 쪽으로 이동할 것이다. 그리고 가까워지거나 멀어지는 광원의 속도만큼 적색이동이나 청색이동이 일어나서, 속도가 클수록 이동도 커진다.

슬라이퍼와 다른 천문학자들은 이 성운들 가운데 일부가 두드러진 적색이동을 기록해서 그것들이 큰 속도로 우리에게서 멀어진다는 것을 암시함을 보여주었다. 허블은 이런 성운들이 은하임을 알게 되자 이런 운동이 무엇을 의미하는지 궁금해했다. 그리고 이런 성운들 가운데 18개의 속도를 그 거리와 비교해서 두 측정이 서로 정비례하는 것처럼 보임을, 즉 은하가 멀수록 더 빨리 후퇴하는 것처럼 보임을 알아냈다. 즉 우주가 팽창하고 있는 것처럼 보였다.

갑자기 우주가 설명해야 할 이야기를 갖게 되었다. 우주는 정지 상태가 아니라 하나의 영화였다. 그리고 여느 이야기처럼 우주의 이야기도 이제 중간, 즉 서로에게서 멀어지는 은하들로 가득 찬 현재뿐 아니라 시작의 암시도 갖게 되었다.

적어도 철학적으로 신중한 짐 피블스 같은 사람의 관점에서는, 정확히 이 지점에서 우주론이 과학에서 분리되어 수학에서 신화로 넘어갔다. 아리스토텔레스와 프톨레마이오스와 코페르니쿠스가 그랬듯이 우리도 증거를 손에 넣을 수 없기 때문에 우주가 어떻게 시작되었는지는 알 수 없을 것이다. 그들은 공간을 가로질러 가서 증거를 구할 수 없었다. 그리고 과거로 들어갈 수도 없었다. 우리가 할 수 있는 거라곤 현재의 현상들, 즉 이런 적색이동된 은하들을 관측해서 그것들의 운동과 조화를 이루는 수학을 찾아내는 길밖에 없었다. 또한 외형을 구현해보는 길밖에 없었다. 그게 만약 과학에 대한 우리의 생각이라면 말이다.

허블은 증거를 수집하고 이론화 작업은 이론가들에게 맡기는 관측자로서, 우주가 정말로 팽창하는지 혹은 또 다른 해석이 이 명백한 상관관계를 설명할지에 대해서는 불가지론자로 남는 쪽을 택했다. 그러나 일부 이론가들은 이 영화의 필름을 되감아보고 싶어 안달했다. 벨기에의 성직자이며 물리학자이자 천문학자인 조르주 르메트르Georges Lemaître는 팽창을 거꾸로 되돌려 우주의 크기가 점점 더 작게 줄어들고 은하들이 다시 점점 더 빨리 합쳐져서, 마침내 안으로 떨어지는 물질이 밀도가 무한하고 질량과 에너지를 어림할 수 없는 심연에 도달하는 모습을 상상했다. 그는 그런 상태를 '원시 원자primeval atom'라고 불렀고, 다른 천문학자들은 그것을 '특이점singularity'이라고 불렀다.

그러나 '무한한'과 '어림할 수 없는' 같은 표현은 수학자나 물리학자나 여타 과학자들이 많이 사용하는 말이 아니다. 영국에 거주하는 오스트리아인 헤르만 본디Hermann Bondi와 토마스 골드Thomas Gold는 1948년 7월, 르메트르 이론의 대안을 개략적으로 설명하는 논문의 첫 줄에서 "모든 실험의 무제한 반복성이 물리과학의 기본 원칙"이라고 썼다. 다음 달에 그들의 친구인 영국의 천문학자 프레드 호일Fred Hoyle이 이 주제를 나름대로 변형한 논문을 제출했다. 그들은 1949년 3월 BBC 라디오 방송에서, 호일이 '과학에 알려지지 않은 원인들'에 대한 논문을 쓸 때 우주 팽창*

*기술적으로 이 용어는 팽창, 즉 특이점 이후에 발생한 모든 것에 적용되지만 흔히 쓰는 용법을 통해 특이점 자체도 의미하게 되었다.

이라는 아이디어에 적용한 용어인 빅뱅이 아니라 정상상태Steady State를 가정했다. 호일은 "물질의 지속적인 생성continuous creation을 통해 물질의 적당한 밀도가 일정하게 유지되는, 팽창하는 우주를 얻는 것이 가능할지도 모른다"고 썼다. 우주 역사 전반에 걸쳐 무한히 적은 양의 물질이 생성되었다 해도, 다 모이면 중요해질 수 있을 것이다. 그러한 우주에는 시작도 끝도 없을 것이다. 그것은 그저 존재할 뿐이다.

그러나 많은 천문학자들에게 '지속적인 생성'은 '특이점' 못지않게 매력이 없었다. 빅뱅과 정상상태 우주론에는 모두 믿음의 도약이 필요한 것 같았고, 믿음은 과학적 방법의 일부가 아니었기에 문제는 그대로 남아 있었다.

간단한 우주

그러나 어느 한 이론에 대한 증거가 있다면 어떻게 될까?

디키는 1964년의 어느 찌는 듯이 무더운 날 저녁에 짐 피블스에게 이 질문을 했다. 피블스는 6개월 전 프린스턴에 대학원생으로 들어왔다. 그는 매니토바대학교 물리학과에서 수석을 하고 우등상을 놓친 적 없는 수재였다. 그런데 프린스턴에 들어오자 자신의 물리학 수준이 형편없다는 사실에 충격을 받았다. 그는 동기들을 따라잡으려 애쓰며 첫해를 보냈고, 그러던 어느 날 몇몇 친구들이 그를 어떤 모임에 초대했다. 그것은 디키가 파머 물리학 실험실의 다락방에서 거의 매주 금요일 저녁마다 여는 모임이었다. 중력 그룹Gravity Group은 자칭 '디키의 열광팬'이라는 학부생, 대학원생, 포스트닥터 연구원, 그리고 선임 교수진 10여 명이 모여 만든 친목 모임이었다. 피블스는 처음에 그 모임에 참석한 뒤 또다시 갔다. 때로 숨 막힐 것 같은 불편한 시간이기는 해도 여기서 많은 걸 배울 수 있음을 받아들였다. 그들은 편안히 피자를 먹고 맥주를 마시며 일반상대성이론을 복원할 방법을 알아내려고 애썼다.

일반상대성이론은 거의 반세기 동안 존재해왔다. 아인슈타인은 1915년 말에 이 방정식들에 도달했다. 뉴턴은 중력을 '공간에 걸쳐 작용하는 힘'으로 상상한 반면, 아인슈타인의 방정식들은 중력을 '공간에 속한 성질'로 생각했다. 뉴턴의 물리학에서는 공간이 수동적이고 질량들 사이의 알 수 없는 힘을 담는 용기였던 반면, 아인슈타인의 물리학에서는 공간이 능동적이고 물질과 협력해서 우리가 중력의 효과들로 인식하는 것들을 만들어냈다. 이러한 상호의존을 가장 함축성 있게 묘사한 인물은 프린스턴의 물리학자 존 아치볼드 휠러 John Archibald Wheeler가 아닌가 싶다. 그는 "물질은 공간에 어떻게 구부러질지 말하고, 공간은 물질에 어떻게 움직일지 말한다"고 했다. 아인슈타인은 사실상 물리학을 재발명했다. 그러나 1940년까지는 디키가 로체스터대학교 교수에게 대학원 물리학 커리큘럼에 왜 일반상대성이론이 포함되어 있지 않은지 물으면, 그 둘이 서로 무관하기 때문이라는 답변이 돌아올 뿐이었다.

아인슈타인도 동의했을지 모른다. 견고한 이론은 적어도 한 가지 특정한 예측을 할 필요가 있다. 일반상대성이론은 두 가지 예측을 했다. 하나는 아인슈타인 시대의 유명한 어떤 문제와 관련이 있었다. 적어도 뉴턴의 법칙에 따르면 수성의 궤도가 약간 틀린 것처럼 보였다. 중력에 관한 뉴턴과 아인슈타인의 설명 사이의 관측 가능한 차이들은 미미했다. 거대한 별 가까이에서 움직이는 작은 행성처럼 가장 극단적인 경우들을 포함하는 환경들을 제외하면 말이다. 뉴턴의 방정식들은 수성의 궤도에 대한 한 가지 경로를 예측했다. 그러나 수성의 관측들은 또 다른 경로를 드러냈다. 그리고 아인슈타인의 방정식들은 그 차이를 정확히 설명했다.

또 다른 예측은 빛에 대한 중력의 효과와 관련되었다. 천문학자들은 태양의 개기일식을 통해, 어두워진 태양의 가장자리 부근 별들의 겉보기 위치와, 태양이 존재하지 않을 경우의 위치를 비교할 수 있게 해줄 터였다. 일반상대성이론에 따르면 배경 별빛은, 커다란 중력이 작용하는 태양 옆으로 지나갈 때 일정한 양만큼 '휘어지는' 것처럼 보일 것이다(실제로 아인슈타인의 이론에서 휘어지는 것은 공간 자체이며, 빛은 그저 그렇게 휘어진 공간을 따라가는 것뿐이다). 1919년에 영국의 천문학자 아서 에딩턴 Arthur Eddington은 5월 29일 일식 때 별들의 위치를 관측하기 위해 두 개의 탐험대를 조직했다. 하나는 아프리카 서해 연안에 있는 섬 프린시페 Principe로, 또 하나는 북동 브라질에 있는 도시 소브랄 Sobral로 떠나는 것이었다. 실험 결과는 그 이론을 확인해주는 것처럼 보였고, 1919년 11월의 발표로 결국 아인슈타인과 일반상대성이론 모두 국제적 주목을 받게 되었다.*

그러나 아인슈타인은 '관측 가능한 아주 작은 효과들'을 예측하는 이 이론의 위력, 즉 그것이 물리학에 미칠 영향을 가볍게 보았다. 대신 그는 오히려 '그 이론의 기초와 일관성의 단순성', 그러니까 그 이론의 수학적 아름다움을 강조하는 쪽을 택했다. 수학자들도 로체스터대학교에 있는 디키의 동료 교수들 같은 물리학자들처럼 동의하는 경향이 있었다. 우주에서 나타나는 일반상대성이론의 알려진 효과들인 행성궤도의 편차와 별빛의 굴절은 극도로 알기 어려웠다. 또한 그것이 우주의 역사인 우주론

*아인슈타인은 자신의 이론이 중력에 의한 적색이동이나 청색이동과 관련하여 세 번째 예측을 한다고 생각했지만, 그것은 일반상대성이론에만 적용되는 게 아닌 것으로 드러났다.

에 미치는 미지의 효과들은 극도로 불확실했다. 그렇다고 해도 아인슈타인은 그 이론이 만약 관측과 모순되는 예측을 한다면 과학적 방법의 표준하에 있는 여느 이론처럼, 과학은 그것을 수정하거나 포기해야 한다는 것도 인정했다.

디키가 전쟁 뒤인 1940년대에 프린스턴 교수진에 합류할 무렵, 아인슈타인은 실험 물리학에서 기이한 이론을 펼친 것 못지않게 일상생활에서도 기이한 존재로 인식됐다. 그는 때로 꼭 노숙자 같은 몰골로 교수진 모임에 불쑥 들어오곤 했고, 군중 속의 젊은이들은 부스스 헝클어진 머리카락과 게슴츠레한 눈을 한참 동안 보고 나서야 그가 누군지 알아보곤 했다. 1954~1955년의 학기 동안, 디키는 하버드에서 안식년을 보내면서 일반상대성이론에 대해 다시 생각하게 되었다. 장비 설계와 이론 구축 모두에 자신이 있던 과학자로서, 디키는 이전 세대들이 당시에 존재하는 기술로는 불가능한 일을 할 수 있음을 깨달았다. 프린스턴으로 돌아갔을 때, 그는 아인슈타인을 시험하기로 결심했다.

그 뒤 몇 년에 걸쳐 그는 다양한 실험을 했다. 태양의 정확한 모양을 결정하기 위해 태양 앞에 차폐 원반들을 놓았는데, 이는 수성을 포함하는 태양계에서 태양이 사물에 미치는 중력적 영향에 그 모양이 영향을 미치기 때문이었다. 그는 또 달에 레이저를 쏘았다가 반사시켜 되돌아오는 시간을 이용하여 지구에서 달까지의 거리를 측정하기도 했다. 이렇게 하면 수성의 궤도가 뉴턴의 수학과 다른 것처럼, 달의 궤도도 아인슈타인의 수학과 다른지 여부를 알 수 있었다. 그는 별들의 화학적 조성을 이용해서 그 나이와 진화를 추적하기도 했다. 별들의 나이와 진화는 다시 우주의 나이와 진화를 추적하는 데 중요했고, 그것은 다시 원시 원자나 우주의 화구나 빅뱅, 즉 태초의 잔존 복사를 탐지하려는 시도와 관련되었다. 디키는 과연 어떤 우주이론이 빅뱅 특이점뿐 아니라 정상상태 우주론의 자발적인 물질생산을 피할 수 있을지 궁금했지만, 그는 일종의 절충안인 '진동하는 우주oscillation universe'를 제안했다.

그러한 우주는 결코 완전히 붕괴하거나, 붕괴들 사이사이에 영구히 팽창하지도 않고, 팽창과 수축을 영원히 계속할 것이다. 그러한 우주의 팽창 시기 동안 은하들은 천문학자들이 이미 관측한 것과 일치하는 적색이동을 보여줄 것이다. 종국에는 이 팽창이 중력의 영향으로 늦춰졌다가 다시 거꾸로 돌아갈 것이다. 수축 시기에는, 은하들이 다시 중력에 끌려 합쳐지기 때문에 청색이동을 보일 것이다. 결국 이 수축은 물리학 법칙이 와해되기 전에 다시 바깥쪽으로 폭발할 정도의 압축 상태에 도달할 것이다. 그러므로 디키의 진동하는 우주는 난데없이 생겨나지도 않고 무시무시한 특이점으로 돌아가지도 않겠지만, 현재 팽창의 최초 시기는 빅뱅과 유사할 것이다.

특히 무더웠던 어느 중력 그룹 모임에서, 디키는 저 이론의 논의를 끝내면서 자신의 열광팬들 가운데 두 명인 피터 롤Peter Roll과 데이비드 토드 윌킨슨David Todd Wilkinson에게 "자네들이 한번 측정을 해보는 게 어떻겠나?"라고 제안했다. 그들은 가장 최근의 빅뱅에서 오는 복사를 탐지하기 위해 전파 안테나를 설치할 수 있었다. 그 뒤 디키는 29세의 포스트닥터 연구원에게 "자네는 그 이론적인 결과들에 대해서 생각해보는 게 어떻겠나?"라고 말했다.

짐 피블스는 이미 우주론에 대해서 배우지 않을 수 없었다. 프린스턴의 대학원생으로서 그는 물리학과의 일반 시험들을 통과해야만 했고, 전해의 시험들을 살펴본 뒤 그 안에 확실히 일반상대성이론과 우주론에 관한 문제들이 포함되어 있음을 알았다. 그래서 그는 당시의 표준교제로 레프 란다우Lev Landau와 에브게니 리프시츠Evgeny Lifschitz가 1951년에 공동 저술한 《고전 장이론Classical Theory of Fields》과, 리처드 C. 톨먼Richard C. Tolman이 1934년에 저술한 《상대성이론, 열역학, 우주론Relativity, Thermodynamics, and Cosmology》을 공부했다.

두 책 모두 뜬구름 잡는 소리만 했고, 오래전에 확립된 사실들의 낡은 용어들로 우주론을 제시했다. 피블스는 우주론에 대해서 배우면 배울수록 더욱 믿지 못하게 되었다. 그는 중력 그룹의 성실하고 열성적인 멤버였으므로, 일반상대성이론 자체는 그를 흥분시켰다. 그를 섬뜩하게 한 것은 이론가들이 자신들의 우주론을 만들어내기 위해 일반상대성이론에 억지로 끼워 맞춘 가정들이었다.

피블스는 문제가 아인슈타인 때문에 시작되었음을 알았다. 아인슈타인은 일반상대성이론에 도달하고 2년 뒤인 1917년 '우주론적 고찰'을 탐구하는 논문 한 편을 출간했다. 일반상대성이론은 우주의 모양에 대해서 어떻게 말할까? 아인슈타인은 수학을 단순화시키기 위해서 '우주의 물질 분포가 균질하다는, 즉 대규모로 보았을 때는 균일하다'는 가정을 했다. 그렇게 되면 우리가 어디에 있든 우주는 똑같게 보일 것이다.

아인슈타인의 이론에 담긴 함축적인 의미들을 생각하면서, 조르주 르메트르와 러시아의 수학자 알렉산드르 프리드먼Alexandr Friedman은 각각 독립적으로 동일한 가정을 채택했다. 거기다 우주가 등방等方이라는, 즉 모든 방향에서 균일하다는 가정을 하나 더 추가했다. 그렇게 되면 우리가 어느 쪽을 보든 우주는 똑같게 보일 것이다. 그 뒤 정상상태 우주론은 빅뱅보다 한 걸음 더 나아가 우주가 공간뿐 아니라 시간적으로도 균질하고 등방이라는 가정을 했다. 그렇게 되면 우리가 어디에 있든 그리고 언제든 우주는 모든 방향에서 똑같게 보일 것이다.

피블스는 편견을 갖지 않으려 애쓰며 정상상태 우주론에 관한 어떤 강연에 참석했다. 그러나 그는 강연장을 나서면서 허탈감을 감추지 못했다. "완전히 소설을 쓰고 있군!" 피블스에게 균질한 우주는 공간이든 시간이든, 둘 모두든 진지한 모형이 아니었다. 톨먼의 책은 피블스의 생각을 속 시원하게 표현해주었다. 이론가들이 균질성을 가정하는 것은 "알려진 실체와 부합시키기 위해서라기보다 주로 명확하고 비교적 간단한 수학적 모형을 얻기 위해서였다." 이런 접근 방식은 피블스에게 '비탈진 평면 위에 서 있는 마찰 없는 코끼리의 가속도를 계산하시오' 같은 시험에 출제된, 과도하게 단순화된 문제들을 연상시켰다.

피블스는 생각했다. '참, 우습기 짝이 없군.' 사람들은 왜 하고 많은 우주 중에 간단한 우주의 모습을 상상하려고 하는 걸까. 그는 이렇게 자문했다. 그렇다, 과학자들은 지난 14세기의 프란체스코회 수사 오컴의 윌리엄William of Ockham이 주장한 '오컴의 면도날' 원리를 따르는 걸 선호했다. 이것은 '우선 가장 간단한 가정을 하고 복잡한 내용은 꼭 필요한 만큼만 덧붙여라'라는 것으로, 불필요한 가정을 배제하라는 원리다. 따라서 아인슈타인이 착안해낸 균질한 우주는 그 이면에 감춰진 유산인 어떤 논리는 갖고 있었지만, 결국 관측으로 이어질 예측들을 하는 과학의 기초가 되기에는 충분하지 않았다.

그러나 디키가 진동하는 우주에서 가장 최근 일어난 빅뱅의 온도를 알아내보라고 제안했을 때, 피블스는 그 도전을 즉시 받아들였다. 그렇게 해보라고 권유한 사람이 디키였으므로 그의 육감을 믿어야만 했다. 게다가 일반상대성이론의 탐구에 대한 열성과 우주론에 대한 유보적 태도는 피블스도 그의 지도교수 못지않았다. 고작 1년 전인 1963년 〈미국 물리학저널American Journal of Physics〉에 실린 우주론과 상대성이론에 대한 어떤 논문에서, 디키는 이렇게 썼다. "철학적 추측에 뿌리를 두고 있는 우주론은 점차 물리과학으로 진화하긴 했지만, 지배적이지는 않아도 여전히 철학적 고찰들이 중대한 역할을 할 정도로 관측적 기초가 부실한 과학이다."

피블스에게는 그러한 '관측적 기초' 즉 실험적 함축들을 강화시킬 가능성이 매력적으로 다가왔다. 그의 계산들이 실제의 측정으로, 디키가 만들게 한 전파 안테나로 롤과 윌킨슨이 하게 될 측정으로 이어질지 모른다는 가능성이었다. 그들은 과학적인 방법으로 우주론을 연구하게 될 터였다. 즉 우주의 외형이 짐 피블스의 수학으로 설명되어야만 했다.

전파천문학, 새로운 우주를 열다

전파가 우주를 보는 새로운 방법을 제공할지도 모른다는 사실을 최초로 어렴풋이 알게 된 것은 1930년대로 거슬러 올라간다. 이번에도 벨연구소에서의 우연한 발견을 통해서였다. 1932년에 대서양 횡단 무선전화 통신에서 알 수 없는 잡음을 제거하려고 애쓰던 한 엔지니어가, 그 잡음이 은하수의 별들에서 오고 있음을 알아냈다. 그 소식은 〈뉴욕타임스New York Times〉 일면을 장식했지만 그 뒤 세상 사람들에게 잊혔다. 심지어 천문학자들조차도 그 발견을 낯선 것으로 치부했다. 전파는 제2차 세계대전이 끝나고 나서야 비로소 천문학에 널리 사용되었다.

전파천문학Radio astronomy은 결국 좁다란 가시광선 영역 너머에 있는 전자기 스펙트럼 범위가 유용한 정보를 포함하고 있을지도 모른다는, 천문학자들 사이에서 일어난 더 큰 자각의 시작이었다. 인간의 눈이 민감해지도록 진화한 파장은 1만 4,000분의 1센티미터(빨간색)부터 2만 5,000분의 1센티미터(보라색)까지 걸쳐 있다. 그런 좁다란 시각 창의 양쪽에서는 전자기파의 길이가 1,000,000,000,000,000배 정도 증가하거나 감소한다. 프린스턴 실험은 최저 에너지를 갖게 될 가장 긴 파장의 일부에 집중했다. 시간이 시작된 이후 죽 냉각되어 오고 있는 복사가 지금쯤이면 그 정도 길이의 파장에 도달했을 것이기 때문이었다.

피블스는 우주의 현재 구조를 이용해서 최초의 조건들 쪽으로 조금씩 거꾸로 나아가기 시작했다. 현재의 우주는 약 4분의 3이 가장 가벼운 원소인 수소로 이루어졌다. 수소의 원자번호는 1이며, 이는 양성자를 한 개 갖고 있음을 의미한다. 수소가 현재까지 그렇게 많이 살아남은 것으로 보아 초기의 조건들은 강렬한 배경복사를 포함하고 있었을 게 틀림없다. 굉장히 뜨거운 환경만이 그런 모든 단일 양성자들이 다른 아원자입자들과 융합해서, 헬륨을 비롯한 더 무거운 원소들을 형성하지 못할 정도로 빠르게 원자핵을 달굴 수 있기 때문이다. 우주가 팽창하면서, 즉 그 부피가 증가하면서 온도가 떨어졌다. 현재의 수소 함량으로 초기 복사가 얼마나 강렬했어야 하는지 추론하고 그때 이후 우주의 부피가 얼마나 팽창했는지 계산해보면, 초기 복사가 지금쯤 어느 온도로 냉각되었을지 알게 된다.

그러나 전파 안테나는 적어도 직접적으로는 온도를 측정하지 못한다. 어떤 물체의 온도는 그 전자들의 운동을 결정해서 온도가 높을수록 운동이 활발해진다. 전자들의 운동은 또 전파 잡음을 만들어내서 운동이 활발

할수록 잡음도 강렬해진다. 그러므로 잡음의 강도는 전자들이 얼마나 많이 움직이고 있는지를 말해주며, 그것은 다시 그 물체의 온도 혹은 엔지니어들이 전파 잡음의 '등가온도 equivalent temperature'라고 부르는 것을 말해준다. 벽면이 불투명한 상자에서는 전파 잡음의 출처가 벽면에 부딪히는 전자들의 운동밖에 없을 것이다. 만약 어떤 상자를 우주로 생각하고 그 안에 전파 수신기를 놓는다면, 그 잡음의 강도는 우주의 벽(가장자리)의 등가온도, 즉 잔존 복사를 말해줄 것이다.

1964년에 피블스는 이 잔존 복사의 현재 온도, 즉 안테나가 탐지하는 데 필요한 잡음의 등가 온도를 예측하는 작업에 착수했다. 한편 그의 동료 롤과 윌킨슨은 안테나에 몰두하기 시작했다. 이 안테나는 전시에 디키가 MIT의 복사연구소에서 연구하는 동안 레이더의 감도를 개선하기 위해 고안한 것으로, 전문용어로는 디키 복사계 Dicke radiometer라 부른다. 1965년 초, 피블스는 존스홉킨스대학교의 응용물리학연구소에서 강연 초청을 받았다. 이때 윌킨슨에게 이 복사계에 대해 청중에게 언급해도 되는지 물었다.

"문제없어. 이제 아무도 우리를 따라잡을 수 없을 텐데, 뭐."

윌킨슨은 흔쾌히 허락해주었다.

그다음 일은 빠르게 진행되었다. 피블스는 2월 19일에 강연을 했다. 청중 속에는 이제 워싱턴 D.C. 카네기연구소에서 지구자기국Department of Terrestrial Magnetism, DTM의 전파천문학자로 근무하는 피블스의 절친한 대학원 친구(이자 과거 디키의 열광팬) 케네스 터너Kenneth Turner가 있었다. 하루 이틀 뒤 그는 DTM에 있는 또 다른 전파천문학자인 버나드 버크Bernard Burke에게 이 세미나에 대해 언급했다. 또 하루 이틀 뒤 구내식당에서 여러 사람과 함께 점심을 먹던 도중 버크는 전화 한 통을 받았다. 그것은 12월에 몬트리올에서 열리는 미국천문학회American Astronomical Society, AAS 회의에 참석하러 갈 때 비행기에서 만난 벨연구소의 전파천문학자로부터 온 것이었다. 버크는 통화를 하려고 주방 옆 작은 방으로 들어갔다. 잠깐 이런저런 대화를 나눈 뒤, 버크가 대뜸 이렇게 물었다. "자네의 그 터무니없는 실험은 어떻게 되어 가고 있나?"

몬트리올 행 비행기에서, 아노 펜지어스는 버크에게 자신과 로버트 윌슨이 크로포드힐에서 하던 연구를 설명했다. 그는 버크에게 별이 아니라 은하수 중심에 있는 커다란 팽대부에서 오는 전파를 연구하고 싶다고 말했다. 그곳은 대부분의 천문학자들이 그동안 죽 각기 다른 방향에서 은하수 헤일로halo의 가장자리를 조사하던 부분이었다. 그러나 이제 그는 버크에게 관측을 시작하기도 전에 문제에 봉착했다고 털어놓았다.

"우리가 이해할 수 없는 게 있어서 말이야."

펜지어스가 걱정스럽게 말했다. 그는 자신과 윌슨이 아주 정확히 절대영도는 아니지만 절대영도에 가까운 어떤 온도에 해당하는 잉여 잡음을 제거할 수 없었다고 설명했다. 펜지어스가 그동안의 노력과 좌절을 다 털어놓자, 버크가 말했다.

"내 생각엔 자네가 프린스턴에 있는 밥 디키에게 전화를 해보는 게 좋을 것 같군."

빅뱅은 창조 신화였지만, 1965년 무렵엔 차이가 있는 창조 신화가 되어 있었다. 즉 그것은 어떤 예측에 부속되어 있었다. 펜지어스가 디키에게 전화했을 때, 피블스는 절대영도보다 대략 섭씨 10도 정도 높은, 흔히 10켈빈(K)이라 말하는 온도에 도달했다.* 펜지어스와 윌슨은 자신들의 안테나에서 3.5K(±1K)라는 측정치를 찾아냈다. 피블스의 계산들이 초보적 수준인데다 펜지어스와 윌슨의 발견이 뜻밖이었기 때문에, 이론과 관측의 근사가 거의 명확하지 않았다. 그러나 그저 우연의 일치로 치부해버리기에는 두 값이 너무 가까웠다.

적어도 그것은 후대를 위해 기록할 가치는 있었다. 크로포드힐에서의 만남에 이어 프린스턴에서 답례의 만남이 있은 뒤, 두 팀의 공동연구자들은 〈천체물리학저널 Astrophysical Journal〉에 게재할 논문을 각각 한 편씩 쓰는 데 동의했다. 프린스턴의 4인조가 먼저 나서서 그 발견의 가능한 우주론적 함축들을 논의했다. 그 뒤 벨연구소의 2인조는 탐지된 우주신호 자체에 대한 논의만 함으로써, 윌슨에 따르면 '금방 사라져버릴지도 모르는' 무모한 이론적 해석과는 조금 거리를 두기로 했다.

그들의 논문이 실리기도 전인 1965년 5월 21일에, 〈뉴욕타임스〉가 이 이야기를 공개했다. "신호들이 '빅뱅' 우주를 함축하다."(기자는 이 두 논문에 대해 듣자 곧 출간될 또 다른 논문에 대해서 〈천체물리학저널〉과 연락을 취했다) 그 보도의 중요도 — 일면 배치와, 함께 실리는 벨연구소 망원경의 사진 등 — 는 두 공동연구팀에 있는 일부 과학자들에게 그들의 (가능한) 발견이 미칠 수 있는 영향력을 인식시켜주었다. 그러나 피블스는 자신들이 뭔가 중대한 일에 관계하고 있음을 아는 데 굳이 뉴스미디어가 필요하지는 않았다. 그는 그저 디키를 보기만 하면 되었다. 디키는 유머가 넘치고 쾌활한 성격이었지만, 물리학에 대해서는 전혀 그렇지 않았다. 그러

---

*원칙적으로 가능한 가장 차가운 온도인 절대영도는 화씨 -459.67˚ 혹은 섭씨 -273.15˚다. 관례에 따라, 과학자들은 절대영도를 0켈빈으로 명시하고 섭씨온도의 증분으로 상향 계산한다. 따라서 절대영도보다 10℃ 높으면 10K가 된다.

나 최근 몇 주 동안, 그는 확실히 다른 방식으로 즐기고 있었다. 프린스턴의 한 선임 천문학자는 디키와 대화를 나눈 뒤 그의 동료들에게 가서 밥 디키가 '잔뜩 들떠 있다'고 이야기했다.

그 뒤 문헌을 조사한 결과, 다른 예측들과 함께 이전에 적어도 한 번의 탐지가 있었음이 드러났다. 1948년에, 물리학자 조지 가모프George Garmow는 〈네이처Nature〉지에 '우주의 역사에 관한 가장 오래된 고고학적 기록'의 존재를 예측하는 논문을 썼다. 그는 세부적인 내용에서는 틀렸지만 일반적인 원리에서는 옳았다. 즉 초기 우주는 모든 수소들이 결합해서 더 무거운 원소가 되지 못하게 할 정도로 극도로 뜨거워야만 했다. 바로 그 해에, 물리학자들인(그리고 때로 가모프와 공동연구를 하기도 했던) 랠프 앨퍼Ralph Alpher와 로버트 허먼Robert Herman은 '우주의 온도'가 이제 5K가량 되어야 할 거라는 계산을 발표했다. 그러나 당시의 천문학자들은 당시의 기술로는 그렇게 적은 양을 탐지하는 게 불가능하다고 말했다(그러나 윌슨은 안테나를 저온부하에 적절히 연결한다면, 어쩌면 제2차 세계대전 시대의 기술로도 그 일을 수행할 수 있을지 모른다고 생각했다).

〈벨시스템 테크니컬저널Bell System Technical Journal〉에 실린 1961년 논문에서, 크로포드힐의 한 엔지니어는 에코 안테나가 3K의 잉여 잡음을 수신했다고 썼다. 하지만 그 수치가 오차 범위 안에 있었고, 그런 모순이 아무튼 그의 목적에는 차이를 만들지 않을 것이므로 그는 그 잡음을 무시했다. 1964년에 정상상태 우주론의 옹호자인 호일은 영국의 동료 천문학자 로저 J. 테일러Roger J. Tayler와 연구하면서 진동하는 우주 시나리오를 조사하고 앨퍼, 허먼과 유사한 계산을 수행했다. 역시 1964년에 펜지어스와 윌슨은 자신들이 포착한 잉여 잡음의 출처를 찾기 위해 안테나를 지평선의 모든 지점으로 돌리면서 헛수고를 하고 있었다. 그때 러시아의 두 과학자는 우주배경복사 cosmic background radiation의 탐지가 현재 가능할 수 있음을, 그리고 이상적인 장비는 뉴저지 홈델 타운십의 어떤 산꼭대기에 있는 특정한 나팔형 안테나임을 지적하는 논문을 출간했다.

짐 피블스는 신진대사가 왕성한 사람이었다. 아무리 먹어도 살찔 염려가 없었다. 이런 타고난 활동성은 그의 지적 삶을 확장시켰다. 그는 중대한 문제를 확인하고 그것을 해결하고 그게 어떤 결과로 이어질지 살펴본 뒤, 또 다른 중대한 문제를 확인하고 그것을 해결하고 그게 어떤 결과로 이어질지 살펴보는 식으로 계속 일을 해나갔다. 그것은 마치 무릎을 구부리고 얼굴에 바람을 맞으며 미래로 질주하는 것 같았다(그는 노련한 활강 스키어였다). 심지어 그가 한때 어떤 기자에게 자신의 지적 활동성에 대해 묘사한 표현조차도 활동적이었다. "닥치는 대로 걷는 것, 아니 목표 없이 걷는 것, 아니 더 정확히 말하면 부분적으로 목표를 정하고 걷는 것이죠. 한 발 내디딜 때마다 다음 발을 어디에 내디딜지 결정하면서 말예요." 그는 학자들이 늘상 하듯이 도서관 서가에 파묻혀 있거나 문헌을 들이파는 일이 꼭 싫증나는 건 아니었지만, 그렇다고 그런 일을 즐기지도 않았다. 아무튼 그는 숙제를 한 적이 없었다.

디키는 벨연구소와 전화통화를 한 뒤 펜지어스에게 우주의 온도에 관한 피블스의 초기 논문 요지 한 부를 보내주었다. 〈물리학리뷰 Physical Review〉의 심사위원들은 피블스의 논문이 앨퍼와 허먼, 가모프와 다른 사람들의 앞선 계산들을 되풀이한다는 이유로 계속 퇴짜를 놓았다. 그는 마침내 1965년 6월에 논문을 철회했다. 그는 디키, 롤, 윌킨슨과 공동 집필한 우주마이크로파배경 cosmic microwave background, CMB에 관한 논문에서 그럭저럭 그런 과실 일부를 수정했다. 그러나 그렇게 수정한 논문조차도 가모프의 최초의 원소 생성에 대한 연구만 언급하고, 우주배경의 온도를 예측하는 그의 연구는 언급하지 않았다. 가모프는 펜지어스에게 보낸 편지에서 화를 내며 자신의 초기 연구 목록을 나열했다. 그리고 "그러니 보게, 세상은 전능한 디키와 함께 시작된 게 아니라네"라고 편지를 맺었다.

그럼에도 이런 문서들의 모호성은 많은 과학자들이 우주론과 상대성이론에 대해 느낀 무관심을 반영한다. 그러나 더는 아니었다. 1965년 12월 무렵, 롤과 윌킨슨은 구요트홀 옥상에 자신들의 안테나를 올렸고 펜지어스와 윌슨과 동일한 수치를 얻었다. 수개월 안에 진행된 두 차례의 실험(하나는 펜지어스와 윌슨이 수행한 실험이었다)이 견고한 과학적 예측에 필요한 결과를 복제해낸 것이다. 이 경우에는 이미 '3K 복사'라 불리던 것을 탐지한 것이다.

천문학자나 물리학자라면 그런 변화를 느꼈을 것이다. 정상상태 우주론과 빅뱅이론의 해석들 모두 수학과 관측뿐 아니라 추측에 의존해왔다. 그것들은 코페르니쿠스가 외형을 구현하기 위해 시도한 노력의 현대판이었다. 그 이론들에는 증거가 필요했다. 갈릴레오는 망원경의 도움으로 지구 중심 우주와 태양 중심 우주 사이에서 결정된 하늘의 현상들을 발견하여, 우주를 다시 이해하지 않을 수 없게 만들었다. 마찬가지로 전파 천문학자들도 새로운 망원경의 도움으로 이제 정상상태 우주론과 빅뱅 우주론 사이에서 결정된 증거를 발견해서 우주를 더 깊이 재인식하지 않을 수 없게 했다.

전자기 스펙트럼의 가시광선 영역 너머를 보는 게 반드시 더 많이 본다는 것을 의미하지는 않았다. 하늘은 광학 망원경의 도움을 받는다 해도 눈에 보이는 것보다 더 많은 정보를 감추고 있지 않을지 모른다. 전파천문학의 도입으로 뉴턴의 우주 개념이 수정되지 않았을 수도 있다. 그러나 가시광선 영역 너머를 본다는 것은 더 많은 현상을 발견하고 새로운 정보들을 수용해야 함을 의미했다. 이 새로운 우주도 여전히 시계처럼 돌아갈 것이다. 갈릴레오의 관측과 뉴턴의 계산으로 생겨난 법칙들도 아마 여전히 적용될 것이다. 그러나 이제 허블이나 아인슈타인의 우주가 그랬듯이 우주 내에서 천체들의 운동은 순환적이라기보다 선형적이었다. 또 그들의 우주는 시곗바늘과 톱니바퀴가 맞물려 돌아가지만 항상 동일한 위치로 돌아가는 회중시계라기보다, 펼쳐지는 면들이 과거를 보존하고 현재를 기록하고 미래를 약속하는 달력에 해당했다.

어쩌면 우주의 이론을 세운다는 게 그렇게 터무니없는 일은 아닐지 모른다고 피블스는 생각했다. 그렇다고 항상 신중했던 피블스가 이제 빅뱅 이론을 수용했다는 말은 아니었다. 그러나 그가 예측하고 펜지어스와 윌슨이 탐지한 마이크로파배경microwave background의 균일성은 확실히 우리가 어디에 있든 대규모로 볼 때는 똑같게 보이는 우주에 해당할 터였다. 아인슈타인은 비탈면 위에 놓인 마찰없는 코끼리를 가정했었지만, 우주도 결국 그렇게 균질한 것으로 드러났다.

피블스는 생각했다.

'그건 놀라운 일이야. 하지만 어쩌겠어, 우주는 간단한 걸.'

2

저 밖에는
무엇이 있을까

베라 루빈, 진짜 천문학자가 되기로 결심하다

우주가 무엇일 수 있는지, 혹은 무엇이어야 하는지는 그녀에게 그렇게 중요하지 않았다. 그녀는 이론가가 아니었다. 그녀는 천문학자, 관측 천문학자였다. 우주는 존재하는 것이었다. 존재하는 것은 우리가 바라보는 어디에서나 움직였다.

하지만 그녀는 아직 천문학자가 아니었다. 사실은 어렸을 때 우편으로 주문한 렌즈와, 워싱턴 D.C. 시내에 있는 어떤 상점에서 공짜로 얻은 리놀륨 원통으로 아버지의 도움을 받아 만든 망원경을 사용해본 경험 말고는 실제로 관측을 해본 적이 없었다. 그리고 그 망원경은 제대로 작동하지도 않았다. 그것으로는 별들의 사진도 찍을 수가 없었는데, 그게 별들의 운동을 따라가지 못했기 때문이었다. 아니 더 정확히 말하면 별들이 밤하늘에서 호를 그리며 움직인다는 착각을 일으키는 건 지구가 돌고 있기 때문이므로 별들의 겉보기 운동이라고 하는 게 옳을 것이다.

그녀는 그 카메라가 작동하지 않으리라는 것을 알았어야 했다. 별들의 운동은 그녀가 천문학에 관심을 갖게 된 한 가지 이유였다. 이층에 있는 그녀의 방 창문 – 침대 바로 위에 있는 창문 – 은 북쪽으로 나 있었고, 열 살 무렵 그녀는 별들이 북쪽 하늘에 있는 어떤 점의 주위를 천천히 돌고 있는 것처럼 보이며, 계절이 지나는 동안 별들 자체가 변한다는 것을 알아 챘다. 그 이후 죽 그녀는 잠을 자기보다 밤하늘의 운동을 추적하기 일쑤였 다. 유성의 경로를 기억했다가 아침에 노트에 기록했고, 나중에 고등학교 에서 보고서를 쓸 때면 으레 거울이 있는 반사망원경이나 렌즈가 있는 굴 절망원경처럼 천문학에 관련된 주제를 선택했다. 저녁 무렵 어머니가 이 층에 대고 소리치곤 했다. "베라, 밤새도록 창밖을 내다보지는 마라!" 그러 나 설령 그렇게 한다고 해도 부모님은 별로 신경 쓰지 않는 것 같았다.

그녀는 어떤 점에서 뉴턴의 우주관을 갖고 있었다. 운동하는 물질과, 예측 가능한 패턴과, 모든 여행에도 불구하고 변함없이 시작점으로 되돌 아오는 천체들(그리고 만약 지구에 대해서 생각했다면 그것 역시도 그런 천체 들 가운데 하나였다)이 그러했다. 그러나 베라 쿠퍼^{Vera Cooper}가 태어난 1928년은, 에드윈 허블이 지구가 속한 은하계가 거의 독특하지 않다는 것을 보고한 지 3년 뒤였다. 또한 1년 전에는 그가 은하들이 서로에게서 멀어지고 있는 것처럼 보인다 – 멀리 있을수록 더 빨리 멀어진다 – 는 증 거를 제시했다. 그녀가 알았던 유일한 우주는 은하들로 가득 차 있었고, 그러한 은하들은 움직이고 있었다.

코넬의 대학원생 시절 석사학위 논문 주제를 정해야 했을 때, 그녀는 팽창하는 새로운 우주에 맞추어 과거의 시계우주관을 수정하려고 했다.

그녀는 지구가 자신의 축을 중심으로 돌고 태양계가 돌고 은하가 돌고 있으니, 어쩌면 우주에도 축이 있을지 모른다고 추론했다. 어쩌면 전체 우주도 돌지 몰랐다.

그 전제는 이치에 맞는 것처럼 보였다. 코넬에서 곧 물리학 박사학위를 받게 될 남편 로버트 루빈Robert Rubin은 그녀에게 〈네이처〉 지에 실린 조지 가모프의 〈회전하는 우주Rotating Universe〉라는 짧은 이론 논문을 보여준 적이 있었다. 그 뒤 그녀는 프린스턴의 커트 괴델Kurt Gödel이 회전하는 우주의 이론을 연구한다는 소식을 들었다.

그녀의 접근 방식도 이치에 맞는 것처럼 보였다. 그녀는 천문학자들이 적색이동을 측정한 은하 108개의 데이터를 수집했다. 그 뒤 우주의 팽창에 기인한 운동들, 즉 천문학자들이 후퇴 운동이라고 부르는 것을 골라냈다. 남은 운동들, 그러니까 고유 운동들은 어떤 패턴을 보일까? 그녀는 구면에 그 운동들을 그렸고 그것들이 어떤 패턴을 보인다고 생각했다. 1950년 12월, 아직 석사학위를 받기 6개월 전인 스물두 살의 나이에, 베라 쿠퍼 루빈은 펜실베이니아의 하버포드에서 열린 AAS 회의에서 자신의 논문을 발표했다.

루빈은 자신감 부족으로 고생했던 적이 한 번도 없었다. 스와스모어Swarthmore 칼리지의 입학사정관이, 천문학자가 그녀가 선택한 직업이고 그림이 그녀가 가장 즐기는 취미라는 이유로 천문학 풍경을 그리는 화가는 어떻겠냐고 묻자, 그녀는 큰 소리로 웃고는 배사Vassar 칼리지에 지원했다. 그녀가 장학금을 받고 배사 칼리지에 가게 되었는데 고등학교의 한 선생님이 "넌 과학만 아니라면 잘할 게다"라고 말하자, 그녀는 어깨를 으쓱해 보이고는 (과학철학의 과중한 부담에도 불구하고) 천문학으로 학사학위를 받았다. 코넬의 한 교수가 그녀에게 한 달 된 아들이 있다는 이유로 자신이 대신 하버포드 AAS 회의에 참석해서 그녀의 논문을 자신의 이름으로 발표하겠다고 말했을 때, 그녀는 "아니에요, 갈 수 있어요"라고 말하고는 갓난아이를 안고 갔다.

그녀가 발표를 마쳤을 때 AAS 회의장에 모여 있던 사람들의 반응은 거의 같았다. 전제는 기묘했고 데이터는 부실했으며 결론은 설득력이 없었다. 비평이 계속되자 마침내 천문학자 마르틴 슈바르츠실트Martin Schwarzschild가 친절하게 일어서서 논의를 그만 끝내라는 신호로 "이런 연구를 시도했다니 매우 흥미롭군요"라고 소리 높여 말했다. 의장이 잠깐 휴식할 것을 제안했고, 루빈은 회의장을 떠났다.

그녀도 자신의 논문이 대단히 훌륭하다고는 생각하지 않았다. 요컨대 그것은 석사논문이었다. 그럼에도 석사논문치고는 꽤 괜찮다고 생각했다. 그녀는 엄청난 수들을 다루었고 그런 수들을 자신이 알고 있는 가장 신중한 방식으로 처리했으며, 그 결과가 보고할 가치가 있다고 생각했다. 발표도 괜찮았고, 최선을 다했다고 생각했다. 그녀는 과거에 AAS 회의에 참석한 적이 없었고, 심지어 그렇게 많은 전문 천문학자들을 만난 적도 없다는 사실을 스스로에게 상기시켰다. 어쩌면 천문학자들은 원래 그렇게 행동하는지도 몰랐다. 그녀는 이러한 비평들을 입학사정관과 그녀의 고등학교 선생님의 견해들과 같이 분류해 두기로 결심했다. 다음 날 고향 신문인 〈워싱턴포스트Washington Post〉는 "젊은 엄마가 별의 운동으로 창조의 중심을 알아내다"라는 헤드라인으로 기사를 실었다. 따라서 그녀는 실제의 천문학자들이 적어도 그녀가 누구인지는(혹은 오자 때문에 '베라 후빈Vera Hubin'이 누구인지는) 알게 될 거라고 위안을 삼을 수 있었다.

그럼에도 그 경험은 중요한 교훈을 남겨주었다. 그녀는 자신의 연구가 주류에서 얼마나 많이 벗어나 있는지 몰랐을 정도로 풋내기였다. 그녀는 회전하는 우주에 대한 물음이 진지하게 고려할 가치가 있음을 깨달은 사람이 천문학자 가운데는 거의 가모프밖에 없고, 이론가들 가운데는 거의 괴델밖에 없음을 알지 못했다. 가모프는 〈네이처〉지에 실린 논문에서 회전하는 우주라는 아이디어가 '언뜻 보기에도 기이함'을 시인했다. 그리고 언뜻 보기에 그것은 정말 그랬다. 그러나 우리가 만약 첫인상을 믿지 않는다면 어떻게 될까? 기술의 도움을 받지 않은 감각의 증거인 첫인상은, 지구가 정지해 있고 태양이 지구 주위를 돌며, 목성에 위성이 없고 토성에 고리가 없으며, 별들이 움직이지 않고 굉장히 멀리 떨어져 있다고 말한다. 가모프가 강조하려고 한 요지는 천문학자들이 첫인상을 넘어서야 한다는 것이었다. 이제는 새로운 규모의 우주를 고려해야 하기 때문이다.

우리가 보는 수십억 개의 별 모두가 우리 은하의 일부이며 수십억 개의 은하들이 우리 은하 너머에 놓여 있다고 말하는 것은 우주의 규모에 전혀 타당하지 않다. 생존을 위해 인간의 눈이 전파를 보도록 진화하지 않은 것처럼, 어쩌면 우리의 정신도 천문학자들이 지금 그들의 생각 속으로 편입시키려 애쓰는 수들을 이해하도록 진화할 필요가 없었는지 모른다. 수를 셀 때 셋 이상의 수는 모두 '많이'라고 세어서 '하나, 둘, 셋, 많이'라고 하는 문화들처럼, 우리도 우주의 규모를 우리가 생각하는 범위까지 '지구, 행성, 태양, 멀리'로 보려는 경향이 있다.

생각해보라. 하나, 둘, 셋. 1초에 하나씩 천천히 세어서 1부터 100만까지 세는 데 얼마나 많은 시간이 걸릴까? 11일, 더 정확히 말하면 11일 13시간 46분 40초가 걸린다. 똑같은 속도로 10억까지 세는 데는 얼마나 걸릴까? 10억은 100만의 1,000배다. 즉 100만을 1,000번 되풀이하는 것이다. 따라서 우리는 세는 데 11일이 걸리는 100만을 1,000번 세어야만 한다. 그러면 31년하고 8개월 반이 걸린다. 1조에 도달하려면 10억을 1,000번 세어야 한다. 이는 31년의 1,000배, 즉 3만 1,000년이 걸린다. 빛이 1년 동안 여행하는 거리인 1광년은 약 9.65조 킬로미터. 9.65조를 세기 위해서는 3만 1,000년의 9.65배, 즉 30만 년이 필요할 것이다.

초기 천문학자 세대들은 새로운 규모의 우주에 대한 계속되는 발견들을 수용하기 위해 사고를 조정하는 법을 터득해야만 했다. 즉 태양은 1억 5,000킬로미터 떨어져 있고, 태양 다음으로 가장 가까운 별은 4.3광년인 40조 킬로미터 떨어져 있으며(숫자를 세는 데 걸리는 시간은 30만 년의 4.3배가 되는 셈이니 약 129만 년이다), 우리의 섬우주가 서로 동일한 거리만큼 떨어져 있는 수십억 개의 별들로 이루어져 있고, 이 섬우주의 나선 원반의 한쪽 끝에서 반대쪽 끝까지인 지름은 약 10만 광년(숫자를 세는 데 걸리는 시간은 30만 년의 10만 배인 300억 년쯤 되니, 먼저 '10억'의 의미를 이해하지 않고는 이해할 수 없는 수)이다.

이런 문맥에서, 아무리 헤아릴 수 없고 아무리 우스꽝스럽다고 해도, '수십억 개의 은하'라는 용어는 적어도 허블이 물려받은 섬우주와 그가 다음 세대에 남긴 우주 사이에 규모의 차이를 암시하기 시작했다. 그의 우주는 '눈'이 볼 수 있는 한 은하들로 가득 차 있었다. '눈'이 그가 사용한 월슨 산 꼭대기의 거대한 2.5미터 후커 망원경이든, 혹은 그 뒤에 나온 1949년에 최초의 관측을 시작해서 천문학자들에게 점점 더 큰 적색이동을 보이는 은하들을 발견할 수 있게 해준 팔로마 산 정상의 5미터 헤일 망원경 Hale Telescope 이든 말이다. 우주에 대한 이러한 새로운 재인식이 결국 어디로 이어질지 누가 알겠는가? 허블의 우주로 연구하기를 바라는 20세기 중반의 천문학자들은 그 우주의 역사와 상상 가능한 최대 규모의 구조를 다루어야만 할 터였다. 그들은 우주론을 다루어야만 했다.

그렇다고 루빈이 자신을 우주론자로 생각했다는 말은 아니다. 그녀는 심지어 자신을 천문학자로 생각하지도 않았는데, 그건 그녀가 전문적인 망원경으로 관측해본 경험이 없었기 때문만은 아니었다. AAS 회의에서 논문을 발표하고 6개월 뒤 그녀는 석사학위를 받았고 남편은 박사학위를 받았으며, 두 사람은 남편의 직장 근처인 워싱턴 D.C.로 이주했다. 두 사람의 아들은 아직 한 살이 되지 않았고, 부부는 또다시 아기를 가질 계획을 하고 있었다. 비록 남편이 그녀에게 계속 박사학위를 따라고 권유하기는 했지만, 그녀는 당시의 삶이 충분히 복잡하다고 생각했다. 따라서 천문학자가 되는 걸 미루는 쪽을 택했는데, 자신이 장래에 천문학자가 되기나 할지 매일같이 불안해했다. 그러면서도 그녀는 교외에 살면서 남편이 출근한 사이 아들과 함께 집에 있는 동안 〈천체물리학저널〉의 신간 — 그녀는 계속 구독하고 있었다 — 이 집으로 배달될 때마다 눈물을 흘리는 이런 삶을 계속 살아갈 각오가 전혀 되어 있지 않음을 깨달았다.

그러던 어느 날 전화벨이 울렸다. 조지 가모프의 전화였다.

그녀는 아파트 창가에 서 있었고 전화는 탁자 위에 놓여 있었다. 소파는 다른 곳에 있었다. 앉을 곳이 없었다. 전화선이 닿을까? 상관없었다. 그것은 선 채로 나누고 싶은 그런 종류의 대화였다. 따라서 그녀는 서서 창밖을 응시하며 조지 가모프가 자신의 연구에 대해 묻는 말을 들었다.

그녀의 남편은 메릴랜드 실버 스프링의 존스홉킨스 응용물리학연구소에서 랠프 앨퍼와 연구실을 함께 썼다. 로버트 허먼의 연구실은 같은 복도에 있었다. 가모프는 그 연구소에 자문을 해주었고, 앨퍼와 허먼은 종종 그와 공동연구를 했다. 가모프는 두 사람으로부터 그녀의 논문에 대해 들었다. 그는 자신이 그 연구소에서 하는 강연 때문에 우주의 회전에 관한 그녀의 논문에 대해 알고 싶다고 말했다(그녀는 그 강연에 참석할 수 없었다. 아내들은 참석이 허용되지 않았기 때문이다).

로버트 루빈이 이 응용물리학연구소를 택한 것은 워싱턴에서 가까워서 아내가 천문학을 공부하거나 관련 직장을 구할 수 있기 때문이었다. 그녀는 박사학위를 할지 직장을 구할지 아직 생각 중이었다. 가모프와 전화통화를 한 후, 그녀는 아들이 모래놀이 통에서 노는 동안 〈천체물리학 저널〉을 들고 가서 읽기 시작했고, 둘째 아이를 임신한 1952년 2월 무렵엔 워싱턴 D.C. 지역에서 천문학 박사학위 과정이 개설된 유일한 학교인 조지타운대학교에서 수업을 들었다. 거기서 조지워싱턴대학교와의 특별한 협의로, 그녀는 가모프 교수의 지도하에 연구를 하게 될 터였다.

그해 봄 그녀는 가모프를 처음 만났다. 그는 북서 워싱턴 록크릭 공원의 조금 높고 숲이 우거진 외곽에 자리 잡은 수수한 캠퍼스인 카네기연구소의 DTM 도서관에서 만나자고 제안했다. DTM은 별로 호감이 가지 않는 분위기의 수수한 벽돌 건물이었다. 거주 지역의 길고 구불구불한 차도 끝 언덕 꼭대기에 자리 잡고 있었으므로 그것은 병원이나 은퇴자들의 집이었을 것이다. 그러나 20세기 초반부터 죽 그것은 지구의 자기마당을 도표로 만드는 세계적인 탐험대들의 본부였다. 그리고 그 임무가 완성되자, 1929년에 DTM은 우리 행성의 성질 조사를 더 포괄적으로 해석해서 물리학과 다른 행성들의 지질학 연구를 시작했다.

루빈은 일찍이 이 숲에 와본 적이 있었다. 아마도 어떤 강연 때문이었을 것이다. 이제 그녀는 거의 매달 그곳을 다시 찾았다. 이 도서관 입구는 이층으로 올라가는 계단 오른쪽에 있었다. 도서관 문을 지나 독서실로 가려면 두 개의 서가 사이에 놓인 좁은 통로를 간신히 통과해야만 했다. 그녀는 이곳을 방문할 때마다 문간에서 머뭇거리며 천문학자가 되려는 도전을 한 번 더 생각해야 했다. 그 통로는 너비가 대략 60센티미터였고, 둘째 아이를 임신한 상태라 그녀의 몸이 그보다 더 컸기 때문이다.

조지 가모프는 그녀가 원하는 부류가 아니었다. 두 사람은 나무판자로 에워싸인 조용한 DTM 도서관에서 만나지 않을 때는, 메릴랜드 체비체이스에 있는 그의 집에서 만났다. 거기서 그는 멀리 있는 아내에게 끊임없이 소리를 지르며 욕설을 퍼붓곤 했다. '내 논문들이 대체 어디에 있는 거야? 대체 내 논문들을 어떻게 한 거야? 당신은 왜 항상 내 논문에 손을 대는 거야?' 가모프의 아내가 실제로 거기에 있었는지 루빈은 확신할 수 없었다. 1953년 여름 루빈은 남편과 함께 자비를 들여 미시간에서 열리는 천문학 워크숍에 참석했다. 가모프도 거기에 참석했는데, 그의 행동은 그녀를 당혹스럽게 했다. 그는 강연 동안 꾸벅꾸벅 조는가 하면, 자다 말고 문득 깨어나서는 이미 답변이 된 질문들을 꺼내기도 했다. 그녀와 그와 윌슨 산의 위대한 천문학자 월터 바데 Walter Badde가 참석한 오후의 토론 동안, 가모프는 술을 반병이나 들이켰다. 그가 강연하는 동안, 입에서는 술 냄새가 풀풀 났다.

루빈은 천재에는 두 부류가 있음을 깨달았다. 굉장히 똑똑해서 어떻게 처신해야 하는지 아는 천재와, 나라면 결코 그런 식으로 행동하지 않을 거라고 생각하며 그저 지켜보기만 하는 천재가 그것이었다. 가모프는 후자에 속했다. 강연 내내 꾸벅꾸벅 조는가 하면 중복되는 질문을 하기는 했지만, 그는 또 어느 누구도 대답할 수 없는 질문들에 대답하기도 했다. 개인적 결점이 있건 없건, 가모프가 입을 열면 사람들은 귀를 기울였다.

"은하들의 분포에 특정한 규모 법칙 scale length이 있을까요?"

처음 몇 번의 만남에서 가모프가 루빈에게 던진 물음이다. 그녀에게 석사논문에서처럼 은하들의 전체적인 운동에만 관심을 갖지 말고, 은하들의 분포에 대해서도 생각해보라는 제안이었다.

우주 곳곳에서 은하들의 분포가 대부분의 천문학자들이 생각하는 것처럼 불규칙하고 균일할까? 허블은 그렇다고 생각했다. "대규모로 보았을 때 그 분포는 대략 균일하다." 그는 1936년에 출간된 자신의 가장 영향력 있는 책인 《성운의 영역 The Realm of the Nebulae》에서 이렇게 썼다. "도처에서 그리고 모든 방향에서, 관측 가능한 지역은 상당히 균일하다." 어떤 의미에서 그는 그저 현대 우주론의 두 가정인 균질성과 등방성을 평범한 말로 다시 되풀이한 것뿐이었다. 그러나 그가 그 쟁점을 만드는 방식은 '섬'을 강조하는 현대 이전의 섬우주 사고를 상기시키는 것이기도 했다. 허블의 관점에서, 그러므로 어떤 세대 천문학자들의 관점에서, 천문학자들이 관측해온 은하단들은 자연에서 우연히 만들어진 것이거나, 아니면 우리의 시선을 따라 놓여 있는 많은 은하들 때문에 생기는 일종의 우주의 광학적 착시현상이었다.

그러나 가모프는 다른 규모로 생각하고 있었다. 어쩌면 은하들의 독특한 운동들, 즉 바깥쪽 직진 방향으로의 팽창과는 다른 운동들은 대부분의 천문학자들이 생각하는 것처럼 불규칙하지 않을지도 몰랐다. 어쩌면 과거에는 생각할 수도 없던 거리에 걸쳐 있는, 은하들 사이의 중력적 상호작용이 때로 국지 수준에서 팽창을 방해할 수 있을 정도로 강할지도 몰랐다. 어쩌면 어떤 은하도 섬이 아닌지 모른다. 아니 적어도 모든 은하가 섬은 아닌지도 모른다.

그 전제는 루빈에게 훌륭해 보였는데, 공상가인 조지 가모프가 그것을 제시했기 때문만은 아니었다. 가모프에게서 처음 전화가 걸려온 직후, 그녀는 당시에 호주에서 연구하던 프랑스의 천문학자 제라르 드 보쿨뢰르 Gérard de Vaucouleurs에게서 편지 한 통을 받았다. 그 뒤에도 계속 이어진 그런 서신 왕래가 그녀에게는 잔인하게 생각되었다. 그녀는 항상 그에게 답장을 보내야만 할 것 같았다. 그러나 불평할 수가 없었다. 가모프의 경우처럼, 드 보쿨뢰르도 그녀의 석사논문에 대해서 논의하고 싶어 했다. 그는 편지에서 자신이 은하들 사이에서 아마도 그녀가 탐지했을 것과 유사한 패턴을 발견했다고 썼다.

박사학위 과정이 중반쯤 접어든 1953년 2월에, 드 보쿨뢰르의 집요함에 대한 그녀의 인내가 마침내 보상을 받았다. 그는 〈천문학저널 Astronomical Journal〉에 논문을 게재하면서 그녀의 연구를 인용했다. "4메가파세크 이내에 있는 은하 100개 정도의 각속도 분석을 통해 V. 쿠퍼 루빈 여사는 최근에 안쪽 우주 전체의 차등회전differential rotation에 대한 증거를 발견했다." 그러나 드 보쿨뢰르에게는 그녀의 증거가 우주의 회전이 아니라 은하단들의 무리인 초은하단의 운동을 암시하는 것처럼 보였다. 그렇다 해도, 그의 주장은 가모프가 루빈에게 생각해보라고 권유한 주제의 변형이었다. 은하들이 무리 지어 있을까? 그렇다면 왜일까?

또다시 그녀는 누구나 이용할 수 있는 기존의 데이터를 수집했다. 이번엔 하버드의 은하 데이터였다. 그리고 개념적으로 간단한 분석을 하고 하늘에 나타난 은하들의 위치와 그 적색이동이 암시하는 거리를 비교함으로써 은하들의 3차원 지도를 만들었다.

　그녀는 천문학자와 엄마의 역할을 균형 있게 해나가는 방법을 터득했다. 한 손엔 두꺼운 독일 교재를 들고 또 다른 한 손으로는 유모차를 밀었으며, 1주일에 2, 3일 저녁은 조지타운의 천문대에서 수업을 들었다. 또 밤이면 아이들이 잠자리에 든 뒤 논문에 열중했다. 그녀는 2년 만에 연구를 마쳤고, 〈은하들의 공간 분포에 나타난 요동들 Fluctuations in the Space Distribution of the Galaxies〉이라는 그녀의 논문은 1954년 7월 15일에 발행된 〈국립과학 아카데미 회보 Proceedings of the National Academy of Sciences〉에 실렸다. 그녀의 결론은 이러했다. 은하들은 임의로 충돌하거나 무리 짓지 않는다. 은하들이 모이는 것은 어떤 이유 때문이며, 그 이유는 중력이다.

　이번엔 하버포드에서와 같은 비평은 없었다. 반응은 그보다 더 나빴다. 침묵이었다.

은하 안에서는 모든 게 움직인다

　1963년에 투손에서 열린 AAS 회의 동안, 베라 루빈은 그 도시의 남서쪽으로 90킬로미터쯤 떨어진 사막 산에 있는 키트피크 국립천문대 Kitt Peak National Observatory를 둘러보게 되었다. 루빈은 그때쯤 네 아이의 엄마이자 조지타운대학교 천문학과의 조교수였지만, 여전히 연구 활동을 활발히 하는 천문학자는 아니었다. "은하가 상당히 놀랍기는 하지만, 태어나고 두 살이 될 때까지 아이를 돌본다는 것도 그만큼 놀라운 일이랍니다." 그녀는 그 이유를 이렇게 설명하곤 했다. 그러나 막내아이는 이제 세 살이었다.

　루빈은 그해 말에 키트피크에서의 관측 시간을 확보했다. 그녀는 그동안 조지타운대학교의 학생들과 함께 자신이 석사논문과 박사논문에서 사용한 것과 동일한 방법으로, 목록들을 참고하여 비교적 가까운 별 888개의 운동을 연구하고 있었다.* 이제 그녀는 그 연구를 계속할 터였다. 다만 이번에는 망원경을 이용해서 그 증거를 직접 수집할 생각이었다.

당시의 천문학자 대부분이 지구가 속한 은하계 내부에 있는 별들의 운동을 연구하는 동안, 그녀는 다른 방향으로 눈을 돌렸다. 그것은 바로 천문학자들이 은하중심반대방향galactic anticenter이라고 부르는 것으로, 우리 은하의 중심 팽대부에서 우리의 별인 태양보다 더 멀리 떨어져 있는 별들을 의미했다. 그다음 해에 그녀는 샌디에이고 북동쪽에 있는 팔로마 산에서 초청을 받아 그곳에서 관측한 최초의 여성이 되었다.** 그녀는 이제 조지타운에서 자료 이용에 제한을 받는 조교수로서는 점차 할 수 없는 일을 할 때가 왔다고 판단했다. 진짜 천문학자가 되기로 마음먹은 것이다.

이제 그녀는 도서관에서 가모프와 만나곤 했던 DTM 근처의 조용하고 숲이 우거진 지역에 살고 있었다. 때로 그녀는 거기까지 15분을 걸어가 친구인 버나드 버크를 찾아, 그가 은하수의 회전에 대해 수행하던 전파천문학 분석을 논의하곤 했다.

그러나 1964년 12월에는 다른 목적으로 찾아갔다. 비록 DTM이 1904년에 설립된 이래로 여성 직원을 한 번도 채용한 적이 없었지만, 그녀는

*그렇게 완성된 논문에 대해서 〈천문학저널〉의 편집자가 정책상의 문제 때문에 학생들의 이름을 저자로 올릴 수 없다고 말하자, 루빈은 그렇다면 그 논문을 철회하겠다고 버텼다. 편집자는 어쩔 수 없이 그 논문에 학생들의 이름을 올린 채 실었다.

**여성들은 이전에 팔로마 산은 물론 인근의 카네기연구소에 소속된 윌슨 산에서도 환영받지 못했는데, 표면적인 이유는 그 천문대들이 남성과 여성 모두를 위한 시설을 갖추고 있지 않다는 것이었다. 루빈이 팔로마 천문대를 처음 돌아볼 때 천문학자 올린 에옌이 어떤 문을 활짝 열어젖히며 당당하게 말했다. "이것이 그 유명한 화장실입니다."

버크의 연구실로 걸어 들어가 일자리를 요청했다.

"그는 아마 내가 결혼하자고 했어도 그보다 놀라지는 않았을 거예요."

그녀는 그날 밤 남편에게 이렇게 말했다.

버크는 일단 평정을 되찾자 그녀를 구내식당으로 데려가 동료들에게 소개했다. 그녀는 W. 켄트 포드W. Kent Ford가 최근에 윌슨 산에서 돌아왔다는 사실에 깊은 인상을 받았다. 누군가가 그녀에게 구내식당의 칠판 앞으로 가서 최근 연구에 대해서 설명해보라고 했다. 그날 오후 루빈이 DTM을 떠나기 전, DTM 국장이자 선임(1920년대 이후) 책임연구원인 멀 튜브Merle Tuve가 그녀에게 평방 5센티미터 되는 사진건판 하나를 주며 분광분석을 해보라고 했다. 그녀가 분석 결과와 함께 그 사진건판을 돌려주자, 그 뒤 튜브가 전화를 걸어 약속시간을 정하자고 했다.

그녀는 10분 뒤에 그곳에 갈 수 있다고 말했다.

그는 다음 주가 좋겠다고 말했다.

그녀는 10분 뒤에 그곳에 갈 수 있다고 거듭 말했다.

카네기연구소의 모든 워싱턴 연구실들이 그렇듯이, DTM 책임연구원은 교육의 책무도 종신재직권도 없었으며, 연구비 신청서를 작성하는 일은 혹 있다손 치더라도 잦은 일이 아니었다. 책임연구원은 그저 동료들과 단체 분위기를 유지하고 의미 있는 과학을 생산해낼 능력만 있으면 되었다. 루빈은 친구인 버나드 버크*나 W. 켄트 포드 둘 중 하나와 연구실을 함께 써야 했다. 버크도 튜브와 케네스 터너처럼 책임 전파천문학자였다. 그녀는 이 전파천문학자들이 1층에 있는 어떤 방을 완전히 독차지해서

*그녀가 버크의 연구실을 방문한 1964년 12월과 처음 일을 시작한 1965년 4월 1일 사이의 어느 때인가, 버크가 점심시간에 건 전화 때문에 벨연구소의 아노 펜지어스가 프린스턴의 로버트 디키에게 관심을 갖게 되었다.

그곳의 대형 테이블이 지질층 도면들을 비롯한 온갖 서류들로 완전히 뒤덮여 있다는 것을 알았다. 루빈은 그런 세계 속에 파묻히고 싶지 않았다. 그녀는 혼자만의 세계를 원했고, 따라서 포드의 연구실로 들어가는 게 더 좋겠다고 생각했다.

포드는 도구학자였다. 그는 최근에 광원의 전자기 스펙트럼을 기록하는 표준 분광기를 변형시킨 영상관 분광기를 제작했다. 그러나 그가 만든 분광기는 먼 천체에서 오는 빛의 사진을 찍지 않았다. 대신 그런 희미한 광자들을 분수처럼 퍼지는 수많은 전자들로 전환시켰고, 그것이 형광 스크린 상에 분무되면 생생한 빛을 발했다. 그의 장비가 '보통' 카메라처럼 선명하게 사진을 찍는 게 바로 그 빛이었다. 영상의 강도는 먼 광원의 불명료함을 보정해주었다. 결과적으로, 그 장비는 보조 장비가 없는 사진건판의 노출 시간을 10분의 1로 감소시켰다. 공식 명칭은 카네기 영상관 분광기Carnegie Image Tube Spectrograph인 포드의 새로운 분광기에서, 루빈은 당시 천문학의 가장 뜨거운 관심사를 조사할 기회를 발견했다.

준항성 전파원quasi-stellar radio sources의 줄임말인 퀘이사Quasars는 아마도 우주의 가장 깊숙한 곳에서 오는 대단히 강력한 점상 신호였다. 1963년 퀘이사의 발견은 천문학자들에게 전파로 보는 우주가 육안으로 보는 우주와 다르다는 놀라운 증거를 제공했다. 그리고 루빈과 포드가 새로운 영상관 분광기로 한 퀘이사 연구는 보람이 없지 않았다. 두 사람이 자신들의 발견들 가운데 하나를 출간하고 몇 달 뒤, 짐 피블스가 그들의 데이터를 이용해서 초기 우주의 이론적 탐구를 진행했다. 루빈은 감격했다. 그녀는 그 연구가 자신이 한 번도 조사해보겠다고 생각하지 않은 어떤 주제에 기여했음에 놀라움을 금치 못했다.

그러나 퀘이사를 추적하며 보낸 2년은 대체로 몹시 부담스러웠다. 그 분야는 연구하는 사람들이 너무 많았고, 대형 망원경의 사용 시간 경쟁은 주류 기관 출신의 더 정평 있는 천문학자들에게 유리했으며, 영상관 분광기를 사용하지 못하는 그녀의 동료들에게 데이터를 제공하라는 압력도 만만치 않았다. 그녀가 자신의 답변이 옳다고 확신하지 못하는데도 불구하고 그들은 끈질기게 답변을 요구했다.

그녀가 하고 싶은 천문학은 이런 게 아니었다. 그녀는 이미 개인적으로 충분히 힘든 삶을 살아가고 있었다. 따라서 직업에서까지 이런 힘든 압박을 받고 싶지 않았다. 그래서 그녀는 과감히 퀘이사 연구를 그만두었다.

그녀는 초기 연구 때 주류가 무엇인지 몰랐던 것은 자신이 주류 기관에서 연구하지 않았기 때문이라는 사실을 깨달았다. 코넬은 천문학에 있어서는 하버드나 칼텍Caltech에 미치지 못했다. 가모프와 드 보쿨뢰르는 윌슨 산이나 팔로마 산의 대가들이 아니었다. 그러나 당시에 그녀가 비주류 신분이 된 것은 우연이었다. 이번에는 그렇지 않았다. 적어도 이제는 주류가 무엇인지 안다고 생각했다. 그녀는 자신이 무엇을 망각하고 있었는지 깨달았다. 그래서 나름의 관측 프로그램을 만들 작정이었다.

그녀는 소형 망원경으로 탐구할 수 있는 주제를 찾아야 했다. 일반적으로 그녀처럼 비교적 경험이 부족한 사람에게 더 적합한 종류 말이다. 그녀는 자신이 연구하는 동안 아무도 신경 쓰지 않을 연구 프로그램을 원했다. 그러나 또한 그건 천문학계가 결국 누군가가 해냈다는 것을 기뻐하게 될 그런 연구여야 했다.

그녀는 그게 바로 우주 규모로 보면 옆집이나 다름없는 안드로메다라는 것을 알았다. 안드로메다는 우리 은하와 유사한 가장 가까운 은하다.

"은하 안에서는 모든 게 움직인다." 루빈은 이렇게 썼다. "우주에서 모든 은하들은 움직인다. 지구는 태양 주위를 공전하면서 2분마다 4,000킬로미터를 움직였다. 그리고 태양은 우리 은하의 먼 중심 주위를 공전하면서 3,200킬로미터를 움직였다. 70년을 사는 동안, 태양은 5,000억 킬로미터를 움직였다. 그러나 이런 막대한 경로라도 1회 공전 경로의 아주 작은 호에 불과하다. 태양이 우리 은하를 한 바퀴 공전하려면 2억 년이 걸린다."

그러나 우주의 규모는 어마어마하게 커서 천문학자들은 실제로 은하들의 회전을 보지는 못한다. 루빈은 이런 상상을 즐겨 했다. 만약 안드로메다의 관측자들이 우리 은하를 조사하고 있다면 그들은 명백히 움직이지 않는 나선은하를 볼 것이다. 우리가 안드로메다를 볼 때도 그렇다. 그러나 분광기는 다른 이야기를 말해주었다. 즉 안드로메다에서 오는 빛이 전자기 스펙트럼의 청색 쪽이나 적색 쪽으로 얼마나 많이 이동되었는지, 즉 그것이 베라 루빈으로부터 얼마나 빨리 다가오거나 후퇴하는지를 말해주었다.

사실상 그녀는 영상관 분광기를 사용하던 기존의 방법을 바꾼 셈이었다. 그녀는 여전히 점점 더 희미한 천체들을 보게 될 것이다. 그러나 우주 공간으로 점점 더 깊숙이 밀고 나가면서 멀리 있는 은하들을 본다기보다, 가까운 은하들의 기묘하고 세부적인 면을 보게 될 것이다. 그리고 그것을 기록적인 시간 안에 하게 될 것이다.

미국의 천문학자 프랜시스 G. 피즈Francis G. Pease가 1916년에 동일한 은하를 연구했을 때, 그는 그 은하의 한 축을 따라 스펙트럼을 기록하기 위해 석 달의 기간에 걸쳐 84시간의 노출 시간이 필요했다. 그리고 그다음 해에 다른 축을 따라 스펙트럼을 기록하기 위해 석 달의 기간에 걸쳐 79

시간의 노출 시간이 필요했다. 그때 이후 장비들이 향상되었지만, 1960년대 중반까지도 어떤 은하의 스펙트럼 하나를 얻으려면 여전히 며칠 밤에 걸쳐서 수십 시간이 필요했다(망원경을 충분히 정확하게 조종할 수 있고 항상 불확실한 문제들이 발생할 소지가 있는 분광기를 그렇게 긴 기간 동안 충분히 안정적으로 유지시킬 수 있다는 가정하에). 그러나 포드의 새로운 장비는 노출 시간을 90퍼센트까지 감소시킬 수 있었다. 하룻밤에 4~6개의 스펙트럼을 얻는 게 보통이었다. 포드의 장비에서 루빈은 어떤 천문학자가 과거에 어떤 은하에 대해서 측정한 것보다도 중심 팽대부에서 멀리 떨어져서 안드로메다의 회전 운동들을 측정할 수 있는 잠재력을 보았다.

포드와 루빈은 또다시 애리조나의 두 주요 천문대로 여행을 떠났다. 포드는 자녀가 셋이었고 두 가족은 워싱턴에서 자주 만났기 때문에 때로 가족이 동행하기도 했지만, 대체로 둘이 갈 때가 많았다. 망원경 돔의 어둠 속에서, 루빈과 포드는 먼저 장비를 조정하려고 할 때마다 사실상 머리를 부딪치기 일쑤였다. 그러나 대체로 그들의 경쟁은 플래그스태프의 로웰 천문대Lowell Observatory에서 남쪽으로 차를 몰고 갈 때 사구아로라는 거대한 선인장을 누가 먼저 발견하느냐에 한정되어 있었다. 포드의 영상관 분광기를 트렁크에 안전하게 실은 채 피닉스와 투손을 지나 키트피크까지 차를 몰고 500킬로미터를 달리는 동안 그들은 얼마간 아이들 이야기를 나누었다. 그러나 서쪽으로 여행하는 며칠 동안 밤낮으로 그들이 나눈 대화는 주로 과학에 관한 것이었다.

1968년 12월에 AAS 회의에서 루빈은 자신이 포드와 함께 목표를 달성했다고 발표했다. 그들은 안드로메다를 관측할 때 여타 천문학자들이 은하 관측에서 했던 것보다도 중심에서 멀리 나아갔다. 루빈의 발표가 끝난 뒤, 당대의 가장 저명한 천문학자들 가운데 하나인 루돌프 민코프스키 Rudolph Minkowski가 그녀에게 그 논문을 언제 출간할지 물었다.

"우리가 관측할 수 있는 지역이 아직 수백 개나 더 있습니다." 그녀는 안드로메다은하만을 언급하면서 이렇게 대답했다. 그녀는 이런 종류의 데이터를 영원히 얻을 수 있을 터였다. 그것은 아름다웠다. 완벽했다. 흠 잡을 데가 없었다. 그게 바로 그것의 실체였다.

그러자 민코프스키가 단호하고 분명하게 말했다. "내 생각엔 자네들이 그 논문을 당장 출간해야 할 것 같군."

그래서 그녀와 포드는 그렇게 했다. 그러나 그들은 자신들의 연구에 대한 정식 논문을 제출하기 전에, 안드로메다를 관측한 거의 첫날밤부터 그들을 괴롭혀온 어떤 문제를 중점적으로 다루어야만 할 터였다.

암실로 들어가면서 루빈은 우리 태양계의 행성들에 적용되는 패턴을 발견하게 되리라 예상했다. 즉 뉴턴의 만유인력 법칙이 예측한 대로 행성이 태양에서 멀수록 공전이 느린 패턴을 예상했다. 태양에서 어떤 행성보다 네 배 멀리 떨어진 행성은 2분의 1의 속도로 움직이고, 아홉 배 떨어진 행성은 3분의 1의 속도로 움직일 것이다. 명왕성은 태양에서 수성보다 100배 멀리 떨어져 있으므로 수성 속도의 10분의 1로 움직여야 하며 정말로 그렇게 움직인다. 만약 거리가 멀수록 속도가 느리다는, 거리와 속도 사이의 이런 관계를 그래프로 그린다면 점차 아래쪽으로 떨어지는 하향 곡선을 얻게 될 것이다.

그것이 바로 루빈과 포드가 어떤 은하의 다양한 지역에서 거리와 속도 사이의 관계를 도면에 그릴 때 보게 될 거라고 가정한 패턴이었다. 즉 별들이 은하의 중심에서 멀수록 그 속도는 더 느려질 것이다. 그것이 바로 천문학자들이 항상 해온 일이었다. 그들은 우리 태양계에서 태양의 큰 질량이 가장 작은 행성에 영향을 미치는 것과 똑같은 방식으로, 은하의 중심 팽대부를 구성하는 별들의 커다란 질량이 가장자리에 있는 가장 작은 질량에 영향을 미쳐서 어떤 하향 곡선을 얻게 될 거라고 가정했다. 그러나 천문학자들은 사실 그런 관측을 한 적이 없었다. 포드의 분광기 없이는 그렇게 할 수가 없었기 때문이다. 대신 그들은 자신들의 가정을 점선으로 그렸다. 그러나 루빈과 포드는 최대한 멀리까지 관측을 해서, 영상관 분광기가 허락하는 한 그 나선은하의 가장 먼 가장자리까지 관측했다. 그리고 뜻밖에도 가장 바깥쪽에 있는 별들과 가스가, 가장 안쪽에 있는 별들과 가스와 똑같은 속도로 그 은하의 중심 주위를 획획 도는 것처럼 보인다는 것을 알았다. 그것은 마치 명왕성이 수성과 똑같은 속도로 움직이는 것과 같았다. 안드로메다의 회전 곡선을 도면에 그리자 그건 전혀 '곡선'이 아니었다.

어쩌면 가스가 루빈이 상상할 수 없는 어떤 방식으로 별들과 상호작용하고 있는지도 몰랐다. 안드로메다는 그저 기이한 은하인지도 몰랐다. 이론가라면 논리적인 설명을 해줄 수 있을지도 몰랐다. 포드와 루빈은 1969년 여름에 〈천체물리학저널〉에 그들의 논문을 제출했고, 그 논문에서 "저 거리 너머에 대한 추정은 확실히 취향의 문제"라고 단언했다. 루빈은 사석에서, 존재하지 않는 데이터를 도면에 그리는 것은 '비열한' 일이라고 말하곤 했다. 그래서 루빈과 포드는 자신들이 갖고 있는 데이터만 도면에 그리는 데 동의했다. 그게 바로 그것의 실체였다.

그리고 그것의 실체는 편평한 선이었다.

보이는 게 전부는 아니다

루빈이 안드로메다에 관한 연구를 마친 직후, 버지니아 샬로츠빌 Charlottesville의 국립전파천문학연구소 National Radio Astronomy Observatory에 있던 그녀의 절친한 친구 모턴 로버츠 Morton Roberts가 차를 몰고 오겠다고 전화했다. 그는 그녀에게 보여주고 싶은 게 있었다.

그들은 DTM의 다른 천문학자 서너 명과 함께 지하의 한 회의실에서 만났다. 로버츠도 그동안 안드로메다의 회전 곡선을 연구해왔다. 다만 그의 관측이 전파에 근거한다는 것만 다를 뿐이었다. 그는 테이블 위에 '허블 은하지도 Hubble Atlas of Galaxies'를 올려놓고 안드로메다 사진이 있는 페이지를 펼쳤다. 그 뒤 그 사진 위에 자신의 전파 관측 도면을 올려놓았다. 그는 별들과 가스로 이루어진 친근한 소용돌이를 훨씬 지나고, 포드와 루빈이 그들의 광학 탐사기로 가까스로 도달한 지점을 훨씬 지나, 어떤 수소 가스구름의 고리까지 나아갔다. 그러나 DTM에서 얼마간 시간을 보내던 하버드의 대학원생 샌드라 페이버 Sandra Faber는 전혀 감명을 받지 않은 것 같았다.

"여기엔 새로운 게 전혀 없어요. 모두 같은 문제의 일부 아닌가요? 속도는 항상 이치에 맞지 않았어요."

페이버가 시큰둥하게 말했다.

그녀가 옳았다. 루빈이 입증했듯이, 은하들의 속도는 하늘의 지도 도처에서 바뀌었다. 그러나 페이버에게는 이 문제가 그리 특별하게 느껴지지 않았다. 루빈과 달리, 그녀가 아주 역동적인 세상 속에서 성장했기 때문일까.

"이해가 안 되세요? 은하는 끝났지만 속도들은 균일해요."

로버츠는 답답하다는 표정이었다. 그가 자신이 도면에 그린 점들을 몸짓으로 가리켰다.

"저 밖에 있는 질량이 무엇일까요? 그 물질이 무엇일까요? 저 밖에 물질이 있어야만 해요."

그들 모두 그 사진을 뚫어지게 응시했다. 여기엔 수십억 개의 별들로 이루어진 아름다운 소용돌이가 반세기 넘게 천문학자들의 마음을 사로잡았던 마법 같은 모습으로 존재했지만, 그들이 보고 있던 곳은 그게 아니었다. 그들은 그 너머를 보고 있었다. 팽대부의 너머, 별들의 너머, 나선팔들의 가스 너머. 즉 가시광선이든 전파든 모든 빛의 너머를 말이다. 그리고 거기에 볼 게 아무것도 없었는데도, 이 소그룹의 천문학자들은 자신들이 안드로메다은하를 보고 있음을 이해했다.

눈에 보이는 게 전부가 아니었다.

헤일로
선택

실재하는 과학, 우주론

1969년 여름, 짐 피블스는 우주가 얼마나 간단한지 알아내기로 했다.

그는 지난 1년을 칼텍에서 보냈고, 이제는 아내 앨리슨과 함께 차를 몰고 나라를 가로질러 다시 프린스턴에 있는 집으로 돌아가고 있었다. 도중에 그들은 로스앨러모스 과학연구소 Los Alamos Scientific Laboratory에 잠시 들렀다. 그 연구소는 뉴멕시코 사막의 한복판에 고립된 과학 집단으로 전락할 위기에 처하자, 외부 자문을 얻어 위기를 돌파할 요량으로 피블스에게 그곳에 한 달간 체류해줄 것을 요청했다. 로스앨러모스는 최초의 원자폭탄들이 설계된 곳이었다. 1945년 7월 16일 앨라모고도 외곽의 불모의 평지에 있는, 로스앨러모스 남쪽으로 320킬로미터 떨어진 곳에 투하된 트리니티 테스트용 Trinity test, 20일 후 히로시마에 투하된 리틀보이 Little Boy, 그리고 또다시 사흘 후 나가사키에 투하된 팻맨 Fat Man이 그것이었다. 1969

년에 로스앨러모스는 핵폭탄을 설계하는 두 개의 정부기관 가운데 하나였다(다른 하나는 캘리포니아에 있는 로런스 리버모어 국립연구소Lawrence Livermore National Laboratory였다). 특유의 활발함으로 그 시설의 슈퍼컴퓨터들을 둘러본 피블스는 그곳에 있는 동안 무리 없이 연구를 진행할 수 있음을 깨달았다.

40년 전 에드윈 허블은 은하들의 움직임을 연구함으로써 팽창하는 우주에 대한 증거에 도달했다. 조르주 르메트르는 그러한 팽창을 마치 바깥쪽으로 날아가는 은하들이 담긴 영화를 되감듯이 거꾸로 추적하는 방법으로, 원시 원자 개념에 도달했다. 피블스는 과거엔 우주가 그렇게 간단할 수 있다고 믿지 않았지만, 이제 우주가 간단하다고 이해하는 주요 천문학자들 가운데 하나가 되어 가고 있었다.

이는 우주가 균질성과 등방성을 갖고 있어서 우리가 어디에 있든 어느 방향을 바라보든 똑같게 보인다는 뜻이었다. 피블스와 프린스턴에 있는 그의 동료들뿐 아니라 펜지어스와 윌슨이 그러한 초기의 '원시 화구Primeval Fireball'* 조건들이 실제로 무엇이었을지에 대한 증거를 찾아낸 후, 피블스는 바로 그 지식을 이용해서 팽창 자체를 더 상세히 논하기 시작했다. 그것은 마치 우주의 역사를 담은 영화를 다시 돌리는 것 같았다. 다만 그는 그 영화를 처음으로 되감는 대신 오늘날까지 앞으로 돌리게 될 것이다.

그건 볼 만한 영화가 될 터였다.

그가 로스앨러모스에서 사용하게 될 컴퓨터 CDC 3600은 대학 캠퍼스에 존재하는 가장 강력한 컴퓨터였고, 더군다나 그는 프린스턴대학교 물

*존 아치볼드 휠러가 제안한 것으로 프린스턴대학교 물리학과가 선호하는 명칭.

리학과에서 연구비를 얻어내지 않아도 될 것이었다. 그는 그 컴퓨터를 밤마다, 심지어 주말에도 얼마든지 돌릴 수 있을 것이다. 그리고 로스앨러모스가 격심한 냉전 모드에 들어가 있고 피블스가 미국 시민이 아니라 해도 그렇게 할 수 있을 것이다.

피블스는 고작 11년 전에 매니토바에서 이주해왔다. 그는 캐나다 시민이었고 공식적으로는 외국인이었다. 그러나 분명히 그가 진행하는 연구는 굉장히 원시적이거나 내밀해 보였다. 또한 그의 품행은 그렇게 위협적으로 보이지 않았고 그의 명성은 정평이 나 있었으며 그의 컴퓨터 기술은 (비교적) 뛰어나 보이지 않았다. 그러므로 그의 신변을 보호하는 경호원이라고 해봐야 한쪽 옆에 앉아서 뜨개질을 하는 비서 하나가 전부였다.

피블스는 과학자들이 N - 물체 시뮬레이션이라고 부르는 것을 수행할 예정이었다. 점들의 수 N을 택하고 그 점들이 무엇이든 원하는 성질에 따라 상호작용하게 할 프로그램을 짜서 그 작용이 어떻게 전개되는지 살펴보는 것이다. 이 경우 피블스는 300개의 점을 택하고 각각의 점을 마치 우주의 어떤 특별한 지역에 있는 은하처럼 다룰 것이다. 여기서는 가장 가깝고 가장 많이 연구된 은하단인 코마 은하단Coma Cluster을 말한다. 그는 이 은하단에 있는 실제 은하들의 대략적인 관측들을 바탕으로 각 은하에 위치와 속도를 배정하고, 컴퓨터에 만유인력 법칙을 알려줄 것이다. 그다음에는 그 모형이, 팽창하는 어떤 우주에서 중력적으로 상호작용하는 은하들이 수십억 년에 걸쳐 하는 일을 하게 할 것이다.

그는 이미 은하단들의 발달 과정이 어떨지에 대해서 생각해왔고, 칼텍에 있는 동안 일부 은하단의 계산을 마친 상태였다. 이제 그는 초기 연구를 컴퓨터 프로그램으로 바꾸었다. 그 뒤 가로×세로가 18.7×8.3센티미터 되는 컴퓨터 카드에 직접 구멍을 뚫고 금속 공급기 속에 차곡차곡 쟁여 놓은 뒤 시뮬레이션을 돌렸다. 시뮬레이션이 끝나자 점들이 다소 이동해 있었다. 그는 그 영상을 35밀리미터 필름의 프레임으로 옮긴 다음, 이전의 시뮬레이션 끝에 있는 은하들의 점들을 시작점으로 해서 다음 시뮬레이션을 돌렸다. 다시 수백만 년과 동등한 기간에 걸쳐 은하들이 약간 움직였다. 피블스는 충분한 프레임들을 얻고 나자 그것들을 결합시키고 필름을 영사기에 넣고는 편안히 앉아서 지켜보았다.

우주가 소용돌이치면서 살아났다. 은하들이 허블의 팽창속도에 따라 바깥쪽으로 움직였다. 그러나 그 뒤 은하들이 움직이지 않았다. 은하들은 또 상호 간 중력적 인력의 영향을 받아 움직이면서 느려졌고, 계속 느려지다가 마침내 팽창속도에 따르는 걸 멈추고 다시 수축하기 시작했다. 더 작은 은하들은 가장 가까운 더 큰 은하들 쪽으로 모였고, 그렇게 자라난 덩어리들은 다른 덩어리들과 합쳐졌다. 은하들은 더 많이 모일수록 점점 더 많이 모였다.

굉장히 간단했다.

우주가 얼마나 간단할까, 라는 물음은 4년 전 피블스의 예측과 거의 일치하는 온도에서 CMB를 발견한 이후 죽 이런저런 형태로 그의 뇌리를 떠나지 않았다. 과거에는 우주론을 믿지 않았지만 이제 그는 그 분야가 1930년대 초 이후 과학의 필수 요소들이 되었는지도 모른다고 생각했다. 에드윈 허블은 은하들의 거리와 적색이동 사이의 직접적인 상관관계를 나타내는 일련의 측정을 얻었다. 조르주 르메트르와 알렉산드르 프리드먼은 그러한 관측에 우주가 빅뱅으로부터 팽창하고 있다는 이론적 해석을 부여했다.

그러나 새로운 연구들을 자극하는 소재들이 끝없이 나왔다. 피블스라면 우주가 어느 쪽을 보든(그게 등방성이라는) 가장 큰 규모로 보면 똑같게 보일 것이라는(그게 균질하다는) 가정들을 하지 않았을 것이다. 그리고 어쩌면 극단적으로 간단한 가정들에 대한 편견 때문에 그는 우주론의 과학적 가능성들을 미처 보지 못했는지도 모른다. 그러나 그는 펜지어스와 윌슨의 3K 발견 소식을 접하기 전에도 이미 유연한 태도를 보이기 시작했다. 그는 실제 시험을 통해 예측할 수 있는 우주배경복사 온도에 대한 계산들을 마치자마자 우주론을 진지하게 받아들이게 되었다.

피블스와 디키는 즉시 '중력과 우주과학Gravitation and Space Science'이라는 주요 논문에 대한 공동연구를 시작했고, 펜지어스로부터 운명적인 전화가 걸려올 무렵인 1965년 3월 초에는 그 논문을 〈우주과학리뷰Space Science Review〉에 보냈다(그들은 〈천체물리학저널〉에 곧 실리게 될 두 편의 논문뿐 아니라 펜지어스와 윌슨의 발견에 대한 증거가 담긴 기록도 덧붙였다). 디키는 그 논문의 물리학 부분을 다루었고, 피블스는 우주론을 다루었다. 25년 전에 디키에게 물리학과 상대성이론이 서로 무관하다고 말했던 로체스터대학교 교수에 대한 일종의 때늦은 답변으로, 그들은 서론에 다음과 같이 썼다. "좁은 의미에서는 중력이 물리학자에게 전혀 중요하지 않다고 해도, 이것은 지나치게 순진한 해석이다." 그리고 피블스는 '우주론' 부분의 첫 번째 단락에서 그러한 철학을 계속 확장했다. 그는 물리학자들에게는 우주론이 그저 우주의 기원에 대한 '명백한 관심'만 충족시키는 게 아니라고 썼다. "우리는 은하 혹은 태양계에 대한 완전한 이론의 기초로서 우주론이 필요하다."

우주의 진화와 구조에 관한 특정 문제들, 예컨대 은하들의 군집 현상을 이해하고 싶다면 설명할 수 없는 섬우주 가정들은 무엇이든 포기해야만 했다. 우주를 은하들 각각의 모임으로뿐 아니라 그 은하들의 합, 즉 단 하나의 단위인 완전체로 생각하는 방법을 터득해야만 했다. 우주 전체가 팽창하는 동안, 각 부분들 즉 은하들은 진화하고 있었다는 것을 명심해야만 했다. 피블스는 12쪽 뒤에 쓴 결론에서 "이 절의 교훈은 우주의 통일성"이라고 썼다.

디키와 함께 〈중력과 우주과학〉에 관해서 공동연구를 할 때, 피블스는 우주의 초기 조건들이 어떻게 발전해서 은하들을 형성하게 되었는지에 대한 연구논문을 집필하기 시작했다. 그가 디키와 함께 공동 집필한 논문처럼, 이 논문도 3월 초에 우편으로 발송되었다. 다른 논문과 달리, 이 논문은 나중에 3K 발견과 조화를 이루도록 중요한 수정을 거치게 될 것이었다. 1965년 11월에 이 논문이 〈천체물리학저널〉에 실릴 무렵 프린스턴과 벨연구소의 논문들이 출간되었고, 피블스의 많은 동료들은 '우주론을 왜 진지하게 받아들여야 하는가?'를 넘어 '이 우주론이 정확히 어떻게 작동하는가?'의 단계로 빠르게 옮겨가고 있었다.

피블스는 그들에게 방법을 알려주었다. 수학을 조사하고 그 예측을 조사한 뒤 관측을 조사하라. 그리고 그것들이 어떻게 일치하는지 보라. 언젠가 AAS 회의에서 발표하는 동안, 피블스가 칠판 앞에서 분필을 흔들면서 왔다갔다 걸어 다닐 때, 청중 속에 있던 어떤 천체물리학자가 큰 소리로 말했다.

"주먹구구식 계산으로는 뭐라도 입증할 수 있지요!"

피블스는 환히 웃으면서 목소리가 들리는 쪽으로 돌아섰다.

"제 계산이 주먹구구식으로 보이는 모양인데, 그게 한 치의 오차도 없이 완벽하다는 건 확실히 말씀드릴 수 있습니다."*

피블스는 이 시기에 쓴 많은 논문들 가운데 하나에서 "복사는 은하가 형성되기 시작한 시기를 규정하는 중대한 일을 수행한다"고 설명했다. 그 시기는 바로 원시 화구의 온도가 4,000K 이하로 떨어졌을 때였다. 그 시기에는 우주의 첫 순간들 이후 독립적으로 이리저리 튀며 날아다니던 전자와 양성자들이 결합해서 물질의 원자들을 만들었다. 이 물질은 이제 나름의 '생명력'을 띠고 오늘날 CMB로 살아남은 잔존 복사로부터 분리되었다. 그리고 비록 그 배경이 이론이 예측한 바대로 균일하게, 혹은 균질하게 보일지는 몰라도, 완전히 균일할 수는 없었다. 그것은 물질과 복사가 분리되어 각자 다른 길로 간 순간에 존재한 물질, 즉 중력적 상호작용을 통해 점차 우리가 오늘날 보는 '질량과 크기의 대규모 분포'로 변해 갔을 물질, 그러니까 '은하와 은하단, 그리고 우리를 포함해서 은하들 안에 있는 물질'의 농도를 확인하는 불규칙성 즉 불균등성을 포함해야만 했다.

우주는 간단했다. 그저 완벽하게 간단할 수 없었을 뿐이다. 그러나 당시의 전파망원경들로 볼 때는 마이크로파배경이 확실히 균일했다. 우주는 우리가 여기에 존재하기 위해서 존재했어야 하는 불균등성을 갖고 있지 않았다. 결국 빅뱅이론을 검증하고 싶은 천문학자나 물리학자는 배경에서 그러한 미묘한 불규칙성들을 탐지할 정도로 감도가 뛰어난 장비를 개발해야만 할 터였다. 그동안 피블스는 언제나처럼 신중하게 행동했다.

이미 우주의 영화를 만들어본 적이 있었으므로, 피블스는 이제 책을 썼다. 칼텍에서 프린스턴으로 돌아온 뒤, 1969년 가을 학기에 피블스는 대

*그 천체물리학자는 그날 저녁 피블스에게 사과 편지를 썼다.

학원 과정에서 우주론을 강의했다. 1938년 이후 죽 프린스턴에 있었고 아인슈타인의 오랜 공동연구자였던 전설적 이론가인 그의 동료 존 아치볼드 휠러가 피블스에게 그 강의를 기초로 교과서를 집필해보라고 제안했지만, 피블스는 반대했다. 그러자 휠러가 피블스의 강의에 모습을 나타내기 시작했다. 피블스는 칠판 앞에서 왔다 갔다 하면서 평소처럼 두 팔을 벌리고 열정적으로 강의했다. 휠러는 뒤편에 앉아서 메모를 했다. 피블스는 완전히 용기를 잃었다. 수업이 끝난 뒤에는 상황이 더 악화되었다. 휠러는 피블스에게 흠잡을 데 없이 능숙하게 써내려간 쪽지를 건네주었다. 피블스의 표현대로라면 그 '협박'은 효과가 있었다.

그는 곧 휠러가 옳았음을 알게 되었다. 만약 우주론이 정말로 점차 공상에서 과학으로, 형이상학에서 물리학으로 변하는 과정에 있다면 마땅히 교과서가 있어야 했다. 만약 새로운 세대가 우주론을 적절히 연구하려고 한다면, 교과서가 필요했다. 여전히 사용되고 있는 우주론 교과서들은 피블스가 대학원생 시절 일반 시험에 대비할 때 참고한 것들이었다. 그것들은 관측과의 관계보다 수학의 단순성을 중시하는 수십 년 된 낡은 이론들로 가득 차 있었는데, 그 이유는 오직 전파천문학이 도래하기 전에는 그러한 관측들이 가능하지 않았기 때문이었다.

피블스는《물리학적 우주론 Physical Cosmology》을 초기 우주 물리학에 대한 최초의 표준형 고찰로 생각했다. 그 내용은 그가 282쪽 안에 그 분야 전체를 설명할 수 있을 정도로 훌륭했다. 피블스는 서론에서 "이제 중대한 목표는 우주와 더 친근해지고, 이런 묘사들 가운데 어느 것이든 이치에 맞는 근사인지, 그리고 만약 그렇다면 그 근사가 어떻게 개선될 수 있는지 배우는 것이다"라고 썼다. 그는 복사를 발견한 직후 물리학자 필립모리슨Philip Morrison과 나눈 대화를 항상 마음에 새겨 두었다. 두 사람은 혼잡한 방에 서 있었다. 모리슨이 대뜸 이렇게 물었다.

"이 방에 있는 소음 수준을 측정해서 그걸 열적 온도로 전환시키면 우스꽝스러운 답을 얻게 될 거야. 자네가 하는 일이 바로 이런 일이 아니란 걸 어떻게 알지?"

피블스는 모른다고 대답했다. 아무도 몰랐다. 비록 3K 복사의 발견이 그의 이력에 새로운 경로를 제시해주고 책까지 쓰게 했지만, 그는 마이크로파배경을 그저 원시 화구의 '후보'로만 논의했다.

피블스는 자신이 최근에 너무나 많은 시간을 할애해온 연구 분야인, '은하의 형성이라는 매우 광범위한 주제와, 팽창하는 우주에 있는 온갖 종류의 불규칙성들을 이해하는 일과 관련된 연구'에는 손끝 하나 대려고 하지 않았다. 그는 은하단들의 행동은 묘사할 수 있었지만 은하들 자체의 행동은 묘사할 수 없었다. 그가 보고 있는 일부 논문들, 예컨대 모턴 로버츠의 안드로메다 전파 관측은 심지어 각 은하들의 회전 곡선이 편평할지도 모른다는 것을 암시했다. 비록 강의에는 개별 은하의 형성을 포함시켰지만, 그는 대체로 그 주제를 자신의 책에서 생략했다. 그 책에 포함된 우주론적 물리학의 대부분이 임시적인 것처럼, 개별 은하의 형성에 대한 지식도 아직은 책으로 묶을 가치가 없다고 판단될 정도로 허술했다.

따라서 피블스는 프린스턴의 동료인 천문학자 제러마이아 오스트라이커Jeremiah Ostriker가 그의 연구실에 들러 은하수의 행동을 이해할 수 없다고 말했을 때 거의 놀라지 않았다. 오스트라이커는 피블스가 자주 보여준 N-물체 시뮬레이션을 본 적이 있었으므로 그 결과 논문에 대해 피블스에게 조언을 구했다(어떤 대학원생의 도움으로, 피블스는 N을 최대 2,000까지 얻었다). 오스트라이커는 케임브리지의 대학원생 시절 이후 죽 회전하는 천체들에 대해서 연구해왔으며, 회전하는 별들에 관한 논문을 쓰기도 했다.

과학자들은 처음에 구형이던 액체 방울을 회전시키면 편평해지며, 종국에는 막대 모양으로 압착됨을 19세기 이후 알고 있었다. 오스트라이커는 별들을 압축 가능한 물체인 액체 방울로 다루었고 그것들 역시 시간이 흐르면서 편평해지리라는 것을 알았다. 최근에 그는 피블스에게 은하수의 모습을 조사했다고 말했다. 은하수는 천문학자들이 수천 개까지 수집한 다른 나선은하들처럼 편평한 원반이었다. 그는 언뜻 보고도 그게 한 번 회전한 뒤에는 막대형이 되거나 두 개의 은하로 쪼개졌어야 함을 알 수 있었다. 그러나 은하수는 이미 회전을 수십 번도 더 했을 정도의 나이였다.

"여기에 뭔가 잘못된 게 있어."

오스트라이커가 고개를 갸우뚱거렸다.

피블스도 동의했다. 그는 은하수에 대한 N-물체 시뮬레이션을 만드는 일에 착수했다. 그는 어떤 나선 형태에 점들을 배치하고 회전시켰다. 과연 처음 2억 년의 회전 동안에는 그것이 파괴적으로 불안정해졌다. 피블스와 오스트라이커에게는 그것을 안정시킬 다른 무언가가 필요했다. 즉 주위를 에워싸고 있어서 중력적으로 결합시킬 무언가의 질량이 필요했다. 망원경으로는 볼 수 없지만, 적어도 아직은 거기에 존재해야만 하는 무언가가, 또한 피블스와 오스트라이커가 이제 컴퓨터 프로그램에 추가시킬 무언가가 필요했다.

이런 보이지 않는 성분이 있는 은하의 회전에 대한 첫 번째 시뮬레이션의 경우, 질량의 양은 중요하지 않았다. 그것은 그저 더 많은 비교를 하기 위한 기초 역할만 할 것이기 때문이다. 오스트라이커와 피블스는 눈에 보이는 은하를 이런 질량으로 에워싼 뒤 어떤 일이 벌어지는지 볼 것이다. 만약 시뮬레이션을 돌렸는데 회전하는 원반이 안정된다면, 그 헤일로를 줄이고 원반이 불안정해질 때까지 계속 줄여나갈 것이다. 만약 시뮬레이션을 돌렸는데 회전하는 원반이 안정되지 않는다면, 헤일로를 팽창시키고 그 원반이 안정될 때까지 계속 팽창시켜나갈 것이다.

피블스는 어깨를 으쓱해 보였다.

"그냥 헤일로 하나를 선택해."

그들은 그렇게 했다. 보이는 은하의 막대한 부분을 집어삼키는 커다란 헤일로였다. 또다시 은하수가 불안정해져서 빙글빙글 돌았다. 따라서 그들은 더 큰 헤일로를 시도했다. 이번에도 불안정한 은하였다. 또 다른 헤일로를 시도해도 또다시 불안정한 은하였다. 다르게 해봐도 결과는 마찬가지였다.

이 결과는 피블스에게 전혀 놀랍지 않았다. '사라진 질량missing mass'의 문제는 천문학자들이 은하들의 존재를 알았던 수십 년 동안 항상 그림자처럼 천문학을 따라다녔다. 그러나 그 문제는 항상 은하단들과 관련되어 있었다. 1933년에 칼텍에서 연구하던 불가리아 출신 스위스 천체물리학자 프리츠 츠비키Fritz Zwicky는 코마 은하단의 은하 여덟 개를 연구하면서 그 은하들의 상대속도로부터 추론한 질량을 겉모습으로만 판단해서 예상한 질량과 비교했다. 결론은 그 질량의 밀도가 광도만으로 암시되는 것의 400배는 되어야 한다는 것이었다.* 그는 스위스의 한 저널에 천문학

*나중에 다른 천문학자들에 의해 50배로 감소되었다.

자들이 이런 모순을 해결할 수 없다면, "우리는 코마 은하단에 있는 발광물질의 밀도가 어떤 종류의 암흑물질의 밀도에 비해 아주 작아야만 한다는 놀라운 결론에 도달하게 된다"고 썼다. 3년 뒤, 천문학자 싱클레어 스미스Sinclair Smith 는 〈천체물리학저널〉에 처녀 은하단에서 발견한 유사한 패턴에 대한 어떤 논문을 출간해 '그 은하단 안에 있는 엄청난 질량의 성운 간 물질'의 존재를 암시했다. 같은 해에, 에드윈 허블은 자신의 획기적인 저서인《성운의 영역》에서 "이 모순은 실재하며 중요해 보인다"고 말했다.

츠비키는 1937년에 "이 모순은 굉장히 중대하므로 그 문제를 심층 분석해보는 게 바람직하다"고 썼다.

그 뒤 심층 분석들이 시도되기는 했으나 산발적이었으며 결론에 이르지도 못했다. 과학의 발달은 종종 자기실현적 논리를 따른다. 즉 결론을 산출할 가능성이 가장 크거나 결론이 가장 필요한 문제들에 대해서 연구한다. 허블 이후, 은하들이 풍부한 시대의 천문학에는 그런 문제들 투성이였다. 아마도 우연히 형성되었을 구조(은하단) 안에 있는 거의 이해되지 않는 천체(은하)의 운동은 그런 문제가 아니었다. 피블스는 사라진 질량의 문제를 마치 우주 이전에 무엇이 존재했는가라는 물음처럼 그저 휴식 시간에 심심풀이로 논의하는 주제들 가운데 하나로 간주했다.

그러나 1960년대 말에 우주론이 실재하는 과학으로 부상하자 사라진 질량의 문제가 갑자기 더 절박해졌다. 피블스가《물리학적 우주론》에서 했듯이 만약 우주의 진화를 가장 큰 규모로 고찰한다면 우주에서 가장 큰 구조들인 은하단들의 움직임을 무시할 수 없을 터였다. 그러나 그 책에서 그는 30년도 더 전에 제기된 츠비키와 허블의 주장을 되풀이하는 결론을 내릴 수밖에 없었다. "우리는 긴급히 상당한 데이터가 필요하다."*

그러나 이제 그는 개별적인 은하들의 시뮬레이션에서도 유사한 문제들을 보고 있었고, 은하들의 편평한 회전 곡선을 주장하는 논문에서도 똑같은 패턴을 보기 시작했다. 사라진 질량이 만약 은하단들의 문제가 아니라면 어떻게 될까? 그게 개별적인 은하들의 문제이기도 하다면 어떻게 될까? 그게 동일한 문제라면 어떻게 될까?

피블스와 오스트라이커는 자신들이 연구하는 은하에 계속해서 점점 더 큰 헤일로를 주고 있었다. 그들은 그 은하의 보이는 부분들인 중심 팽대부의 별들과 가스로 이루어진 원반과 거의 질량이 같은, 보이지 않는 헤일로를 시뮬레이션 할 때만 그 체계를 안정시킬 수 있었다. 1973년에 오스트라이커와 피블스는 "우리 은하와 다른 나선은하들의 관측된 원반들 바깥에 있는 헤일로의 질량이 대단히 클 수도 있다"고 주장하는 논문을 출간했다.

그다음 해에 걸쳐, 한 포스트닥터 연구원과 함께 그들은 그 주제로 두 번째 논문을 썼다. 그들은 컴퓨터로 가설적 모형들을 돌리는 대신, 천문학자들이 앞서 관측한 데이터들을 분석했다. 개별적인 은하들의 데이터와, 짝을 이루어 서로 중력적으로 상호작용하는 은하인 쌍은하들의 데이터를 조사했다. 또 대형 나선은하들의 주위를 공전하는 작은 타원은하들인 은하의 위성 데이터를 조사했다. 그리고 조사를 마치자 이 모든 데이터들을 넓은 테이블 위에 모아 놓고 분석을 집계한 뒤 두 번째 논문의 서론에서 놀라울 정도로 간단한 선언을 했다. "일반 은하들의 질량이 10배 혹은 그 이상 과소평가되었음을 보여주는 믿을 만한 근거들이 수적으로

*그 천체물리학자는 그날 저녁 피블스에게 사과 편지를 썼다.

나 질적으로 증가하고 있다."

사라진 질량

'훌륭하군.'

베라 루빈은 저 두 번째 논문의 서론을 읽고 어떤 분야를 재정의할 수 있는 상상력의 폭과 아이디어의 정수를 인지했다. 그리고 그녀는 혼자가 아니었다. 그 두 논문은 센세이션을 일으켰지만, 피블스와 오스트라이커가 바란 그런 종류가 아니었다. 사람들은 화가 났다. 그리고 피블스는 거의 알아채지 못했지만(관측자들이여, 이론가들에게 화가 났다고? 그럼 그렇게 하시지!), 오스트라이커는 다음과 같은 의문이 들 정도로 강렬한 적대감을 느꼈다. 대부분의 천문학자들은 그 페이지에 있는 내용을 읽기나 했을까? 아니면 그들이 평생 연구해온 게 실제로 저 밖에 존재하는 것의 10센트밖에 되지 않을 가능성에 대해 본능적으로 반응하고 있을 뿐일까? 어느 쪽이든 대부분의 천문학자들은 여전히 중력과 은하들 사이의 관계에 대해 생각하는 게 습관화되어 있지 않았다.

베라 루빈은 달랐다. 그녀는 1969년에 켄트 포드와 함께 안드로메다에 관한 논문을 완성한 뒤, 석사논문의 주제를 정하게 해준 물음에 다시 관심을 가졌다. 우주가 회전할까? 아니 더 정확하게 말하면, 은하들의 분포와 속도가 국지적 우주 너머에서, 즉 우주를 다소 덜 단순하게 만들 수 있는 그런 종류의 규모에서 균일성의 부재를 암시할까?

하버포드에서 열린 저 악의에 찬 AAS 회의 이후 20년이 흘렀다. 루빈은 더는 진짜 천문학자들의 연구에 의존하는 무명의 신참이 아니었다. 그녀는 자력으로 이름을 널리 알렸다(그 이름은 베라 후빈이 아니었다). 그녀의 초기 연구는 옳은 것으로 입증되었다. 1950년대에 루빈과 서신을 교환한 제라르 드 보쿨뢰르는 수년에 걸쳐 그녀의 결과와 유사한 결과들을 보여주는 몇 편의 논문을 출간했다. 1970년대까지 비교적 국지적인 규모에서 은하들의 불균일한 분포는, 그녀가 이 시기에 펴낸 어떤 논문에서 썼듯이 "충분히 논의되었다."

그녀의 동료 천문학자들은 일부 은하들이 심지어 우주가 전체적으로 팽창하고 있을 때도 무리를 짓고 있었다는 증거를 받아들였다. 그러나 일반적으로 더 큰 거리에서는 우주가 모든 방향에서 똑같다고 가정한다. 즉 균질성과 등방성에서 생기는 어떤 편차도 국지적이며, 큰 규모에서는 은하들이 더 균일한 분포를 채택한다는 것이었다. 포드와 루빈(그리고 래드클리프의 학생이었던 그녀의 딸 주디스)이 역점을 두어 다룬 물음은 '은하들이 정말로 이런 식으로 행동하는가?'였다.

여전히 데이터를 수집하던 1973년에 그들은 이렇게 썼다.

"그 결과는 우리가 임시 설명을 제시하고 싶을 정도로 놀랍다."

또다시 루빈은 은하들이 팽창의 후퇴 운동뿐 아니라 고유 운동도 보인다는 것을 알았다. 이 경우에는 국부은하들의 무리가 함께 하늘의 한쪽으로 질주하는 것처럼 보였다. 그리고 또다시 천문학계의 대부분은 그 결론을 거부했다. 일명 루빈-포드 효과 Rubin–Ford effect 로 알려지게 된 이 이론은 회의에서 악의에 찬 논의들의 주제가 되었다. 저명한 천문학자들은 루빈에게, 경력에 타격을 입기 전에 그런 연구 방향을 단념하라고 간청했다. 그러나 루빈과 포드는 그들의 관측 임무를 끝까지 밀고 나갔고, 1976년에는 두 편의 논문에서 루빈-포드 효과를 실제로 증명한다고 생각되는 완전한 데이터들을 발표했다.

평소처럼 루빈은 그런 논쟁이 마음에 들지 않았다. 그녀는 모든 사람이 숫자마다 트집을 잡는 게 싫었다. 그녀는 자신의 데이터를 변호해야만 하는 상황을 바라지 않았다. 우주를 변호해야만 하는 상황을 바라지도 않았다. 그녀는 우주가 왜 그런 모습을 하고 있는지 알 정도로 자신이 '똑똑하지는' 않다고 말하곤 했다. "나는 여자 화장실을 설계할 수는 있어요. 하지만 우주를 설계할 수는 없어요." 그게 바로 우주의 실체였다. 그리고 그게 바로 그녀의 실체였다. 루빈-포드 효과에 대한 논문들을 출간한 직후, 그녀는 예일대학교에서 열리는 은하 관련 학회에 참석했다. 입구 위쪽에 '천문학자들'이라고 적힌 대형 현수막이 걸려 있었다. 그녀는 그 현수막 밑으로 걸어갔다. 그녀는 씁쓸하게 생각했다. '좋아, 이제 난 천문학자야.'

더욱이 루빈과 포드에게는 수행해야 할 또 다른 연구가 있었다. 그들은 그동안 자신들이 1970년에 펴낸 안드로메다 연구에서 언급했고, 모턴 로버츠가 동일한 은하의 전파관측으로 그들에게 보여준 현상을 계속 보아왔다. 결국 루빈-포드 효과를 이끈 은하들의 관측에서 그들은 안드로메다보다 훨씬 더 멀고, 따라서 지상 관측자가 볼 때는 훨씬 더 작은 은하들을 조사했다. 그들은 그 은하를 단숨에 볼 수 있었다. 결국 그들은 60개의 은하를 연구했고, 비록 루빈이 전체 은하들의 운동을 측정하기 위해 분광기를 사용하기는 했지만, 그 회전 곡선은 아무튼 어렴풋한 잔류효과를 보여주었다. 이러한 회전 곡선들 역시 언뜻 보기에도 안드로메다의 회전 곡선처럼 편평해 보였다. 더 정밀하고 더 집중적인 조사를 해도 그것들이 여전히 편평하게 보일까? 루빈은 관측 천문학자들처럼 더 많은 관측을 하기로 마음먹었다.

1970년 논문의 경우 루빈과 포드는 안드로메다의 바깥 둘레를 1960년대의 기술이 허용하는 최대한도까지 밀고 나갔다. 1974년에 그들이 안드로메다 관측 때 사용한 것보다 지름이 두 배이고 표면적이 네 배인 새로운 4미터 망원경이 키트피크에서 개방되었다. 포드의 분광기와 훨씬 더 큰 망원경의 조합은 우주에 더 깊숙이 있는 은하들뿐 아니라 나선은하의 팔을 따라 더 멀리까지 연구할 수 있게 해줄 터였다. 1978년에 포드와 루빈은 또 다른 은하 여덟 개의 회전 곡선을 발표했다. 모두 편평했다.

또다시 전파천문학자들이 동일한 결과들을 얻고 있었다. 모턴 로버츠는 별들과 가스로 이루어진, 보이는 소용돌이 너머에 있는 수소 가스구름의 고리를 따라 계속 밀고 나갔다. 1975년에 로버츠와 공동연구자 한 명은 심지어 이전 세대들이 경솔하게 온전히 은하라고 생각해온 것 너머로, 안드로메다 길이의 절반이 되는 곳에서도 이 회전이 약해지지 않음을 알았다. 그것은 사실상 편평해서 마치 이렇게 먼 거리에서도 그 은하가 엄청나게 빠른 속도로 회전하고 있는 것 같았다. 동일한 방법을 이용한 1978년의 조사는 25개의 다른 은하들 가운데 22개의 곡선에 대해서도 똑같이 편평한 형태를 발견했다.

루빈은 바라던 것을 손에 넣었다. 데이터는 일관적으로 분명하게 말했다. 은하들이 빠른 삶을 살기는 했지만 젊어서 죽지는 않는다는 것이었다. 관측 천문학자들과 이론가들이 증거를 조사하고 방법론들을 재확인할 수 있을 것이다. 그들은 당연히 그렇게 해야 하며 또 그렇게 했다. 일부는 전파 관측이 필연적으로 불분명할 수밖에 없다고 제안했다. 그것은 신빙성 있는 데이터를 제공하기엔 너무 광범위한 하늘을 망라했다. 일부는 루빈의 데이터 같은 가시광선 데이터가 편향을 일으킬 수 있다고 지적했다. 그녀는 찾기 쉽다는 이유로 밝은 은하들만 조사했고, 어쩌면 그런 은하들의 질량이 변칙적인지도 몰랐다. 일부는 타원은하가 나선은하와 똑같은 편평한 회전 곡선을 보이지 않을 거라고 제안했다.

그러나 가장 신랄한 비평가들조차도 데이터의 균일성에 이의를 제기하기는 어렵다는 것을 깨달았다. 모든 천문학자들이 모든 저널에 싣는 모든 도면에서 회의론자가 보는 거라곤 회전 곡선뿐이었다. 우리는 광원의 위치를 알 수 있을 것이다. 은하의 운동을 보면 그 질량이 어디에 있어야 하는지도 알 수 있을 것이다. 그리고 그 둘이 일치하지 않는다는 것도 알 수 있을 것이다.

1979년에 〈천문학과 천체물리학 연간리뷰 Annual Review of Astronomy and Astrophysics〉에 실린 어떤 논문에서, 대학원생으로 DTM을 방문했을 때, 모턴 로버츠의 편평한 회전 곡선에 대해 시큰둥한 반응을 보인 샌드라 페이버를 포함하는 두 천문학자는 수집할 수 있는 모든 증거를 조사했다. "은하에, 눈에 보이는 것보다(혹은 사진으로 볼 수 있는 것보다) 더 많은 게 있을까?" 그들은 서론에서 이렇게 썼다. 47쪽에 달하는 철저한 분석 끝에 그들이 내린 결론은 이랬다. "모든 증거를 검토한 뒤, 우주에 사라진 질량이 존재한다는 입장이 매우 강력하며 점점 더 강력해지고 있다는 게 우리 견해다."

2년 전, 루빈은 예일에서 열린 은하 관련 학회를 마치고 떠날 때, "많은 천문학자들이 암흑물질을 피할 수 있을지도 모른다는 희망을 갖고 있다"는 인상을 받았다고 썼다. 이제 페이버와 제이 갤러거 Jay Gallagher의 포괄적인 논의가 담긴 출판물이 나오자, 대부분의 천문학자들은 천문학에 '사라진 질량'과 관련된 문제가 있다는 사실에 동의했다. 비록 이 용어가 점차 잘못된 것으로 보이기는 했지만 말이다.

요컨대 그 문제는 그 질량이 어디에 있는지 천문학자들이 모른다는 뜻이 아니었다. 그들은 알고 있었다. 그것은 헤일로 안에 있었다. 아니 적어도 페이버와 갤러거가 그 모양에 관해서 '중립적'인 태도를 취하려는 노력으로 채택한 용어인 '무거운 외피 massive envelope' 안에 있었다.

천문학자들에게 그 문제는 그것을 볼 수 없다는 것이었다. 눈으로도, 전통적인 광학 망원경으로도, 어떤 파장의 빛도 볼 수 있는 망원경으로도 그것을 볼 수가 없었던 것이다. 그런 경우에, 그 질량은 전혀 '사라진' 게 아니었다. 그것은 츠비키가 1933년에 사용한 용어를 빌리자면, 그저 암흑이었다.

"아무도 우리에게 모든 물질이 빛을 낸다고 말해준 적이 없어요. 그저 우리가 그렇게 생각한 것뿐이죠." 베라 루빈은 이렇게 말하곤 했다. 그녀의 어조도 디키가 자신의 연구실에서 벨연구소의 발견에 관한 전화를 받은 날 보인 반응처럼 실망하는 말투가 아니었다. 대신 그녀는 "천문학자들이 우주에서 빛을 내는 5~10퍼센트만 조사하고 있다는 사실을 인식하면 연구에 좀 더 재미있게 접근할 수 있다"고 생각했다.

그 농담은 우리에 관한 것이었다. 1609년에 갈릴레오는 육안으로 볼 수 있는 것보다 우주 공간을 더 멀리 보는 게 결국 우주의 더 많은 부분을 보게 한다는 사실을 발견했다. 20세기 중반 이후, 천문학자들은 광학 망원경으로 볼 수 있는 것보다 전자기 스펙트럼을 따라 더 멀리 보는 게, 결국 우주 기원의 반향을 포함해서 우주의 훨씬 더 많은 부분을 보게 함을 발견했다.

그리고 이제 당신이 만약 베라 루빈이라면, 책상에서 고개를 들고 천장에 붙여 둔 안드로메다의 거대한 사진을 응시하며 침실 창틀에 기대어 있는 열 살짜리보다는 더 세련되게, 하지만 똑같이 만족을 모르는 호기심으로 이렇게 물을 수 있을 것이다. 어떻게 해야 전자기 스펙트럼보다 더 멀리, 보는 것 자체보다 더 멀리 볼 수 있을까?

CHAPTER 02

어찌된
일인가

게임이
시작되다

암흑물질 측정에 착수하다

우주의 무게. 우주의 모양. 우주의 운명.

그들은 이런 용어로 우주에 대해서 말했다. 연구비 신청서에서도 이런 현기증 나는 말을 사용했다. 대학원생 모집 안내문에서도 이런 말을 사용했다. 그들은 공동연구를 하는 다른 멤버들과 논의할 때도 이런 말을 사용하면서 하나같이 자신들이 바로 문명 그 자체인 우주론의 가장 심오한 미스터리들 가운데 일부를 마침내 해결하게 될 사람들이라고 장담했다. 그들은 또한 자신들이 바벨탑을 다시 짓거나 이카로스를 흉내내고 있는 게 아니며, 자신들의 실험이 오만이 아니라 과학의 실행이라고 설득시켜야 할 때도 이런 말을 사용했다.

좋다, 아마도 약간의 오만은 있었을 것이다. 솔 펄머터 Saul Perlmutter는 타고난 천문학자가 아니었다. 그는 어렸을 때 망원경을 수집해본 적도 없었고, 밤하늘의 운동을 스케치해본 적도 없었으며, 오직 하늘밖에 없는 산꼭대기에서 홀로 밤을 지새우는 꿈을 꾸어본 적도 없었다. 칼턴 페니패커 Carlton Pennypacker도 타고난 천문학자는 아니었지만, 적어도 관련 주제인 적외선 천문학으로 물리학 박사학위를 받았다. 그리고 그 공동연구팀의 다른 멤버들도 천문학자가 아니었다. 그들 가운데 어느 누구도 천문학을 하기 위해 로런스 버클리 국립연구소Lawrence Berkeley National Laboratory, LBNL에 온 게 아니었다. 천문학은 이 연구소가 일반적으로 연구하는 분야가 아니었다. 그럼에도 그들이 올바른 시기에 올바른 장소에 있었다고 생각하는 이유가 있었다.

그곳이 올바른 장소였던 것은 LBNL과 버클리 캘리포니아대학교가 막 정부 경쟁에서 새로운 주요 연구센터의 설립 권한을 따냈기 때문이었다. 그 연구계획서에 기재된 연구센터 명칭은 입자천체물리학센터Center for Particle Astrophysics였지만, 명칭의 '입자'가 암흑물질이었기 때문에, 그들은 그 연구센터를 암흑물질센터Dark Matter Center라고 부를 수도 있었을 것이다. 그리고 그 센터의 초대 소장이 한때 말했듯이, 그들이 만약 그런 이름을 생각해냈다면 아마 그렇게 불렀을 것이다.

그리고 그때가 올바른 시기였던 것은 1980년대까지 과학자들은 우주 이야기의 중간과 처음을 갖고 있다는 가정하에 연구를 진행할 수 있었기 때문이다. 그들은 자신들이 하는 이야기의 주인공인 우주가 팽창하고 있음을 알고 있었다. 그들은 우주가 어떻게 이 시점까지 오게 되었는지에 대한 합리적인 설명도 할 수 있었다. 바로 빅뱅이었다. 이제 그들은 '우리의 주인공이 앞으로 어떻게 될 것인가?'라고 물을 수 있었다.

우주가 팽창을 늦출 정도로 충분히 많은 물질을 포함하고 있어서, 하늘로 던져 올린 공이 다시 지구로 떨어지듯이, 언젠가는 팽창을 멈추고 다시 수축할 수 있을까? 그런 우주에서는 공간이 유한해서 공처럼 휘어질 것이다.

아니면 지구의 대기를 떠나는 로켓처럼 우주가 팽창이 결코 멈추지 않고 계속될 정도로 적은 물질을 포함하고 있을까? 이런 종류의 우주에서는 공간이 무한해서 마치 말안장처럼 휘어질 것이다.

아니면 우주가 차츰 팽창이 늦춰지다가 종국엔 사실상 멈출 만큼의 질량만 포함하고 있을까? 이런 우주에서는 공간이 유한하고 편평할 것이다.

천문학자들은 빅뱅Big Bang의 사례를 모방해서, 처음 두 개의 경우에는 빅크런치Big Crunch(너무 많은 물질)와 빅칠Big Chill(너무 적은 물질)이라는 이름을, 그리고 세 번째 경우에는 골디락스 우주Goldilocks universe(딱 알맞은 우주)라는 이름을 붙였다. 딱 한 번만 측정하면 천문학자들은 우주의 무게와 모양과 운명을 결정할 수 있을 터였다.

1980년대 이전에, 천문학자들은 우주 안에 있는 물질의 양이 우주의 팽창속도에 영향을 미치리라는 것을 확실히 알고 있었다. 그들이 몰랐던 것은 90퍼센트 이상의 물질이 사라졌다는 것이었다. 이런 깨달음의 우주론적 함축은 처음부터 분명했다. 베라 루빈은 그 아이디어가 널리 받아들여진 직후 〈사이언스Science〉 지에 이렇게 썼다. "우리는 암흑물질의 특성과 공간분포를 알고 나서야 비로소 우주가 결국 팽창이 멈추고 다시 수축하기 시작할 정도로 고밀도인지, 아니면 팽창이 영원히 계속될 정도로 저밀도인지 예측할 수 있다."

이제 펄머터와 페니패커가 그 측정에 착수했다. 그들은 우주 이야기의 마지막 장을 쓰는 것이 대단히 어려운 일이라는 건 인정했지만, 3년 안에는 그 일을 마칠 수 있을 거라고 어림했다.

팽창하는 우주

우주가 어떻게 끝날 것인가라는 물음은 문명만큼이나 오래되었지만, 과거와 달리 이제 과학자들은 직접 중대한 측정을 할 수 있다. 3K 온도의 발견은 빅뱅이론의 예측과 일치했는데, 그것은 천문학자들이 우주론을 어떻게 생각해야 하는지 가르쳐주었다. 즉 우주론은 결국 과학인지도 몰랐다. 그러나 3K 발견은 또한 우주론에 대해서 생각하는 방법도 가르쳐주었다. 즉 우주의 역사와 구조를 이해하는 우주론을 하고 싶다면, 우주 마이크로파배경CMB 이 발견되기 전에 로버트 디키와 짐 피블스가 주장해온 일을 해야만 한다. 즉 중력을 우주의 규모로 생각해야 했다.

그렇다고 천문학자들이 중력과 우주 사이의 관계를 완전히 무시해왔다는 말은 아니다. 현대 물리학의 대부분과 현대 천문학의 모든 것은 보편적인 중력 법칙을 이끌어내려는 뉴턴의 영웅적인 노력에서 비롯되었다. 뉴턴은 1687년에 출간된《프린키피아Principia 》에서 하늘의 움직임을 종이 위의 수식 계산으로 구현해보라는 플라톤의 과제에 도전했다. 망원경은 천문학자들에게 그러한 운동들의 더 많은 부분을 연대순으로 기록할 수 있는 물리적 도구를 제공했다. 그러나 그들에게 그러한 운동들을 이해할 수 있는 지적 도구를 제공한 것은 바로 뉴턴의 수학이었다. 과학으로서의 우주론을 가능하게 만든 것은 만유인력 법칙이었다.

그러나 과학으로서의 우주론을 미심쩍게 만든 것 또한 만유인력 법칙이었다. 일종의 삼단논법은 이랬다. 하나, 우주가 물질로 가득 차 있다. 둘, 물질은 중력을 통해 다른 물질을 끌어당긴다. 그러므로 우주는 붕괴하고 있을 게 틀림없다. 그런데 왜 그렇지 않은 걸까?

이것이 바로 성직자인 리처드 벤틀리 Richard Bentley가 신앙과 이성과 막 출간된《프린키피아》에 대한 일련의 강의를 준비하던 1692년 뉴턴에게 제기한 물음이었다. 뉴턴은 그의 논법대로라면 "유한한 공간 안에 있는 모든 입자들이 완벽한 평형상태로 가만히 멈춰 있을 정도로 서로 정확히 균형을 이루고 있어야 한다"는 것을 인지했다. "그럼에도 나는 이렇게 되는 게 많은(유한한 공간에 있는 입자 수만큼의) 바늘을 바늘 끝으로 세워 정확히 균형을 잡도록 만드는 것만큼이나 어렵다고 생각한다." 그런 평형이 어떻게 가능할까?《프린키피아》개정판에서 뉴턴은 어떤 해답, 즉 신의 예지를 가정하는 주석을 달았다. "그리고 고정된 별들의 체계가 중력 때문에 서로 충돌하지 않도록 하기 위해서, 신은 별들을 서로 엄청나게 멀리 떨어져 있게 했다"라고.

자연을 연구하는 사람들에게 우주론을 과학적으로 의심스럽게 만든 것은 이렇듯 어떤 초자연적 존재에 의지했기 때문이 아니었다. 문제는 그 결과였다. 아니 더 정확히 말하면 결과의 부재였다. 뉴턴의 물리학은 모두 원인과 결과, 물질과 운동이었다. 그러나 그가 이 한 가지 예에서 제안하는 것은 삼라만상 사이에 작용하는 중력적 상호작용의 부재였다. 중력을 멀리서 미치는 작용으로 생각했기 때문에, 뉴턴은 이제 멀리서 미치는 '반작용'이 필요하다고 제안했다.

그 뒤 수십 수백 년에 걸쳐 천문학자들은 '고정된 별들'의 체계에 대해서 더 많이 알게 될수록, 즉 그 별들이 전혀 고정되어 있지 않으며 서로 상대적인 운동을 하고, 고정되지 않은 별들의 전체 체계인 우리 은하가 어떤 공통의 중심 주위를 회전한다는 것을 알게 될수록 막대한 거리에서 미치는 반작용에 대한 설명이 만족스럽지가 않았다.

아인슈타인은 뉴턴의 중력 이론을 정교하게 조정했다. 그는 1916년에 발표한 일반상대성이론에서, 하늘에서 일어나는 운동들을 뉴턴의 계산보다 약간 더 정확하게 일치시키는 계산을 제시했다. 그러나 아인슈타인도 "별들의 작은 속도에서 분명한 것처럼", 그 자체 무게 때문에 붕괴하지 않는 우주를 설명해야만 했다. 그는 1917년에 펴낸 〈일반상대성이론에 대한 우주론적 고찰Cosmological Considerations on the General Theory of Relativity〉이라는 논문에서, 무엇인지는 모르나 우주의 붕괴를 막고 있는 것을 표현하기 위해 자신의 방정식에 임시 인자, 즉 '현재로서는 미지수인' 그리스 기호 람다(Λ)를 끼워 넣었다.

뉴턴처럼, 그도 저 무언가가 무엇일지에 대해서는 어떤 가정도 하지 않았다. 그것은 그저… 람다였다. 그러나 그러고 나서 10년쯤 뒤, 허블의 우주와 함께 이 붕괴 없는 수수께끼에 대한 뜻밖의 멋진 해답이 나왔다. 우주가 그 자체 무게 때문에 붕괴하지 않는 이유는 그것이 팽창하기 때문이라는 것이었다.

뉴턴은 굳이 신에게 의지할 필요가 없었고, 아인슈타인은 굳이 람다를 삽입할 필요가 없었다. 1931년 아인슈타인은 독일을 떠나 패서디나 북서쪽에 있는 윌슨 산 천문대로 여행했다가 허블을 방문했다. 혼자서 그 팽창을 검토해본 뒤, 아인슈타인은 자신이 도입한 임시 인자를 빼버렸다. 되돌아보면, 철학적 소양이 있는 물리학자들이 우주론 문제가 초자연적 존재(신)도 아니고, 비논리적인 결과(멀리서 미치는 반작용)도 아님을 깨닫게 된 것이었다. 문제는 바로 과학으로서의 우주론 논쟁 전체의 전제인, '우주가 정지해 있다'는 삼단논법 이면의 경솔한 가정이었다.

만약 아인슈타인처럼 우주를 겉모습만 보고 판단한다면, 우주가 대체로 시간에 따라 변하지 않는다는 경솔한 가정을 했을 것이다. 그러나 우주는(다시 한 번) 겉으로 보이는 모습과 달랐다. 우주는 정지해 있지 않았다. 우주는 팽창하고 있었고, 팽창이 중력의 효과들을 능가했다. 아무튼 지금으로선 그러했다.

그러나 시간이 흐르면 어떻게 될까? 새로운 삼단논법이 나타났다. 하나, 우주가 팽창하고 있다. 둘, 우주는 중력을 통해 서로를 끌어당기는 물질로 가득 차 있다. 따라서 팽창이 늦춰져야만 한다. 야심 찬 우주론자들에게 사라지지 않는 도전은 더는 '우주가 왜 붕괴하지 않는가?'가 아니었다. 그것은 이제 '우주가 미래에 붕괴할 것인가?'였다.

허블이 팽창하는 우주의 증거를 발견한 이후, 천문학자들은 적어도 원칙적으로는 팽창이 얼마나 늦춰지고 있는지 측정하는 방법을 알고 있었다. 허블은 가까운 은하들까지의 거리를 결정하기 위해서 헨리에타 스완 레빗의 세페이드 변광성 주기 – 광도 관계를 이용해왔다. 그리고 그는 은하들이 우리에게서 멀어지는 속도와 동등한 적색이동을 이용했다. 은하들의 속도와 거리 관계를 그래프로 나타낸 그는 속도와 거리가 서로 정비례한다고 결론 내렸다. 즉 거리가 멀수록 속도가 컸다. 멀리 있는 은하일수록 더 빨리 후퇴했다. 이런 일대일 대응은 그 자체를 45도로 기울어진 직선으로 보여주었다. 우주가 만약 일정한 속도로 팽창한다면, 망원경으로 볼 수 있는 한 그런 직선이 계속될 터였다.

그러나 우주는 물질로 가득 차 있었고, 물질은 다른 물질을 중력적으로 끌어당기므로, 팽창은 균일할 수가 없었다. 허블 상관관계의 저 바깥쪽 어디에선가 은하들은 직선에서 벗어나야만 할 것이다. 은하들의 점들로 이루어진 그래프는 더 밝은 광도 쪽으로 부드럽게 휘어지기 시작할 것이다. 은하들이 직선에서 얼마나 벗어나 있는지는 우주가 일정한 속도로 팽창하고 있을 때보다 특정한 적색이동에 있을 때 얼마나 더 밝은지를 말해줄 것이다. 그리고 은하들이 얼마나 밝은지, 즉 은하들이 얼마나 가까운지는 팽창이 얼마나 느려지고 있는지를 말해줄 것이다.

그것을 구별하기 위해 천문학자들은 속도에 대한 거리 그래프를 계속해서 그려나가야 할 것이다. 속도 축의 경우에는 여전히 적색이동을 이용할 수 있다. 그러나 거리의 경우에는 문제가 있다. 세페이드 변광성은 비교적 가까운 은하에서만 볼 수 있기 때문이다. 먼 관측의 경우 천문학자들은 표준 광도를 가진 또 다른 광원, 즉 점점 더 먼 거리에 놓아 둔 수많은 촛불들처럼 뉴턴의 역제곱 법칙과 연관 지을 수 있는 천체들이 필요할 것이다.

그리고 허블이 팽창하는 우주의 증거를 발견한 이후, 천문학자들은 버클리 팀이 탐구하기로 결심한 표준촛불standard–candle 후보에 대해서도 알고 있었다. 1932년에 영국의 물리학자 제임스 채드윅James Chadwick은 양전기를 띤 양성자와 음전기를 띤 전자를 보충하는 중성 입자인 중성자를 발견했다. 1934년에는 얼마 전에 은하단이 암흑물질로 가득 차 있을지도 모른다고 제안한 칼텍의 천체물리학자 프리츠 츠비키가 윌슨 산의 천문학자 월터 바데와의 공동연구로, 어떤 조건하에서 별의 중심이 핵반응과 붕괴를 연쇄적으로 경험할 수 있는지 보여주는 계산을 수행했다. 별은 초속 65킬로미터의 속도로 내파해서 엄청난 양의 충격파를 일으켜 별의 바깥층들을 날려버릴 것이다. 바데와 츠비키는 이런 폭발에도 살아남은, 무게가 1세제곱센티미터당 37만 톤이고 지름이 고작 100킬로미터밖에 되지 않는 그 별의 초소형 핵이 채드윅의 중성자들로 이루어져 있을 것임을 알았다.

천문학자들은 이미 갑자기 더 밝게 확 타올랐다가 희미해지는 종류의 별들을 확인해왔고, 이런 현상을 '새로운 별'을 뜻하는 '신성nova'이라고 불렀다(그렇게 돌연히 밝아지는 모습이 우리에게는 '새로운 것'임을 암시한다는 이유에서다). 바데와 츠비키는 자신들의 폭발하는 별을 나름대로 분류할 가치가 있다고 결정하고 '초신성super-nova'이라고 불렀다.

거의 즉시 츠비키는 초신성 탐색에 나섰다. 그는 팔로마 산에서 사용되어 최초의 천문학적 장비가 된 46센티미터 망원경의 설계를 도왔고, 머지않아 미국 전역의 신문과 잡지들은 그가 '항성 자살star suicides'을 얼마나 많이 발견했는지 연일 보도했다. 한편 바데는 초신성이 똑같은 종류의 별에서 생겨난 것처럼 보이므로 그것들이 표준촛불 역할을 할지도 모른다고 말했지만, 그는 1938년에 펴낸 어떤 논문에서 "더 좋은 데이터를 얻으려면 아마도 수년은 더 지나야 할 것이다"라고 경고했다.

그 기다림은 결국 반세기가 되고 말았다. 1988년에 국립과학재단National Science Fund, NSF은 입자천체물리학센터의 설립자금인 600만 달러를 버클리 캘리포니아대학교에 5년에 걸쳐 지급했다. 그 센터는 다양한 접근법을 이용해 암흑물질의 미스터리를 파헤치게 될 터였다. 한 가지 접근법은 실험실에서 암흑물질 입자들을 탐지하려고 노력하는 것이었고, 또 다른 접근법은 CMB에서 암흑물질의 징후를 찾는 것이었다. 세 번째 접근법은 이론을 통해 암흑물질을 탐구하는 것이었다. 그리고 또 다른 그룹은 초신성을 표준촛불로 사용해서 암흑이든 아니든 저 밖에 물질이 얼마나 많은지 결정하게 될 것이다.

회의론이 난무할 게 틀림없었다. 물리학자들이 천문학을 한다고? 페니 패커와 펄머터는 결국 어느 과학계 못지않게 고립되고 신중한 천문학계에, 입자천체물리학연구소의 물리학자들도 그들과 같은 연구를 할 수 있음을 납득시켜야만 한다는 것을 알았다. 그러나 우선 그들 자신이 확신해야만 했다.

초신성 탐색

LBNL은 가속기 입자물리학을 발명하면서 세상에 알려졌다. 1920년대 말 물리학자 어니스트 로런스Ernest Lawrence(이 연구소는 바로 이 물리학자의 이름을 따서 명명된 것이다)는 입자들을 선형 가속기처럼 직선으로 발사하는 게 아니라 곡선으로 발사하는 가속기를 고안했다. 전략적으로 배치된 자석들이 입자들을 휘어지게 해서, 폐곡선을 따라 빙글빙글 돌면서 점점 더 빨리 점점 더 높은 에너지 수준으로 올라가게 하는 것이다.

로런스가 고안한 최초의 '양성자 회전목마'인 사이클로트론cyclotron은 지름이 13센티미터로, 캠퍼스에 있는 물리학과 건물의 빗자루 창고만 한 방이라면 어디든 들어갈 수 있을 정도로 작았다. 1931년에 그는 실험 장치들을 이전에 도시공학실험실이었던 버려진 건물로 옮겼는데, 이곳이 바로 LBNL '복사 실험실' 최초의 공식 부지다.

1940년 무렵 사이클로트론의 한 변형은 지름이 475센티미터에 달해서 복사 실험실보다 커졌다. 로런스는 그 대학으로부터 캠퍼스 위쪽에 있는 곳을 확보했다. 그러나 그가 남긴 유산은 수십 년에 걸쳐 사이클로트론 길을 따라 죽 늘어서게 될 건물들의 복합체만이 아니었다. 그것은 세계 곳곳에서 마치 자신의 꼬리를 물고 있는 수 킬로미터 길이의 뱀처럼 지하 깊숙한 곳에 설치된 입자가속기들이었다.

그게 뭐 어쨌다는 건가? 우리는 이 행성의 역사에서 가장 큰 수레바퀴의 톱니일 수도 있고, 심지어 가장 중요한 톱니일 수도 있다. 그렇다 해도 우리는 여전히 톱니에 불과할 것이다. 우리가 차세대 가속기들이 가동에 들어갈 정도로 오래 산다고 가정할 때 말이다. 루이스 알바레스Luis Alvarez는 1956년에 LBNL에서 개방한 원주둘레 120미터의 양성자 가속기인 베바트론Bevatron의 제작에 중요한 기여를 한 인물이었다. 그러나 그는 수십 년간 한 가지 일에만 전념하는 부류의 사람이 아니었다. 그는 '총탄 하나, 저격수 하나' 가설이 합리적인지 알아보기 위해 케네디 대통령 암살 장면이 담긴 재프루더 필름을 물리학 원리들을 이용해서 철저히 분석하는가 하면(그것은 합리적이었다), 또한 이집트의 피라미드 안에 정말로 비밀통로가 있는지 알아보기 위해 우주 선으로 탐사하기도 했다(그 안에는 그런 게 없었다).

그는 '고층대기 입자물리학 실험장치High Altitude Particle Physics Experiment, HAPPE'를 만들고 싶었지만, 당시의 LBNL 소장은 연구비에 손도 대지 못하게 했다. 입자물리학은 LBNL이 연구하는 분야였기 때문에 그 이유는 그 실험장치의 목적 때문이 아니었다. 오히려 문제는 HAPPE가 그 목적을 수행하는 방법, 즉 기구를 타고 가는 것 때문이었다. "우리는 가속기 연구소입니다." LBNL 소장인 노벨 물리학상 수상자 에드윈 맥밀런Edwin McMillan이 알바레스에게 단호하게 말했다. "우리가 만약 가속기 물리학을 그만두게 되면, 앞으로는 연구비를 조달하지 못할 겁니다."

알바레스에게는 빙글빙글 돌리지 않고 하늘 높이 올라간다는 이유로 입자물리학 실험을 외면하는 것은 상상력의 부재를 드러내는 것이었다.

알바레스는 항의의 표시로 LBNL 물리학 그룹의 팀장 지위를 내놓고는, HAPPE가 비행할 수 있는지 알아보기 위해 미국국립항공우주국^{NASA}을 비롯한 다른 곳에서 연구비를 마련했다(그것은 추락했다).

1970년대 중반 무렵, 알바레스는 노벨 물리학상을 받았고 그 연구소에는 새로운 소장이 부임했다. 어느 날 알바레스는 한 지인이 수행 중인 어떤 실험에 대한 잡지 기사를 읽고 있었다. 출생으로 따지면 치약의 후손이고 종류로 따지면 열핵 물리학자인 스털링 콜게이트^{Stirling Colgate}(콜게이트는 치약, 세제 등 생활용품을 생산하는 미국의 제조회사 이름이다 – 옮긴이)는 뉴멕시코 사막에 있는 잉여 나이키 미사일 포탑 위에 76센티미터 망원경을 올려놓았다. 그는 망원경이 3~10초마다 자동적으로 다른 은하를 향하도록 프로그램화할 계획이었다. 그 뒤 마이크로파 연결을 통해 30킬로미터쯤 떨어진 뉴멕시코광산 공과대학 캠퍼스의 IBM컴퓨터 메모리로 정보를 전송하고, 거기서 소프트웨어가 영상들을 탐색해 초신성을 찾을 것이었다.

자동화된 천문학은 전혀 새로운 게 아니었다. 관측자가 산꼭대기에 홀로 서서 접안렌즈를 통해 우주의 심연을 들여다보던 시대는 끝나가고 있었다. 17세기 초 망원경이 발명된 이후, 천문학자들과 망원경 사용자들은 장비를 직접 손으로 조작해왔다. 이제 천문학자들은 망원경의 움직임을 조작하는 컴퓨터 프로그램, 나아가 사람 손보다 훨씬 더 정교하고, 종국에는 현장에 사람이 없어도 조작하는 컴퓨터 프로그램을 만들고 있었다. 위스콘신대학교에는 자동화된 망원경이 있었다. 미시간주립대학교와 MIT도 그랬다.

초신성 탐색도 새로운 게 아니었다. 초신성은 1930년대에 츠비키의 초기 관측 프로그램 이후 천문학의 주요 요소였다. 그가 설계를 도운 팔로마 46센티미터 망원경은 이탈리아와 헝가리의 망원경들과 함께 근처의 1.2미터 망원경처럼 여전히 그 목적을 위해 사용되고 있었다.

콜게이트의 프로젝트를 눈에 띄게 한 것은 자동화된 망원경과 초신성 탐색이라는 두 아이디어의 결합이었다. 초신성을 찾는 천문학자는 광점이 나타났는지 여부를 알아보기 위해 동일한 은하의 영상들을 몇 주 간격으로 비교해야만 한다. 전통적인 초신성 탐색은 사진건판들을 손으로 현상한 다음, 눈으로 이전의 노출들과 비교해야 했다. 둘 모두 시간 소모적인 과정이었다. 콜게이트의 과정에서는 텔레비전 유형의 센서가 사진건판을 대체할 것이고, 컴퓨터가 영상들을 거의 즉시 비교할 것이다. 그러나 결국 그의 실험 장치는 작동하지 않았다. 언제든 원하는 지점으로 향할 수 있는 망원경을 만들 수 있었기 때문에 하드웨어에는 이상이 없었다. 문제는 소프트웨어였다. 컴퓨터 코드는 포트란FORTRAN 명령문 수십만 개에 달하는 양이 필요했고, 콜게이트는 혼자 일하고 있었다. 그럼에도 알바레스는 가능성이 있음을 알았다. 아니 원거리 초신성 조사의 시대에는 불가피성이 있었다.

알바레스는 잡지에서 눈을 떼고 고개를 들었다. "스털링이 이 프로젝트에 대해서 연구해왔다네." 그가 포스트닥터 연구원이자 이전에 대학원에서 그의 지도 학생이었던 리처드 멀러Richard Muller에게 그 기사를 건네면서 말했다. "그런데 아무래도 그가 그 연구를 포기할 것 같군. 그에게 말해보게. 어떻게 돌아가고 있는지 알아보라고."

펄머터가 1981년에 스물한 살의 대학원생으로 LBNL에 도착하기까지, 멀러가 관료제도와 치른 무용담은 수없이 많았다. 해마다 LBNL 지도부는 멀러에게 연구비를 받는 건 이번이 마지막이라고 으름장을 놓곤 했다. 만약 에너지부서가 LBNL의 예산에서 무언가를 삭감한다면, 그건 바로 순이론적이고 불확실한 천체물리학 프로젝트가 될 테고, 그 돈은 LBNL 재원에서 영원히 사라질 거라는 게 이유였다.

그러나 멀러는 짐 피블스의《물리학적 우주론》을 읽은 적이 있었고, 그는 매우 큰 천문학과 매우 작은 물리학이 점점 더 가까워지고 있으며 심지어 분간할 수 없게 되었음을 이해했다. 이제는 CMB의 시대였다. 먼 우주의 깊숙한 곳에서 오는 극단적으로 높은 에너지의 미스터리한 원천인 퀘이사의 시대였다. 그리고 츠비키와 바데가 수십 년 전에 중성자별의 존재에 대해서 옳았을 뿐 아니라, 이러한 별들이 초당 수백 회의 속도로 회전한다는 증거를 제공한 펄서pulsar의 시대였다.

이제 고에너지 물리학에 대해서 생각하지 않고는 이러한 현상들 가운데 어떤 것도 연구할 수 없었다. 천문학은 이 연구소가 그동안 추구해온 종류의 고에너지 물리학은 아닐지 모르지만, 그 연구소가 항상 해온 것에 빠르게 접근하고 있었다. 루이스 알바레스나 리처드 멀러의 관점에서는 그들이 새로운 분야 쪽으로 흘러가는 게 아니었다. 그 분야가 그들 쪽으로 흘러오고 있었다.

펄머터는 스스로를 어느 정도 타고난 물리학자로 생각했다. 그는 세상이 가장 기본적인 수준에서 어떻게 작동하는지와, 자연의 모든 것을 통합하는 법칙들을 알고자 했다. 두말할 필요 없이 과학은 항상 그에게 가장 쉬운 과목이었다. 그는 과학을 공부했고, 그것을 즐겼다…. 그 뒤에는 다른 관심거리들을 탐닉할 시간이 많았다. 그는 자연을 통합하는 법칙들에 대해 생각하지 않을 때면, 인류를 통합하는 '언어들' 즉 문학, 수학, 음악에 대해 생각했다. 따라서 그는 또한 타고난 철학자이기도 했다.

그의 양친은 모두 인종이 뒤섞인 필라델피아의 어떤 지역에서 가문을 일으키기로 결심한 이들이었다. 아버지는 화학공학을, 어머니는 사회사업을 가르치는 교수였다. 그는 부모님과 부모님의 친구들이 사회 문제, 신간 도서, 영화에 관해 나누는 이야기를 들으며 성장했다. 2학년 때는 바이올린 교습을 시작했고, 합창부에도 들어갔다. 고등학교에서는 작가처럼 생각하는 방법을 배우는 데, 즉 이야기의 본질을 배우는 데 도전했다. 그리고 1977년 하버드칼리지에 입학한 뒤에는 물리학과 철학을 복수전공하겠다고 생각했다.

펄머터는 곧 '물리학'이 점점 어려워짐을 깨달았다. 대학 물리학은 고등학교 물리학과 거의 관련이 없었다. 물리학과 철학 모두를 잡으려면, 사회생활은 고사하고 다른 과목들을 공부할 시간도 없을 거라는 결론에 다다랐다. 그는 선택을 해야만 했다.

철학을 선택한다면 물리학을 할 수 없을 것이다. 그러나 물리학을 선택한다면, 철학도 할 수 있을 것이다. 물리학을 하려면 중대한 질문들을 던져야 하기 때문이다. 과학은 과학(정밀한 관측을 통한 자연의 연구)이기 이전에, 철학(깊은 생각을 통한 자연의 연구)이었다. 과학이 지난 수 세기에 걸쳐 온갖 방식의 경험적 발판을 축적해오면서, 길잡이 역할에 대한 과학자의 욕구는 지속되었다.

우리와 자연 세계와의 관계는 무엇일까? 1982년 리처드 멀러의 LBNL 물리학 그룹에 펄머터가 합류했을 때 그는 멀러가 지휘하는 폭넓은 프로그램들 중에서 선택을 해야만 했다. 비행기를 이용해 대기 중의 탄소 샘플을 채취하고, 목성 옆으로 지나가는 별빛의 중력적 굴절을 측정하는 프로그램 등은 이제 LBNL이 제시한 조건들을 충족시켰는데, 펄머터는 초기의 초신성 조사를 선택했다. 그것이 결국 가장 중대한 문제들을 이끌게 될 프로젝트처럼 보였기 때문이다. 물리학을 하게 되면 자동적으로 철학을 하게 되는 것처럼, 천문학을 하게 되면 자동적으로 물리학을 하게 되는 것이었다. 이야기의 본질nature of narrative 대신 펄머터는 자연의 이야기narrative of nature를 탐구하게 될 터였다.

알바레스는 가벼운 마음으로 멀러에게 자동 초신성 조사에 대한 아이디어를 전해주었고, 이제 멀러도 그런 마음으로 자신의 포스트닥터 연구원인 칼턴 페니패커에게 그 아이디어를 전했다. 1984년 무렵, 멀러와 페니패커와 펄머터를 비롯한 몇 명의 대학원생으로 구성된 버클리 자동 초신성 탐색 팀Berkeley Automatic Supernovae Search, BASS은 캠퍼스 북동쪽으로 차로 30분쯤 걸리는 산에 있는 그 대학교의 로이슈너 천문대Leuschner Observatory에서 48센티미터 망원경을 작동시키고 있었다.

초신성 탐색에 특히 유용한 기술적 진보는 계속 진행되었다. 사진건판을 사용하는 천문학자들이 눈으로 초신성을 찾을 때는 비교 측정기comparator라는 광학 장치를 사용했다. 이 장치는 몇 주 간격으로 찍은 은하의 두 영상 사이에서 앞뒤로 빠르게 깜박거리는 방식으로, 그동안 새로운 광점이 나타났는지 여부를 알려줄 것이다. 그러나 천문학자들은 새로운 컴퓨터 기술의 도움으로 앞서 찍은 영상의 모든 빛을 나중에 찍은 영상에서 제거할 수 있었다.

그런 과정은 두 번째 영상에서 첫 번째 영상을 빼는 결과를 낳았다. 컴퓨터가 분명히 약간의 빛이 남아 있다는 신호를 보내면, 사람이 그 데이터를 분석했다. 때로는 그 빛의 출처가 '국지적' – 출력의 변동, 그 장비에 부딪히는 우주 선, 뻘셈 오류 – 이기도 하고, 때로는 '천문학적' – 소행성, 혜성, 변광성 – 이기도 했다. 그러나 때로 그 빛의 출처는 숙주 은하 안에 있는 다른 별들 수백억 개나 수천억 개보다 훨씬 더 밝게 최후의 폭발을 하는 별이기도 했다. 그것이 바로 초신성이었다.

아니면 네메시스 Nemesis(태양에서 약 5만~10만 AU 떨어진 궤도를 돌 것이라 예상되는 적색왜성 또는 갈색왜성이다. 지구역사상 주기적인 대량 멸종을 설명하기 위해 가정되었다 – 옮긴이)일 수도 있었다. 1980년 알바레스는 아들 월터 알바레스 Walter Alvarez와 함께 백악기 제3기 초인 6,500만 년 전에 발생한 공룡의 대량 멸종이, 지구 생태계를 파괴시킨 혜성이나 소행성의 충돌 때문이었다는 가설을 세웠다. 그 뒤 1983년 두 고고학자가 2,600만 년마다 대량 멸종이 순환되는 증거를 발견했다고 발표했다.

그다음 해에, 멀러와 동료들은 태양의 동반성 존재 companion star를 추측하는 논문을 출간했다. 바로 네메시스였다. 그들은 네메시스가 대단히 길게 잡아 늘여진 궤도를 갖고 있으며, 그 별이 2,600만 년마다 태양에 비교적 가까워져서 그 중력적 인력 때문에 태양계의 가장 바깥쪽에 있는 혜성들이 지구를 포함해서 태양에 가장 가까운 행성들의 궤도 경로로 들어온다고 주장했다.

그 아이디어는 겉보기만큼 허무맹랑하지는 않았다. 태양 같은 별들을 연구한 결과, 약 84퍼센트가 쌍성계 binary system를 이루는 것으로 드러났다. 오히려 태양이 혼자라는 게 이상한 일이었다. 멀러는 펄머터에게 네메시스(혹은 언론이 칭하듯이 '죽음의 별')를 찾는 일을 맡겼고, 1986년에 펄머터는 〈태양의 동반성의 천체측성학적 탐색 An Astrometric Search for a Stellar Companion to the Sun〉이라는 논문을 완성했다. 그러나 그 두 프로젝트는 대부분 펄머터가 만든 탐색 소프트웨어뿐 아니라 어떤 망원경과 그가 설계를 도운 일부 다른 하드웨어를 공유했다. 그러므로 그는 포스트닥터 연구원으로 LBNL에 머무를 때, 영감을 얻기 위해 초신성에 의지했다. 몇 달 전인 1986년 5월 17일 BASS는 그 최초의 초신성을 발견했고, 그것은 그에게 매우 좋은 일이었다.

1981년에 BASS는 연간 100개 정도의 탐지율을 예측했지만, 과학적 연구계획서들은 종종 지나치게 낙관적이었다. 게다가 BASS가 발견한 초신성들은 비교적 가까웠다. 따라서 그것들은 당장 중요한 물음들에 유용하지는 않을 터였다. 천문학자들이 허블의 표본보다 훨씬 더 멀리 있는 은하들에서 표준촛불들을 찾을 수 없다면 우주의 어떤 팽창속도 변화도 식별하지 못할 것이므로, 더 깊숙이 있는 초신성일수록 좋았다. 그런 초신성들, 그러므로 그것의 숙주 은하들이 직선인 허블 다이어그램에서 얼마나 많이 벗어나 있는가는 천문학자들에게 팽창의 감속율을 말해줄 것이다. BASS 덕분에 페니패커와 펄머터는 이제 자동 초신성 탐색을 할 수 있음을 알고 있었다. 그들은 초신성을 1986년에 두 개 더, 1987년에 또 하나 추가했다. 그러나 그들이 우주론적으로 의미 있는 거리에서도 자동 초신성 탐색을 할 수 있을까?

멀러는 그러한 프로젝트가 시기상조일지도 모른다고 생각했다. 그러나 그는 수년 동안 루이스 알바레스의 상상력 넘치는 비행들을 마음에 품은 채 자신의 과학적 명성을 걸고 기꺼이 죽음의 별을 탐색하는 과학자이기도 했다. 그는 그런 연구에 동의했고, 페니패커는 그가 호주의 어떤 망원경에 장착할 카메라 비용으로 연구비를 신청했다. 더 정확히 말하면, 페니패커는 카메라를 주문한 뒤 연구비를 신청했다. 그러나 행운의 여신은 버클리의 손을 들어주었고, NSF는 입자천체물리학센터에 수백만 달러를 쏟아부었다. 비록 초신성 연구계획서에 오른 이름들이 리처드 A. 멀러와 칼턴 페니패커이기는 했지만, 우주의 운명 탐색은 처음부터 페니패커와 펄머터의 것이었다.

47억 년 전의 우주

초신성은 두 가지 이유 때문에 여전히 표준촛불 후보로 매력적이었다. 초신성은 우주 공간의 가장 후미진 곳에서도 볼 수 있을 정도로 밝으므로 천문학자들은 그것들을 이용해서 우주의 역사를 깊숙이 연구할 수 있다. 그리고 초신성은 인간 시간의 틀 안에서 움직여서 그 광도가 몇 주에 걸쳐 올라갔다 내려갔다 하므로 대부분의 다른 천문학적 현상들(태양계의 형성이나 은하들이 모여서 은하단을 이루는 과정 같은)과 달리, 천문학자들이 실제로 지켜볼 수 있는 연속 드라마를 제공한다.

그러나 초신성은 또한 적어도 세 가지 이유 때문에 문제가 있었다. LBNL 그룹이 말했듯이 "초신성은 드물며, 빠르고, 불규칙적이다." 지구가 속한 은하계에서 초신성은 아마도 평균 100년에 하나 꼴로 폭발한다. 따라서 초신성을 추적하는 천문학자들은 하나하나를 빠르게 잇달아 보든, 아니면 하늘의 넓은 면적을 한 번에 후딱 보든, 혹은 이상적인 방법으로 빠르게 잇달아 넓은 면적을 보든 은하 조사 방법을 상당히 많이 고안해야만 한다.

또한 빠른 반응도 필요하다. 천문학자들은 일단 초신성을 확인하면 필요한 추적 연구를 하기 위해 신속히 움직여야 한다. 망원경 사용 시간은 몇 개월 전에 배정되기 때문에 이게 항상 가능하지는 않다. 그리고 초신성은 불규칙적이다. 초신성이 언제 어디서 폭발할지 결코 알지 못하므로, 설령 몇 달 전에 망원경의 추적 시간을 확보한다 해도, 그 날짜에 연구할 가치가 있는 초신성을 발견하게 될지는 알 수 없을 것이다.

펄머터와 페니패커는 그 연구를 자신들만 하는 게 아니라는 말을 처음 들었을 때, 이미 팔로마 천문대에 있는 96센티미터 망원경에 장착된 새로운 뺄셈 소프트웨어 subtraction software 를 시험 중이었다. 우주론의 실마리를 찾기 위해 초신성을 추적하는 아이디어가 나온 지는 50년이 되었고, 이제 그 추적을 현실성 있게 만들 도구들이 저 밖에 있었으므로, 그들은 또 다른 그룹이 초신성을 이용해서 우주의 팽창이 시간에 따라 얼마나 많이 변하는지 결정하려고 애쓴다는 사실에 전혀 놀라지 않았다.

시도와 실패가 거듭되었다. 1986년부터 1988년까지 덴마크의 세 천문학자는 두 영국 천문학자의 도움을 받아 칠레 라실라의 유럽남부 천문대 European Southern Observatory 를 매달 교대로 찾아갔다. 그곳의 1.5미터 망원경으로 한 번에 은하 한 개가 아니라 은하단들 여러 개를 본다면, '은하 하나당 100년에 한 개'라는 적합한 초신성을 찾을 확률을 깰 수 있을 거라고 계산했다. 그들은 확실한 거리에 있는 은하단들을 선별하고 탐색 시기를 신중하게 정했다. 어두운 하늘을 이용할 수 있을 뿐 아니라, 그들이 원하는 초신성들의 자연적 생명(혹은 더 적절하게 죽음) 주기인 20일 정도의 격차를 둔 영상들을 비교할 수 있도록 초승달 직전이나 직후의 밤을 선택했다.

그들은 하나의 초신성을 발견했다. 관측 마지막 날 밤에도 초신성 후보를 하나 더 발견했지만 추적 관측을 진행하지는 못했다. 그들은 시대를 앞서간 것이었고, 두 해가 지나자 그들의 시간이 끝났다. 그들의 망원경은 목적을 이루기엔 너무 작은 것으로 드러났고, 발견 속도도 너무 느렸다. 더 큰 망원경과 더 강력한 탐지기를 이용하지 못하면 적당한 표본을 수집하는 데 수십 년이 걸릴 터였다. 심지어 1년에 초신성 하나를 발견한다 해도 그들의 프로그램을 완성하려면 최소한 10년이 걸릴 상황이었다.

BASS 멤버들에게, 이런 실패 소식은 잠재적으로 치명적인 의문을 제기했다. 덴마크 공동연구팀이 실패한 부분에서 BASS가 성공할 수 있음을 입자천체물리학센터 검토위원회에 어떻게 납득시킬 수 있을까?

우선 버클리 팀은 덴마크 팀이 원거리 초신성을 찾는 데는 성공했음을 강조했다. 그것은 적색이동이 0.31인 초신성의 기록을 깰 정도로 먼 초신성이었다. 이는 우주의 초기까지 4분의 1 정도 돌아간 시기(즉 35억 년 전)에 폭발했음을 의미한다. 둘째, BASS는 더 좋은 장비를 사용하게 될 것이었다. 호주 사이딩스프링의 앵글로 – 오스트레일리아 망원경Anglo–Australian Telescope에는 덴마크 팀이 칠레에서 사용한 것보다 지름이 두 배 이상인, 혹은 집광면적인 구경이 네 배 이상인 3.9미터 거울이 있었다. 그리고 LBNL은 훨씬 더 큰 카메라를 주문할 계획이었다.

페니패커는 만전을 기하기 위해 그 프로젝트에 거슨 골드하버Gerson Goldhaber를 초청했다. 골드하버의 가족은 그가 아홉 살이던 1933년에 독일로 떠났다. 그는 카이로와 예루살렘에 살다가 미국으로 이주해서 워싱턴대학교 대학원에 다녔다. 골드하버는 베바트론에서 중요한 역할을 한 1953년 이후 LBNL에서 일했으며, 그 뒤 지난 20년 동안 스탠퍼드 선형가속기센터Stanford Linear Accelerator Center 와 공동연구를 하고 있었다. 그는 그동안 중요한 발견들을 했고 노벨 물리학상을 탄 여러 팀을 지도해왔다. 페니패커가 추론한 대로 "그들은 그가 하는 어떤 일도 방해하지 않을 것이다.”

　문제는 그들이 관측을 시작하기 전부터 발생했다. 카메라 조립 계약자가, 광학기계 제작자들이 허용 가능한 결함으로 인정하는 '오차 허용도'를 벗어나는 거울을 배달한 것이다. 두 번째로 깎은 거울은 세정액을 엎지르는 바람에 손상되고 말았다. 마침내 세 번째 깎은 거울이 제대로 작동했다.

　그러나 페니패커는 가벼울수록 좋다고 생각했고, 다른 날에 찍은 물체의 밝기를 비교하려면 빛의 수준을 '동등하게 하기' 위해 다른 필터로 관측해야만 함을 이해하지 못했다. 그래서 필터가 없는 카메라를 주문했다. 결함을 수리하는 LBNL의 크랙 기술단이 사후 필터를 설계하자, 페니패커는 그 필터휠을 어떤 대학원생에게 주고 호주로 보내면서, 호주세관에 제출할 번호를 주었다. 그 대학원생은 세관에 도착하자 두 직원에게 다가가서 이렇게 말했다. “제가 이런 물건을 가지고 있습니다.” 그들이 영문을 몰라 서로 멀뚱히 보고는 다시 그녀를 보았다. “무슨 물건인가요?” 그들 가운데 하나가 물었다(며칠 뒤 호주의 연구소 소장이 당국에 그 필터를 압류하지 말아달라고 간신히 설득했다).

　심지어 그 뒤 버클리 팀이 초신성 탐색에 들어갔을 때도, 일은 순조롭게 진행되지 않았다. 현지 컴퓨터들은 버클리 프로젝트의 목적에 충분한 대역너비(데이터 통신 기기의 전송 용량 - 옮긴이)를 갖고 있지 않았으므로, 팀 멤버들은 컴퓨터 데이터를 시드니 공항까지 가져가서 엄청난 양의 서류를 작성하고 샌프란시스코로 가는 다음 비행기의 화물칸에 실어야 했다. 거기서는 다른 누군가가 더 많은 서류를 작성한 뒤 소포를 찾고 차를 몰아 샌프란시스코 만을 가로질러 버클리로 가야만 했다. 총 48시간이 걸렸다.

그 뒤 버클리의 물리학자들이 초신성 후보들의 영상을 탐색하는 데 이틀이 걸렸고, 그 뒤 그것들이 정말로 초신성인지 알아보기 위해서 파인딩 차트 finding charts — 하늘의 어느 부분에서 알려져 있는 모든 천체들을 보여주는 지도 — 를 조사하는 데 또 하루가 걸렸다. 급속히 사라지는 어떤 천체의 추적 관측 일정을 잡고 싶은 사람에게 5일은 기다리기에 긴 시간이었다. 그러나 오래지 않아, 그들은 항공기 여행을 하지 않고 버클리로 데이터를 보내는 방법을 알아냈다. LBNL의 팀 멤버 하나가 NASA로 전화를 걸어 초신성 탐색 데이터를 언제 호주로 전송해야 하는지 상세히 말하고, NASA의 누군가가 그때 인터넷을 켜줄 수 있는지 문의하는 것이었다.

그렇다고 데이터의 질이나 전송의 지연이 중요했다는 말은 아니다. 2년 반의 과정 동안, 페니패커와 펄머터는 앵글로 — 오스트레일리아 망원경에 12일간의 밤을 확보했다. 그 가운데 9일 반은 구름이 끼거나 대기조건이 좋지 않았고, 또 시험하는 데 소요되었다. 그리고 비록 여섯 개의 후보를 확인하기는 했지만, 최종적으로 포함된 실제의 초신성은 덴마크 팀의 경우보다 더 나쁜 0개였다.

BASS는 야심 찬 3년 계획을 세우고 충실히 수행했다. 그들은 주어진 환경에서 현존하는 기술을 최대한 활용하여 각각의 도구가 최고의 성능을 발휘할 수 있을 때까지 조정했지만 그 정도의 노력만으로는 충분하지가 않았던 것이다.

BASS는 몇 개월마다 내부 프로그램 자문위원회는 물론 외부자문단에게도 입자천체물리학센터의 일환으로서 그 존재를 정당화시켜야 했다. 그런 정당화는 이제 아프리카 북서 해안의 카나리제도에 있는 2.5미터

아이작 뉴턴 망원경Issac Newton Telescope, INT의 사용 시간을 확보하는 능력
으로 나타났다. 그 망원경은 호주 사이딩스프링의 망원경보다 크기는 약
간 더 작았지만, 카메라는 더 크고 날씨는 더 좋을 것이었다.

멀러는 입자천체물리학센터 소장 버나드 새둘렛Bernard Sadoulet에게 환
심을 사려고 애썼다. "보세요. 앞으로 2, 3년 내에는 우리가 초신성들을
발견할 겁니다. 우리는 실질적인 측정을 하고 있을 거예요. 그리고 결과
를 얻게 될 겁니다. 그건 보장해요. 입자천체물리학센터의 초기 연구비가
바닥날 무렵엔 우리가 실질적으로 눈에 보이는 결과를 얻게 될 거라고요.
그건 확실히 아셔야 해요."

초신성 탐색은 일시적인 구제를 받았다. 만약 프로젝트의 베테랑이라
면 잠시 스스로를 돌아보는 숙려 기간을 한 번 더 가졌을 것이다. 그러나
초심자들은 자신들이 어떤 곤경에 빠졌는지 알 수 없었다. 그룹 회의는
의자가 부족한 연구실에서 열렸다. 컴퓨터 앞에 앉아서 조용히 타이핑을
하고 있는데, 상관이 다가와서 그 프로젝트가 컴퓨터 할당을 초과했다며
당장 컴퓨터를 끄지 않으면 누군가를 시켜 플러그를 뽑아버릴 거라고 으
름장을 놓는 경우도 있었다.

어떤 대학원생은 채용 안내서를 읽고 '우주의 무게 측정'이라는 아이
디어가 마음에 들어 그 프로젝트에 전념했다. 하지만 그 프로젝트가 찾아
야 했던 것은 결국 초신성 하나였음을 알게 되었을 뿐이다. 어떤 포스트
닥터 연구원은 첫 출근하는 날 펄머터가 카나리제도로 떠난다면서, 그에
게 파인딩 차트를 이용해서 자신이 목표로 삼을 부분들을 골라달라고 부
탁하는 편지를 책상에서 발견하는 어처구니없는 일을 당하기도 했다. 그
포스트닥터 연구원은 그 편지를 멀뚱히 보기만 했다. 그는 입자물리학을

공부한 사람이어서 파인딩 차트가 뭔지도 몰랐던 것이다.

그 뒤 페니패커는, 그의 표현대로라면 "예산을 부풀렸다." 그는 다음 회기 예산에서 집행을 희망하는 돈을 사용하는 습관이 붙고 말았다. 그러나 이번에는 원부原簿를 잘못 읽어서 갖고 있지도 않은 돈을 계속해서 사용했다.

본인이 인정하는 것처럼 페니패커는 지도자감이 아니었고, 비정통적이고 위험도도 높은 프로젝트를 운영할 만한 부류는 적어도 아니었다. 사람들은 그와 공동으로 연구하기를 굉장히 좋아했다. 그는 열성적이었고 붙임성이 있었으며 명석한 몽상가였다. 그러나 그런 덕목들을 검토위원회나 행정관이 듣고 싶어 하는 말로 바꾸는 능력이 없었다. 세부적인 행정 사항에 대한 기본적 이해도 마찬가지였다. 그는 초신성 프로젝트가 계속되려면 지도자를 바꿔야 함을 절감했다.

LBNL 물리학국의 새로운 책임자인 로버트 칸Robert Cahn은 처음에 그 프로젝트의 선임 연구원인 거슨 골드하버에게 이야기를 꺼냈다. 그러나 골드하버는 초신성을 연구함으로써 지난 40년간 거대한 입자가속기들을 맡아온 책임들로부터 해방될 수 있었다. 멀러는 자리를 옮겼다. 다음 선택은 솔 펄머터였다. 칸은 멀러에게, 펄머터가 그럴 준비가 되었을지 조언을 구했다. 멀러는 아마도 그럴 거라고 생각했다. 그는 개념적 돌파구라고 생각되는 것을 펄머터에게 들고 간 두 차례의 경험을 이야기했다. 펄머터는 "아, 그래, 그거 참 흥미롭지"라고 말하고는 어떤 노트를 꺼내서 펼쳤다. 그가 펼친 페이지에는 그 아이디어를 검토한 흔적이 남아 있었다. 그는 이미 그런 아이디어를 검토했었고 그게 결국 별 의미가 없음을 파악한 것이다.

1992년 3월 펄머터는 첫 번째 세트의 사진을 찍기 위해 INT로 갔다. 4월 말과 5월 초에는 페니패커가 동일한 지역의 추적 관측을 하기 위해 INT로 갔고 펄머터는 버클리에 머물면서 데이터가 비트넷BITNET을 통해 도착하기를 기다렸다. 태양이 대서양으로 지는 버클리에서의 이른 오후, 펄머터와 두어 명의 팀 멤버는 LBNL 지하의 냉방이 유지되는 컴퓨터 센터에 자리를 잡고 앉아 고화질 영상이 나타나기를 기다리곤 했다. 밤 10시나 11시까지 펄머터가 혼자 앉아 있으면 컴퓨터 스크린에 영상들이 나타났다.

각 영상 속에는 수백 개의 은하가 담겨 있었다. 그날 밤이 저물 무렵이면 그는 수십 장의 영상을 모으게 될 것이다. 그는 만일의 경우를 생각해서 각 영상을 인쇄해 두었다. 때로 컴퓨터는 지난달에는 없던 빛이 나타났음을 알려주었고, 그러면 그는 스크린에 몸을 바짝 붙이고 무엇이 잘못됐는지 알아내려고 애썼다. 광시야 카메라의 사진은 기하학을 왜곡시키므로, 그는 사진의 가장자리 부근에 나타나는 빛은 믿지 않았다. 때로 어떤 빛은 은하의 중심에 너무 가까워서 추적 관측을 하는 동안 배경 빛과 구별할 수가 없었다. 때로 그 빛은 소행성인 것으로 드러났다.

어느 날 밤 그는 무시할 수 없는 빛을 발견했고, 혹시 어떤 분명한 오류를 간과하고 있는 게 아닐까 의심해야만 했지만, 그럴 만한 오류가 생각나지 않았다. 그는 또 어떤 미묘한 오류를 간과하고 있는지 의문이 들었지만 그런 오류도 생각나지 않았다. 그 뒤 자신이 뭔가 잘못하고 있는 게 아닌가 하고 의심하는 순간 그는 문득 깨달았다. "잠깐, 이게 바로 우리가 찾기로 했던 거잖아." 그게 바로 초신성 후보였던 것이다.

그는 확인을 위해 공동연구자들이 아침에 모습을 드러낼 때까지 기다렸다. 심지어 그때도 축하의 순간은 아니었다. 부분적으로는 그들이 절대적으로 확신할 수 없었기 때문이었고, 또 부분적으로는 그 연구가 시작된 지 얼마 되지 않았기 때문이었다. 그 데이터는 그게 정말로 초신성인지, 그리고 만약 그럴 경우 어떤 적색이동에 있는지 말해줄 추적 관측이 없다면 무용지물이었다.

아직 INT 사용 시간이 남아 있었으므로 일부 관측은 그 뒤 며칠 동안 그들이 직접 할 수 있었다. 그러나 다른 관측들에 관해서는 먼저 어떤 천문학자들이 세계의 대형 망원경으로 관측하고 있는지, 또 LBNL 운영진이 그 천문학자들과 친분이 있는지 알아내야 했다. 그다음 6개월이나 1년 동안 계획해온 관측을 한창 진행하고 있는 그들에게 전화를 걸어 당장 모든 것을 중단하고 망원경을 다른 어딘가로 향하게 하라고 간청해야만 했다.

이런 일을 하는 데는 펄머터가 제격이었다. 펄머터처럼 한밤중에 다른 대륙에 있는 천문학자들에게 자주 전화를 걸어대는 사람도 없었다. 그는 끈질겼고 구변이 좋았으며 거절이나 모욕에도 둔감했다. 사실상 '안 된다'는 답변을 받지는 않았다. 때로 그 간청은 웃음을 끌어내기도 했고, 때로 분노를 폭발시키기도 했다. 그러나 그 간청은 데이터를 이끌어낼 때도 있었다. 그 빛이 여전히 거기에 있으며 희미해지고 있음을 말해줄 정도의 데이터 말이다. 그들이 초신성을 발견한 것이다.

여전히 축하할 이유는 없었다. 이번에도 그 데이터는 그 초신성이 얼마나 멀리 떨어져 있는지를 말해줄 적색이동을 알지 못한다면 우주론에 전혀 무의미했다. 그것을 알기 위해서는 분광분석이 필요할 터였다. 전 세계 천문대 네 곳에 있는 천문학자들이 12번의 추적 관측을 해주는 데 동의했다. 그러나 11번은 날씨가 도와주지 않았고, 12번째는 장비가 제대로 작동하지 않았다.

봄이 지나고 여름이 다가올 무렵, 페니패커는 자신의 팀을 영화 〈시에라마드레의 보물 The Treasure of the Sierra Madre〉의 등장인물들처럼 황금을 찾아 사막을 헤매는 보물사냥꾼들로 생각하기 시작했다. 그리고 그들은 그것을 찾는다. 보물사냥꾼들은 금맥을 발견하고 천문학자들은 초신성을 발견한다. 그 뒤 금가루가 그들의 손가락 사이로 빠져나가 바람에 날아간다. 월터 휴스턴 Walter Huston이나 험프리 보가트 Humphrey Bogart나 팀 홀트 Tim Holt는 멀리 떨어진 천문대에 있는 어떤 친구에게 '고맙다'고 말하고는 천천히 전화를 끊는다.

8월 말의 어느 날 밤, 페니패커와 펄머터는 1980년대 말에 수행된 덴마크 관측의 영국 측 베테랑일 뿐 아니라 그 팀과 친분이 있는 리처드 엘리스 Richard Ellis에게 전화를 걸었다. 엘리스는 톡 쏘아붙였다. "최근 카나리 제도의 관측 조건이 몹시 열악해서, 버클리 팀과 달리 실제 그 망원경의 사용 시간을 확보한 천문학들이 저를 비롯한 다른 관측자들에게 이미 수도 없이 보강 관측을 요청해왔다는 사실을 몰랐습니까?"

그 뒤 엘리스는 관측을 하러 갔다. 1992년 8월 29일, 그는 자신의 파인딩 차트를 꺼내 4.2미터 윌리엄 허셜 망원경 Williama Hershel Telescope으로 작업하면서, 어떤 포스트닥터 연구원과 함께 두 시간 반 노출을 준 분광데이터를 얻었다. 그리고 작업을 마쳤을 때, 엘리스는 버클리에 있는 페니패커에게 전화를 걸었다.

덴마크 팀이 세운 과거의 적색이동 기록은 대략 35억 년 전에 해당하는 0.31이었다. 새로운 적색이동 기록은 47억 년 전인 0.458이었다.

페니패커는 환성을 질렀다. 그가 펄머터와 함께 우주론적으로 의미 있는 초신성 탐색에 대한 공동연구를 논의한 뒤 6년이 지났지만, 그들은 우주의 무게도 모양도 운명도 알아내지 못했다.

그러나 그들은 게임 중이었다.

진전 없는
나날

LBNL을 상대할 팀

1994년 초, 두 천문학자가 대화를 나누고 있었다. 브라이언 슈미트 Brian Schmidt는 하버드의 천체물리학센터에서 초신성에 관한 박사학위 논문을 막 마치고 포스트닥터 연구원으로서 진행할 다음 프로젝트의 아이디어를 생각하는 중이었다. 니컬러스 선체프 Nicholas Suntzeff는 1986년 이후 칠레에 있는 세로 토롤로 인터 – 아메리칸 천문대 Cerro Tololo Inter–American Observatory의 천문학자로 근무했고, 1989년 이후 초신성 조사에 열중했다. 초신성 전문가로서 그들은 모두 버클리 초신성 프로젝트의 노력들을 따라가고 있었다. 그런데 그들이 라세레나라는 칠레의 해안 마을에서 이 천문대 본부에 있는 시원한 컴퓨터실에 앉아 있을 때, 슈미트가 LBNL 팀을 상대할 팀을 꾸릴 생각을 하고 있다고 언급했다.

선체프는 망설이지 않았다. "와, 나도 거기에 낄 수 있을까?"

이제는 '그게' 과학에서 좋은 문제의 상징이라고 슈미트는 생각했다. 지금은 사람들이 '그거 참 흥미롭군'이라고 말하는 때가 아니었다. 지금은 사람들이 '와, 나도 거기에 낄 수 있을까?'라고 말하는 때였다.

슈미트는 솔 펄머터와 버클리 팀을 믿어야만 했다. 그들은 기술의 진보 덕분에 초신성이 마침내 우주론 연구에 사용될 수도 있음을 입증했고, 가능성이 거의 없는데도 불구하고 성공을 거두고 있었다. 그들은 올바른 시기에 올바른 장소에 있었다. 하지만 그들이 올바른 팀일까?

많은 다른 천문학자들처럼 슈미트도 물리학자들이, 게다가 천체물리학자로 전향한 물리학자들이 일관성 있게 원거리 초신성들을 찾을 수 있을지에 회의적이었다. 그러나 LBNL 팀이 최초의 초신성을 발견한 뒤에도, 슈미트를 비롯한 다른 천문학자들은 천체물리학자로 전향한 물리학자들이 아무리 명석하다 해도, 과연 자신들이 어렵게 얻은 전문적 지식과 경험을 일상적으로 필요로 하는 그런 종류의 추적 관측과 분석들을 수행할 수나 있을지 여전히 회의적이었다.

보아하니 초신성 게임을 하고 있는 모든 사람이, 모든 것을 중단하고 어떤 초신성 후보의 추적 관측을 해달라고 부탁하는 솔의 전화를 받는 입장에 처해 있었다. 펄머터는 천문학계에서 상상을 초월할 정도로 끈질기기로 정평이 나 있었다. 그러나 선체프는 펄머터가 말하는 목표물로 망원경을 돌릴 때마다 그 지역에는 아무것도 없이 텅 비어 있음을 알고 실망감을 감추지 못했다. "너무 희미한 게 틀림없어."

슈미트와 선체프는 가장 가까이 놓여 있는 청색과 회색의 IBM 컴퓨터 프린트 용지를 그러잡고는 홱 뒤집어 마구 휘갈겨 쓰기 시작했다. 그들은 그날 늦게까지, 그다음 날에도 계속 선체프의 연구실에서 이야기를 나누며 공격 계획을 짰다.

관측은 선체프가 맡기로 했다. 그는 초신성 후보를 찾아서 추적 측정을 할 예정이었다. 슈미트는 분석을 맡아, 기존의 소프트웨어로 영상을 손질하고 빼기 작업을 해서 초신성을 분리시킬 새로운 프로그램을 만들고자 했다.

선체프가 슈미트를 돌아봤다. "자네가 새로운 프로그램을 만드는 데 얼마나 걸릴까?"

슈미트는 건방진 젊은 천문학자로 오해받을 수도 있었지만, 짐짓 아는 체하는 그의 말투는 오만하기보다 빈정거리는 투로 들렸다. 선체프는 그를 체질적으로 낙천적인 사람이라고 생각하기로 했다. 그러나 그런 슈미트조차도 이번엔 주저하지 않을 수 없었다. 그 뒤 그는 스스로에게 상기시켰다. '솔이 그걸 할 거야.'

"두 달." 그가 짧게 대답했다.

슈미트는 하버드로 돌아가자마자 연구실에 매일같이 몇 시간씩 틀어박혀서 몇 주일이고 프로그램을 만들었다. 그러면서 그는 복도를 이리저리 돌아다니며 동료들을 멈춰 세우거나 연구실에 들러서는 자신이 닉 선체프와 함께 솔을 공격할 팀을 모으고 있다고 알렸다. 그럴 때마다 그는 똑같은 수준의 열성과 반응을 얻었다. "나도 거기에 낄 수 있을까?"

로버트 커슈너Robert Kirshner는 심지어 부탁할 필요도 없었다. 그는 자신의 학생들 일부가 활동했던 시절보다 더 오래된 1970년 이후 죽 초신성을 연구해왔다. 마흔넷의 나이로 하버드 천문학과의 학과장이 된 그는 이제 천문학계의 정치가였다. 그는 NSF에서 연구비를 따오고 세계 최대망원경의 시간을 확보하고 허블우주망원경Hubble Space Telescope, HSP의 과학과 운영 센터인 우주망원경과학연구소Space Telescope Science Institute, STScI의 정책 수립을 돕는 데 오랜 경험을 갖고 있었다. 그는 몇 세대에 걸친 초신성 전문가들 – 그가 채용한 대학원생들과 하버드 스퀘어에서 가든 스트리트로 800미터쯤 올라간 곳에 있는 하버드 – 스미스소니언 천체물리학센터 Havard–Smithsonian Center for Astrophysics 내부의 사설 영지를 위해 그가 고용한 포스트닥터 연구원들 – 의 멘토였을 뿐 아니라 세계의 주요한 초신성 전문가들 가운데 하나였다.

〈네이처〉 지가 1988년에 덴마크 연구자들의 임시 관측 결과를 담은 논문 원고를 받았을 때, 저널 측으로부터 그 논문을 은밀히 심사해서 관련 기사를 작성해달라는 요청을 받은 사람도 커슈너였다. 버클리의 입자천체물리학센터가 외부자문단을 소집하고 초신성 권위자를 모집할 때 전화를 받은 사람도 커슈너였다. 펄머터 외 다수가 1992년 초신성을 분석하는 어떤 논문을 〈천체물리학저널 레터Astrophysical Journal Letters〉에 제출했을 때, 편집자들이 논문 심사를 맡아달라고 부탁한 사람도 커슈너였다.

수십 년간의 관련 경험을 보유한 커슈너는 다른 사람들의 논문을 심사할 때마다 마치 외과수술만큼이나 어려운 초신성 데이터 분석을 어느 누가 과연 제대로 할 수 있을지에 대해 매우 회의적이었다. 커슈너는 유쾌할 수 있었다. 그는 평소 대화를 나눌 때 종종 과장된 표정을 짓거나 독특한 말씨를 흉내 내는가 하면, 장난삼아 말 울음소리를 내기도 했다. 또 학회 강연 때는 확실히 위트가 넘쳤으므로 빈자리가 거의 없었다. 그러나 초신성과, 초신성 천문학을 하기 위해 꼭 알아야 하는 문제라면, 커슈너는 엄격했으며 심지어 신랄하기도 했다.

그의 말에는 정곡을 찌르는 예리한 지적들이 있었다. 만약 초신성을 연구하고 싶다면 분광학을 알아야 했다. 분광학은 천체가 다가오고 멀어지는 운동뿐 아니라 그 화학적 조성을 확인하는 천체의 빛스펙트럼 분석이다. 또 천체의 밝기를 결정하는 지루하고 어려운 과정인 측광법도 알아야 했다. 초신성의 숙주 은하 안에 있든 혹은 초신성과 관측자 사이의 시선을 따르는 어딘가에 있든 먼지도 설명해야 했다. 먼지는 있을 때도 있고 없을 때도 있었다. 만약 먼지가 존재한다면 초신성의 빛을 희미하거나 붉게 만들 것이다. 그리고 먼지가 빛을 오염시키는 정도를 알지 못한다면, 데이터를 얼마나 믿어야 할지 알지 못할 것이다.

그러나 커슈너는 BASS에 대해 특히 더 회의적이었다. 그는 그들이 일을 제대로 못해서 자신의 전문 분야인 천문학에 오명을 남긴다고 생각했다.

천문학을 평생에 걸쳐 완성해야만 하는 과학이라기보다 취미 정도로 보고 그 학문을 하려고 하는 입자물리학자들에 대해서, 커슈너는 처음부터 깊은 불신을 갖고 있었다. 여태까지 그는 그러한 우려들을 불식시킬 만한 태도를 전혀 보지 못했다. 1980년대에 리처드 멀러는 로이슈너 천문대에서의 초신성 조사에서 네메시스 프로젝트를 수행하는 연구를 했다. 태양의 동반성 발견은 만약 해내기만 한다면 중대한 일이 되겠지만, 그럴 가능성이 거의 없었기 때문에 천금 같은 망원경 시간을 오히려 낭비하고 있는 것처럼 보였다.

1989년에 멀러와 페니패커와 펄머터는 400년 동안 육안으로 발견된 최초의 초신성으로 유명한 초신성 1987A가 초당 수백 번 회전하는 중성자별인 펄서를 남겼다는 결론을 내림으로써 전 세계 천문학자들의 주목을 받았다. 그 '증거'는 결국 장비 오류인 것으로 드러났다. 그 뒤 커슈너가 외부자문단의 일원으로서 직접 당혹스러운 일을 목격했다. 앵글로-

오스트레일리아 망원경에서 원거리 초신성을 찾으려는 3년간의 노력이 수포로 돌아간 것이다.

더 수수하고 더 실용적인 수십 개의 천문학 프로젝트에 투자하기에도 충분한 수십만 달러가 헛되이 낭비되고 만 것이다.

입자물리학이 '연구비를 먼저 얻고, 질문은 나중에 하라'는 원칙에 따라 작동한다고 말하는 것은 전혀 공평하지 않을 것이다. 그러나 아주 부정확한 말도 아니다. 입자물리학 프로젝트에는 일상적으로 수십 명, 수백 명, 심지어는 수천 명이 참가하며, 우주가 극도로 작았던 처음 1초도 되지 않는 시간 이후엔 한 번도 본 적이 없는 초강력 조명탄을 만들 기계가 필요하다. BASS는 그런 규모로 운영되지는 않았지만 LBNL의 다른 프로젝트들은 그랬고, LBNL 자체는 오랫동안 그런 연구 윤리를 세계적으로 이끌었다. 입자물리학자들은 무게가 수십억 킬로그램이나 나가는 하드웨어와 집단 브레인파워가 합쳐진다면 자신들이 의문을 갖는 어떤 문제든 풀어낼 수 있을 거라고 자신하며 우격다짐으로 밀어붙일 수 있다. 그리고 LBNL 팀의 첫 번째 물음은 '우리가 원거리 초신성을 찾을 수 있는가?'였다.

그러나 커슈너는 첫 번째 물음은 그게 아니라고 생각했다. 그것은 '원거리 초신성이 찾을 가치가 있는가?'가 되어야 했다. 초신성이 정말로 표준촛불의 역할을 할 수 있을까?

최근 천문학 역사에는 표준촛불 소식을 전해준 사람과 관련된 두 가지 놀라운 이야기가 있었다. 우주 팽창에 대한 증거를 발견한 뒤, 에드윈 허블은 생애 마지막 20년의 대부분을 은하들이 완전히 균일하지는 않다고 해도 표준촛불이 될 수 있다는 가정하에 연구하면서 보냈다. 어쩌면 은하들은 우주의 모양과 운명을 식별하는 데 이용할 수 있을 정도로 유사한

지도 몰랐다. 1934년 프리츠 츠비키와 함께 '초-신성' 논문을 공동으로 집필했을 뿐 아니라 그의 윌슨 산 동료들 가운데 하나인 월터 바데는 허블이 본말을 전도했다며 "먼저 은하를 이해해야만 기하학을 제대로 이해할 수 있다"고 주장했다. 1953년에 허블이 사망하자마자 윌슨 산과 팔로마 천문대에서 그의 자리를 계승한 앨런 샌디지Allan Sandage는 나중에 이렇게 썼다. "하지만 30년이 지나야 해결되는 문제임에도 허블은 그대로 밀어붙였다. 적절한 장비도 없이 에베레스트를 정복하려 한 선구자들의 좌절감을 그도 그대로 안고 간 것이다."

그리고 이번엔 샌디지 차례였다. 사반세기 동안, 그는 스위스의 천문학자 구스타프 A. 탐만Gustav A. Tammann과 함께 또 다른 표준촛불 후보를 추적했다. 만약 은하들이 충분히 균일하지 않다면 은하단들, 더 정확히 말하면 각 은하단 안에 있는 가장 밝은 은하는 균일할지도 몰랐다. 그러나 이런 주장 역시 은하의 역학에 대한 불충분한 이해 때문에 어려움을 겪었다. 어떤 은하들은 별들이 서서히 사멸하듯 나이를 먹으며 점차 희미해지는 반면, 어떤 은하들은 더 작은 은하들과 병합하기 때문에 나이를 먹으며 점차 밝아질 것이다. 샌디지와 탐만은 그 차이를 확실히 알 수 없는 데다 추측할 수 없는 다른 요인들 때문에, 성공을 눈앞에 두고 포기하고 말았다. 샌디지는 1984년에 우주의 팽창속도에 관한 어떤 학회에서 우주론 동료들에게 "사실상 우리는 실패했다"고 고백했다.

커슈너는 기회를 놓치지 않았다. 그는 근본적인 과정들에 대해서도 이해가 크게 부족하기 때문에, 우주 측정에서 초신성의 유용성이 쉽게 폄하될 수 있다고 지적했다. 이미 천문학자들은 초신성이 두 부류, 어쩌면 그 이상에 속해 있다고 결정한 바 있다.

한 부류는 츠비키와 바데가 예측한, 결국 중성자별의 탄생으로 끝나는 종류였다. 그것은 츠비키가 1930년대에 조사한 '항성 자살'에서 발견할 것으로 생각하는 종류였다. 그러나 1940년 윌슨 산의 루돌프 민코프스키는 츠비키 초신성의 분광분석과 다른 어떤 초신성의 스펙트럼을 얻었다. 민코프스키의 초신성은 수소의 존재를 보여주었지만, 츠비키의 초신성은 그렇지 않았다. 그것들은 확실히 다른 유형이었다.

츠비키와 바데가 1934년에 예측했고, 츠비키가 1936년과 1937년에 관측했다고 생각했으며, 민코프스키가 1940년에 관측했던 초신성 유형이 있다. 그때 이후 천문학자들은 이 초신성이 태양보다 질량이 몇 배나 더 큰 별에서 일어나는 연쇄적인 핵 과정들의 결과로, 결국 초속 6만 5,000킬로미터의 내파를 일으킨다고 생각했다.

츠비키가 관측한 유형은 우리 태양처럼 수소가 풍부한 별로 일생을 시작한다. 나이를 먹으면서 태양은 외곽의 수소 층을 벗어버리는 동안 중심핵이 중력적 압력을 받아 수축한다. 그리고 결국엔 중심핵, 즉 태양의 질량이 지구의 부피 안에 들어가 있는, 백색왜성이라 불리는 오그라든 두개골만 남을 것이다. 만약 백색왜성이 동반성을 가지고 있다면(우리 은하에 속한 대부분의 별들이 동반성을 갖고 있다), 이 시기에 다른 별에서 가스를 흡수하기 시작할지도 모른다. 1930년대에 인도의 수학자 수브라마니안 찬드라세카르Subramanyan Chandrasekhar는 이런 종류의 별이 어떤 크기, 그러니까 태양 질량의 1.4배 되는 찬드라세카르 한계에 도달하면 자체 무게 때문에 붕괴하기 시작할 거라고 계산했다. 그리고 중력적 압력 때문에 화학적 조성이 불안정해져서 열핵 폭발을 일으킬 것이다.

지구 상의 망원경으로는 두 유형이 똑같아 보이겠지만, 하나는 안쪽으로 폭발(내파)하고, 다른 하나는 바깥쪽으로 폭발(외파)한다. 그러나 분광기는 수소가 있는지 없는지, 혹은 유형 II인지 유형 I인지의 차이를 보여줄 것이다. 천문학자들에게 유형 I 초신성의 균일성은 이런 유형이 표준 촛불이 될 수도 있다는 가능성을 제공했다. 이러한 초신성들은 모두 찬드라세카르 한계라는 균일한 질량에 도달한 백색왜성이라는 한 가지 별로 시작되었기 때문에, 어쩌면 그 폭발이 똑같은 광도를 가졌을지 모른다.

그러나 1980년대에는 유형 I과 유형 II 사이의 분명한 차이가 희미해지기 시작했다. 1983년, 1984년, 1985년에 발견된 세 초신성의 분광분석 결과, 엄청난 양의 칼슘과 산소로 구성되어 있었다. 이들 내부는 유형 II 초신성으로 생을 마감하는 무거운 별들과 일치했지만, 수소를 전혀 갖고 있지 않아서 유형 I 초신성으로 생을 마감하는 백색왜성과 일치했다. 커슈너를 포함한 일부 천문학자들은 자신들이 보고 있는 게 사실상 다른 두 유형의 혼성물인 세 번째 유형의 초신성이라고 제안했다. 그것은 이미 외곽 껍질을 잃어버린 핵붕괴의 산물, 즉 수소가 없는 내파였다.

그들은 이 종류를 유형 I에 포함시키고 그것을 유형 Ib라고 불렀다. 수소가 없는 열핵 외파인 과거의 유형 I은 이제 유형 Ia가 되었다.

1991년에는 심지어 유형 Ia이라는 분류조차 불분명해지기 시작했다. 4월 13일, 전 세계 네 곳에 있는 다섯 명의 아마추어 관측자들이 1991T로 명시된 초신성을 발견했다.* 12월 9일, 일본의 한 아마추어 천문학자는 1991bg로 명시된 초신성을 발견했다. 4월 16일 1991T를 추적 분광 관측한 커슈너를 포함하여 전문 천문학자들은 그것들이 모두 유형 Ia 초신성

*초신성은 발견된 연도의 순서를 바탕으로 알파벳 문자를 받는데, 일단 대문자로 처음부터 끝까지 나간 다음(A, B, C…X, Y, Z), 처음으로 돌아가 소문자 이중 알파벳(aa…az, ba…bz)으로 표시한다.

임을 밝혀냈다. 그러나 그 초신성들의 광도는 크게 달랐다. 초신성 1991T는 특정한 거리에서 보통의 유형 Ia보다 훨씬 더 밝았고, 1991bg는 특정한 거리에서 보통의 유형 Ia보다 훨씬 더 희미했다. 천문학자들은 자신들이 거리를 잘못 계산했을 가능성은 배제할 수 있었다. 왜냐하면 더 희미한 초신성이 동일한 은하에서 1957년에 관측된 초신성보다 열 배나 더 희미했기 때문이다.

천문학자들은 우주의 각 초신성이 유형 Ia나 유형 Ib나 유형 II일 수는 있지만, 그 유형들 자체는 가족과 같은 게 아닐까 의심하기 시작했다. 어떤 가족 안에 있는 초신성들은 특징은 공유하지만 동일하지는 않다. 그것들은 복제품보다는 형제에 더 가깝다. 커슈너는 유형 Ia 초신성을 표준촛불로 채택하기를 바라는 천문학자들에게, 문제가 '실재하며 심각하다'고 썼다. 그 문제를 무시할 수는 없을 것이다.

버클리 그룹은 그것을 무시하지 않았다. 한 멤버는 자신의 1992년 박사학위 논문에서 그 문제에 대한 공동연구의 일반적 자세를 요약했다. 그녀는 "개별적인 SNe Ia가 그 모형에 적합하지 않은가의 여부는 여전히 약간의 논쟁이 있다"고 말하면서 커슈너가 LBNL 그룹에게서 줄곧 들은 말을 되풀이했다. "SNe Ia의 압도적인 대다수가 놀라울 정도로 유사한 것은 분명하다."

분명하다고? 전문가인 커슈너에게는 그렇지 않았다. 그는 바라는 대로 해석하는 사색가가 아니라 자칭 '현실주의자'였다.

커슈너는 1980년대 이후 입자천체물리학센터 외부자문단 자격으로, BASS가 아직 초신성을 발견하지 못했으며 측광법에 대해 주의할 필요가 있다고 강조했다. 또한 먼지를 설명할 수 없었고, 유형 Ia 초신성이 표준촛불인지의 여부를 알지 못했음도 강조했다.

그 뒤 LBNL 그룹은 1992년에 첫 번째 초신성을 발견했다. 커슈너는 〈천체물리학저널 레터〉의 논문심사관 보고서에서 그들이 여전히 측광법을 신중하게 사용해야 하며, 여전히 먼지를 설명할 수 없고, 유형 Ia 초신성이 표준촛불인지의 여부를 알아내지 못했다고 한탄했다. 그가 생각하기에, 그들이 보여준 거라곤 '원칙적으로' 우주론을 논하는 데 이용할 정도로 먼 초신성을 찾을 수 있다는 것뿐이었다. 그러나 그건 덴마크 팀도 해냈고, 더군다나 4년 전 일이었다. 커슈너가 그 논문을 읽었을 때 LBNL 팀은, 우주론을 하는 데 이용할 정도로 먼 초신성을 실제 찾을 수 있는 가능성을 보여주지 못했다.

그는 그저 '그들이 아직 우주론에 대해서 아무것도 배우지 못했다', 즉 근본적으로 폭발하는 백색왜성이 완벽한 표준촛불이라고 가정할 수는 없다는 이유로 그 논문을 돌려보냈다. 아무리 불완전하다 해도, 언젠가 누군가는 유형 Ia 초신성이 정말 유용한지 알아낼 거라는 사실만 고작 기대할 뿐이었다.

우주론에는 측정할 수가 오직 두 개밖에 없다

보리스 니콜라예비치 선체프 예브도키모프 Boris Nicholaevich Suntzeff Evdokimoff는 1960년대 말에 마린 카운티의 고등학교에서 교우 로빈 윌리엄스 Robin Williams (미국의 배우이자 코미디언 – 옮긴이)와 축구대표팀에서 함께 뛰었다. 그리고 1970년대에는 스탠퍼드의 테니스 코트에서 샐리 라이드 Sally Ride (미국의 물리학자이자 우주비행사 – 옮긴이)와 정기적으로 경기를 벌였다. 비록 패하기는 했지만 말이다. 그러나 정말 멋진 일은 1980년대 초에 그가 카네기 특별연구원으로 앨런 샌디지와 천문학 이야기를 나누게 된 것이었다.

선체프는 자신이 천문학과 역사적으로 연결되어 있다는 사실을 무척 자랑스러워했다. 그의 작은 할아버지 한 분은 한 저명한 천문학자의 후손인 오토 스트루베Otto Stuve와 함께 러시아에서 학교를 다녔다. 스트루베는 혁명기에 러시아와 볼셰비키를 피해 결국 터키에 자리를 잡았지만 가난을 면치 못했다. 그때 어떤 친척이 위스콘신에 있는 여키스 천문대Yerkes Observatory 대장에게 소개해준 덕분에 그는 그곳에서 분광학자로 일하게 되었다. 스트루베는 나중에 텍사스의 맥도널드 천문대와 버클리의 로이 슈너 천문대뿐 아니라 여키스 천문대 대장이 되었다. 선체프의 가족도 러시아를 떠나 이주했지만 다른 방향인 중국으로 향했고, 마지막엔 샌프란시스코에 정착했다. 거기서 선체프의 조모는 오토 스트루베와 다시 만났다. 세상 참 좁지 않은가.

그리고 이제 닉 선체프는 천문학을 좀 더 친밀하게 만드는 역할을 하게 될 것이다. 그가 카네기 특별연구원에 지원한 것은 카네기연구소의 윌슨 산과 팔로마 천문대 본부에서 샌디지와 함께 근무하기 위해서였다. 그곳 패서디나 산타바바라 가街의 거주 지역에서, 에드윈 허블은 1923년에는 은하수가 우주의 수많은 은하들 가운데 하나에 불과하다는 것을, 그리고 1929년에는 우주가 팽창하고 있다는 것을 알아낸 바 있다. 앨런 샌디지는 1948년 스물두 살의 나이에 칼텍 대학원생으로 그곳에 갔다. 그다음 4년에 걸쳐 샌디지는 실습생에서 조수로, 다시 허블의 계승자로 발전했다.

"우주에서 측정할 것은 오직 두 가지 수밖에 없다네!" 샌디지는 종종 선체프에게 이렇게 말하면서 자신이 1970년에 〈피직스 투데이 Physics Today〉에 썼던 영향력 있는 글의 제목인 '우주론: 두 수의 탐색 Cosmology: The Search for Two Numbers'을 상기시켰다. 첫 번째 수는 허블상수였다. 허블이 은하들의 거리와 그 적색이동을 그린 45도의 직선 – 은하가 멀수록 지구에서 후퇴하는 속도가 크다 – 은 수량화할 수 있는 관계를 함축했다. 만약 어떤 은하가 얼마나 멀리 있는지 안다면, 그게 얼마나 빨리 후퇴하고 있는지 알 수 있을 것이고, 그 반대도 마찬가지다.

1930년대에 허블은 은하들이 메가파세크 megaparsec(3,262백만 광년과 동일한 천문학의 길이 단위)마다 500킬로미터씩 증가하는 속도로 후퇴한다고 어림했다. 그 속도는 불행히도 나이가 약 20억 년이 되는 우주에 해당했다. 그렇게 되면 우주는 지질학자들이 지구의 나이로 못 박은 30억 년보다 더 젊어질 것이다. 이런 모순은 우주론이 초기 과학으로서 신망을 얻는 데 전혀 도움이 되지 못했다. 그러나 허블은 자신의 관측을 그저 '예비 점검'으로만 여겼다. 우주론을 적절히 하기 위해서는 윌슨 산의 2.5미터 망원경으로 볼 수 있는 최대 거리까지, 그리고 그 뒤엔 결국 샌디에이고 외곽에 있는 팔로마 산의 5미터 망원경으로 볼 수 있는 최대 거리까지 계속해서 성운을 찾아야만 할 것이다.

5미터 헤일 망원경은 우연히 샌디지가 카네기연구소에 도착한 해와 동일한 1948년에 헌정되었다. 그러나 샌디지의 도착 시기는 또 다른 면에서도 뜻밖이었다. 그가 '수도사와 성직자'라고 부르는 1세대 카네기 천문학자들은 이제 은퇴할 준비가 되어 있었다. 윌슨 산 정상의 천문대에서 샌디지는 그야말로 신적 존재 같은 원로 천문학자들 사이에서 지낼 수 있었다. 샌디지에 따르면 그들은 식탁의 냅킨들이 집게에 물려 있지 않고 그들의 이름이 새겨진 나무 링에 끼워져 있으면, 그들이 '도착'했음을 알게 되는 대단한 천문학자들이었다. 카네기연구소가 위치한 산 아래 산타바바라 가에서 샌디지는 직접 '모세의 십계명 판들' – 거대한 사진 기록보관소로, 여러 면에서 적절한 은유다 – 을 조사했다. 모세처럼 에드윈 허블도 자연의 새로운 법칙들을 품고 하산했다. 허블도 수십 년 동안 사막을 헤맸지만 약속의 땅을 눈앞에 두고 죽음을 맞아야 했다.

허블은 1949년 여름 5미터 망원경으로 초기 관측을 하고 고작 6개월 뒤, 예순 살의 나이로 심각한 심장마비를 앓았다. 그의 조수에게 역사상 가장 야심 찬 과학 프로그램을 수행할 책임이 떨어졌다. 샌디지는 가장 가까운 은하들까지의 거리가 허블이 계산한 것보다 더 크다는 것을 알았는데, 그런 수정은 다시 더 먼 은하들에 대한 샌디지의 해석에 영향을 미쳤고, 이것은 다시 훨씬 더 먼 은하들에 대한 그의 해석에 영향을 미쳤다. 5미터 팔로마 망원경이 볼 수 있는 정도까지의 거리가 차례로 정복되었다. 1953년 허블이 사망한 뒤, 샌디지와 그의 공동연구자들은 180이라는 허블상수를 이끌어냈다. 180은 그가 수십 년에 걸쳐 계속 하향 수정한 값으로, 마침내 1980년대 초에 카네기 천문대에 도착한 선체프는 이 허블상수가 50에서 55사이에 있다는 사실에 만족했다.

그 이름과는 달리 허블상수는 시간에 따라 변하지 않는 상수가 아니었다. 그것은 우주가 지금 얼마나 빨리 팽창하고 있는지, 즉 현재의 팽창속도만 말해주었으므로 천문학자들은 때로 그것을 허블변수라고 부르기도 했다. 그러나 그것은 그 팽창속도가 시간에 따라 얼마나 많이 변할지에 대해서는 전혀 말해주지 않았다. 천문학자들은 샌디지의 두 번째 수가, 우주가 얼마만큼 느려지는지를 말해준다는 이유로 그것을 감속 변수

어찌된
일인가

135

라 불렀다. 허블변수를 알면 과거로의 역추적이 가능해서 우주 안에 있는 물질의 양에 따라 우주의 나이를 이끌어낼 수 있고, 감속 변수를 알면 미래 추정이 가능해서 우주 안에 있는 물질의 양에 따라 우주의 운명을 이끌어낼 수 있을 것이다. 그런 의미에서, 우주론에서 측정할 수는 우주의 알파와 오메가라 할 수 있는 두 개의 수밖에 없었다.

두 측정 모두 표준촛불이 필요했고, 선체프가 1982년에 카네기 특별연구원 자격을 얻을 때, 샌디지는 구스타프 탐만과 함께 초신성에 시선을 돌렸다. 때로 선체프와 샌디지는 같은 시간에 칠레에 있는 카네기의 라스 캄파나스 천문대 Las Campanas facility에서 각각 다른 망원경으로 작업했고, 샌디지는 선체프에게 사진건판에 나타난 얼룩이 정말로 초신성인지 묻곤 했다. 선체프는 추적 관측을 수행하기 위해 망원경을 12번이나 돌렸지만 그 가운데 11번은 초신성이 전혀 없다는 충격적인 소식을 샌디지에게 전해야 했다. 결국 샌디지는 사실상 '적당한 장비'가 없다고 판단했다. 사진건판에는 결함이 있었다. 그는 초신성 탐색에 자신이 세운 까다로운 원칙들을 충족시킬 만한 좋은 장비를 구할 수 없게 되자 그 프로젝트를 포기했다.

그러나 그 무렵 선체프는 초신성에 흥미를 갖게 되었다. 천문대에서 구름 낀 밤이면 그는 도서관에 들어가 초신성 관련 문헌에 열중하거나 모든 사람이 '엉클 앨런'이라 부르는 샌디지에게 조언을 구하곤 했다. 이제 샌디지가 허블이 그에게 넘겨준 프로그램을 차세대에 넘겨줄 시간이 다가오고 있었다. 그는 40년 동안 접안렌즈에 갖다 댔던 오른쪽 눈의 시력을 잃은 데다 균형 감각까지 떨어져서, 콘크리트 바닥에서 수 미터나 올라가 있는 관측 플랫폼 위에 서 있기가 위험했다. 머지않아 그는 접안렌즈를 꾸리고 냅킨링을 챙겨 산에서 내려와야 할 터였다.

더욱이 샌디지는 이제 자신이 해온 방식의 천문학이 끝나가고 있음을 알 수 있었다. 망원경이 발명되고 처음 200년 동안 천문학자들은 오직 어떤 순간에 눈에 들어오는 빛에만 의존해야 했고, 그 뒤 그 빛은 사라졌다. 천문학자들은 자신들이 본 것을 그림으로 그릴 수도 있었고 말로 표현할 수도 있었다. 그들은 측정을 기록해서 어떤 천체의 위치를 명시하거나 그 운동을 묘사할 수도 있었다. 그러나 그들이 본 것 – 어떤 순간에 그 천체의 시각적 표상인 빛 자체 – 은 사라졌다.

1800년대 중반에 사진술의 발명은 관측자와 관측 사이의 관계를 근본적으로 변화시켰다. 천문학의 경우에는 사진이 눈보다 명백한 이점이 있었다. 사진은 천문학자가 본 것을 보존했다. 사진은 빛 자체를, 그러므로 어떤 특정 순간에 찍힌 그 천체의 모습을 보존했다. 천문학자들은 이제 그림으로 그리거나 말로 표현하거나 수학으로 기록한 것뿐 아니라 실제로 본 것을 다시 점검할 수 있었다. 그 뒤, 지금이든 나중이든 어떤 다른 천문학자라도 똑같은 작업을 할 수 있었다.

그러나 사진은 천문학자들이 그냥 빛을 모으게 한 게 아니었다. 사진은 시간에 걸쳐 빛을 모으게 했다. 빛은 사진건판 위에 그냥 내려앉는 게 아니었다. 빛은 거기에 내려앉아 가만히 머물렀고, 그 뒤 더 많은 빛이 거기에 내려앉아 머물렀으며, 그 뒤에는 더 많은 빛이 내려앉았다. 광원들은 너무 희미해서 심지어 망원경의 도움을 받을 때도 눈으로 볼 수 없었지만, 사진건판은 순간을 포착하는 센서가 아니라 스펀지처럼 작용하기 때문에 눈으로 볼 수 있었다. 망원경은 밤새도록 빛을 흡수할 수 있었다. 노출이 길수록 사진건판에 모이는 빛의 양은 더 많아진다. 그리고 빛의 양이 많을수록 더 깊숙이 볼 수 있다.

그러나 그동안 사진건판이 안구를 대신해 해온 일을 이제 전하결합소자Charge–coupled devices, CCD가 대신하게 될 것 같았다. CCD는 빛을 디지털 방식으로 모으는 얇고 납작한 작은 실리콘으로 만들어졌으며, 광자 한 개가 전기 전하 한 개를 만든다. 사진건판은 가능한 광자들의 1, 2퍼센트에 민감하지만, CCD는 100퍼센트에 근접할 수 있다. 천문학으로서는 어느 모로 보나 큰 이점이 있었다. 디지털 기술을 통해 영상들을 컴퓨터로 처리할 수 있고, 더 많은 빛이 있으면 더 멀리 보고 데이터를 더 빨리 모을 수 있었다. 그러나 초신성 탐색의 경우에는, 샌디지가 선체프에게 설명했듯이, CCD가 특별한 이점이 있었다.

우주론에서 초신성은 시간에 따른 초신성의 광도 변화를 보여주는 그래프인 광도곡선 light curve의 대부분에서 유용했다. 모든 초신성의 광도곡선은 초신성이 최대 광도에 이르는 며칠에 걸쳐 급격히 올라갔다가 초신성이 희미해지면서 점차 떨어진다. 그러나 각 유형의 초신성이 구성요소들(예컨대 수소가 있거나 없거나) 나름의 독특한 혼합물을 방출하고 어떤 특정한 과정(외파나 내파)으로 생겨나기 때문에, 그 빛은 독특한 패턴으로 올라갔다가 떨어진다.

그런 패턴을 추적하기 위해서는 그 곡선이 언제 정점에 도달하는지, 즉 광도가 언제 최대에 도달하는지 알아야 하므로 광도가 상승 중인 초신성을 발견하는 행운이 따라주어야만 한다. 곡선을 도면에 나타내기 위해서는 그 뒤 여러 차례의 추적 관측이 필요하다. 관측을 많이 할수록 그래프 상에 표시할 수 있는 데이터가 많아질 수 있으며, 그런 데이터가 많을수록 곡선의 신뢰도가 높아진다.

그러나 그런 관측들은 초신성의 빛이 얼마나 밝은지 확신할 수 있을 때만 믿을 수 있고, 그런 측정의 정확도는 초신성의 빛을 숙주 은하의 빛으로부터 얼마나 잘 식별할 수 있는가에 달려 있다. 더 많은 관측을 가능하게 하고 그런 관측을 픽셀마다 수량화하는 기술은 오류의 여지를 감소시키는 데 도움이 될 수 있다. CCD 기술의 속도와 정확도는 광도곡선을 우아하고 뚜렷한 호 – 선체프 같은 측광학자의 눈에는 예술작품 – 로 만들게 될 것이라고 샌디지는 말했다.

선체프는 이미 CCD 기술을 잘 알고 있었다. 그는 1986년에 카네기 특별연구원직을 마쳤을 때, 칠레에 있는 세로 토롤로 인터 – 아메리칸 천문대(미국 국립광학 천문대의 일부)의 책임 천문학자가 되었다. 그를 채용한 사람은 대학원 시절 좋은 친구였던 마크 필립스 Mark Phillips였다. 두 사람 모두 1970년대에 산타크루스 캘리포니아대학교에 있었다. 선체프의 첫 임무는 어떤 망원경에 CCD를 설치하는 것이었고, 그는 필립스와 팀을 이루어 초신성 1986G에 대해 그 장비를 테스트했다. 선체프는 관측과 측광법을 담당했고, 필립스는 다른 초신성의 광도곡선들과 비교하는 일을 맡았다.

선체프는 그 결과가 역사적인 것이 되리라 예상했다. 선체프와 필립스가 알고 있는 한, 그들의 광도곡선은 CCD로 얻은 것을 의미하는 최초의 '현대적' 광도곡선이었다. 그 결과는 역사적이었지만 실망스러웠다. 1986G에 대한 광도곡선은 유형 Ia의 다른 광도곡선들과 뚜렷하게 달라 보였다. 그 초신성은 적색이동에 비해 더 희미해 보였고, 광도곡선은 유형 Ia의 다른 곡선들보다 그 변화가 더 가파른 것처럼 보였다.

과학적 개척자는 불리한 역사적 표본을 갖는다는 문제가 있다. 필립스와 선체프는 오직 사진건판을 통해서만 광도곡선을 비교할 수 있었다. 그들은 자신들의 이상한 CCD 광도곡선이 유형 Ia 초신성에 대해서 더 많이 말해주는지 아니면 CCD 기술에 대해서 더 많이 말해주는지 알지 못했다. 그럼에도 두 천문학자는 그다음 해에 출간된 논문에서 유형 Ia 초신성이 표준촛불의 역할을 하기에는 광도 변화가 너무 심하다고 결론 내렸을 정도로 그 데이터의 수정에 자신만만해했다.

그러나 결과가 실망스러운 만큼, 필립스와 선체프는 또한 기회도 감지했다. 이제 그들은 유형 Ia 초신성이 표준촛불이 아님을 천문학계에 납득시켜야 하거나, 혹은 자신들이 틀렸으며 유형 Ia가 표준촛불임을 확신하게 될 터였다. 어느 쪽이든 두 천문학자는 이제 초신성 게임에 발을 들여놓은 셈이었다.

타이밍이 그보다 좋을 수는 없었을 것이다. 그다음 해인 1987년 2월 23일에, 초신성 하나가 바로 머리 위에서 폭발했다. 초신성 1987A는 육안으로 볼 수 있는, 그리고 오직 남반구에서만 볼 수 있는 소수의 은하들 가운데 하나인 대마젤란운Large Magellanic Cloud에서 나타났다. 그것은 1604년 이후 육안으로 볼 수 있는 최초의 초신성이었으므로, 천문학자들 사이에 세계적인 관측 축제를 일으켰다. 그것은 필립스와 선체프가 연구해온 바깥쪽으로 폭발하는 초신성인 유형 Ia가 아니라, 안쪽으로 폭발하는 유형 II였다. 그럼에도 그들은 남반구에서 CCD를 이용할 수 있고 초신성 1986G 논문의 공동저자라는 이유로, 이른바 '그 지역 초신성 전문가' 역할을 떠맡게 되었다.

1989년 7월에, 필립스와 선체프는 모교인 산타크루스 캘리포니아대학교에서 열리는 2주간의 초신성 워크숍에 참가했다. 첫째 주의 주제는

1987A였지만, 그 워크숍이 총 50명 정도의 전 세계 모든 초신성 전문가들의 관심을 끌 것으로 확신했기 때문에, 주최자들은 두 번째 주를 추가하여 1987A 이외의 다른 초신성 주제들을 다루었다. 이 시점까지, 사실상 그 회의에 참석한 모든 사람은 2년 넘게 줄곧 1987A에만 몰두해왔다. 그들은 관측과 해석과 이론이라는 결과를 갖고 있었다. 그러나 또한 핵붕괴 초신성 core–collapse–supernova에 지쳐 있기도 했다. 바깥쪽으로 폭발하는 초신성은 어떨까? 유형 Ia는 어떨까? 그 회의의 첫째 주는 일을 위한 것이었고, 둘째 주는 재미를 위한 것이었다.

학회에서는 때로 가장 생산적인 일이 회기 중간이나 저녁에 맥주를 마시면서 일어난다. 선체프의 경우에는 그 일이 옛 친구와 대화를 나누던 도중에 일어났다. "우주론에서 측정할 수는 오직 두 개밖에 없다!"고 엉클 앨런은 그에게 큰 소리로 말하곤 했다. 선체프는 당시에는 그 말에 대해 많이 생각하지 않았지만, 나중에 라세레나로 돌아와 연구소의 후배 연구원이 어떤 프로젝트에 대한 아이디어를 언급하자 문득 그 말이 떠올랐다.

마리오 하무이 Mario Hamuy는 1987A가 대마젤란운에서 폭발하고 사흘 뒤인 1987년 2월 27일에 연구 조교로 세로 토롤로에 왔다. 1987A가 나타나기 전 하무이가 세운 원래 계획은, 새로 고용되었으니 산으로 가서 며칠 보내면서 장비에 익숙해지는 것이었다. 그러나 그 천문대 대장은 그를 산으로 보내 오로지 1987A만 관측하게 했다. 한 달 뒤 라세레나로 돌아올 무렵, 하무이는 비록 아직 진정한 초신성 전문가는 아니었지만, 적어도 예전과는 다른 초신성 열광자가 되어 있었다.

이제 하무이는 선체프와 필립스에게, 막 박사학위를 받은 스위스의 천문학자 브루노 라이분구트 Bruno Leibundgut가 산타크루스에서 하는 발표에 참석한 적이 있다고 말했다. 선체프와 필립스는 1980년대 초중반 칠레에서 관측할 당시, 구스타프 탐만과 함께 일하는 대학원생이던 라이분구트를 알고 있었다. 그들도 그의 발표에 참석했는데, 라이분구트가 나중에 말하기를 자신은 일정에 뒤늦게 합류했다고 했다. 얼마 전 로버트 커슈너는 그를 그해 가을에 시작하는 하버드의 포스트닥터 연구원으로 고용했는데, 회의 도중 커슈너는 앉은 자리에서 라이분구트에게 언제 발표를 할 거냐고 불쑥 물었다. 라이분구트가 하지 않을 거라고 대답하자 커슈너가 그에게 자신의 발표시간을 내줄 테니 지금 발표를 하라고 했다. 그렇게 해서 라이분구트는 마침내 '유형 Ia 초신성이 결국 표준촛불이 될 수 있음을 암시하는 내용'인 자신의 박사학위 논문을 세계의 초신성 전문가들에게 발표하게 되었다.

필립스와 선체프에게는 그 발표가 초신성계에서 계속 오가는 오랜 대화의 일부였다. 나름대로 그들은 1986G에 대한 논문으로 기여해왔다. 그러나 하무이에게는 그 발표가 미래에 대한 비전을 제시해주었다. 하무이는 라이분구트의 발표를 들으면서, 칠레대학교에 있는 자신의 대학원 지도교수 호세 마자José Maza가 1970년대 말과 1980년대 초에 초신성 조사를 조정했다는 사실을 떠올렸다. 어쩌면 이번에는 뛰어난 CCD 기술을 이용해서 남반구의 초신성 조사를 부활시켜야 할 때가 왔는지도 몰랐다. 산타크루스에서 돌아오자마자, 그는 마자에게 그 생각을 이야기했고 마자도 도와주기로 했다. 이제 하무이는 필립스와 선체프가 어떻게 생각하는지 알고 싶었다.

필립스는 좋은 생각인 것 같다고 말했지만, 남반구의 초신성 조사는 그 이상이어야만 한다고 주의를 주었다. 그 순간 선체프는 '우주론에는 측정할 수가 오직 두 개밖에 없다'는 말을 떠올렸다.

어쩌면 유형 Ia 초신성이 표준촛불이 아니라는 그들의 생각이 틀렸는지도 몰랐다. 어쩌면 그들이 유형 II 1987A로 바쁜 동안 유형 Ia의 다른 초신성을 연구해온 라이분구트가 옳은지도 몰랐다. 그리고 만약 그가 옳다면, 가까운 유형 Ia 초신성을 이용해서 허블변수, 즉 우주의 현재 팽창 속도를 측정할 수 있을지도 몰랐다. 그리고 만약 저 프로그램이 효과가 있다면, 더 먼 초신성들을 이용해서 감속 변수, 즉 팽창이 늦추어지는 속도를 측정할 수 있을지도 몰랐다.

하무이는 상세한 계획을 궁리했다. 그 조사는 산티아고라는 도시 한복판에 있는 그 대학 천문대 세로 칼란Cerro Calan과, 그가 현재 근무 중인 세로 토롤로 이렇게 두 천문대 사이의 공동연구, 즉 칼란-토롤로 조사로 진행될 것이다. 이상적으로 말하면 초신성 탐색에는 광시야 카메라와 최신 CCD 기술을 결합시키는 게 가장 좋겠지만, 이 공동연구에는 그런 선택이 가능하지 않았다. 대신에 그들은 CCD 카메라를 수용할 수 없는 광시야 망원경과 CCD를 수용할 수 있는 협시야 망원경 둘 중 하나를 선택해야 했다.

그들은 광시야지만 CCD는 없는 세로 토롤로 61센티미터 커티스 슈미트 망원경Curtis Schmidt Telescope을 선택했다. 초신성처럼 드물고 포착하기 어려운 대상을 사냥할 때는 어떤 순간에 이용할 수 있는 은하가 많을수록 하나라도 찾을 가능성이 커지며, 초신성 후보들을 확인할 때는 양이 여전히 질을 앞섰다. 사진건판들은 가로×세로가 20.3×20.3센티미터로 컸고, 보름달 100개 크기와 맞먹는 영역을 망라했다. 추적 관측을 위해, 그들은 시야가 오직 보름달 한 개 크기에 이르는 망원경인 협시야 CCD

를 사용했지만, 그 창은 이미 특정 좌표를 알고 있는 초신성에 대한 측광법과 분광학을 수행하기에 충분히 넓었다.

칼란 – 토롤로 공동연구의 작업시간은 커티스 슈미트 망원경에서 해질녘에 시작되었고, 그곳에서 세로 토롤로 팀은 영상을 찍어 사진건판들을 현상했다. 해가 뜰 때 그들이 사진건판들을 트럭에 실어 여객버스로 옮기면, 그 뒤 그 버스가 해안고속도로를 달려 7, 8시간 뒤 산티아고에 도착할 것이다. 거기서 호세 마자가 직접 그 버스를 마중 나가 사진건판들을 다시 관측소로 가져가면, 연구 조교들이 전날 밤의 영상들을 몇 주 전에 찍은 참고 영상들과 비교하게 될 것이다. 해가 떨어지면서 세로 토롤로에서 돔이 열리고 있을 무렵, 하무이와 필립스와 선체프는 CCD로 그날 밤에 추적할 초신성 후보들의 목록을 얻게 될 것이다.

그러나 이 조사는 그저 초신성만 발견하지는 않을 것이다. 그것은 또한 프로든 아마추어든 다른 천문학자들의 초신성 발견들을 추적함으로써 그 지역의 관측과 분석의 질도 향상시킬 것이다. 그 팀은 1991년의 이상한 초신성 두 개를 조사했는데, 놀라울 정도로 밝은 1991T와 놀라울 정도로 희미한 1991bg가 그것이었다. 필립스는 1991T를 분석하는 〈천문학저널〉 논문에서 제1저자가 되었다. 저 두 초신성은 초신성이 표준촛불이 아니라는, 그와 선체프가 과거에 가졌던 의심을 강화시켜주었을 뿐이다. 언뜻 보기에도 그 불일치를 알 수 있을 것이다. 광도곡선들은 그 정도로 달랐다. 놀라울 정도로 밝은 초신성 1991T의 광도곡선은 전형적인 유형 Ia의 광도곡선보다 상승과 하강의 변화가 더 완만했다. 놀라울 정도로 희미한 1991bg의 광도곡선은 전형적인 유형 Ia의 광도곡선보다 상승과 하강의 변화가 더 가팔랐다.

밝은 것은 더 서서히 감소했고, 희미한 것은 더 급격히 감소했다.

밝은 건… 서서히, 희미한 건… 급격히.

그 상관관계는 필립스를 깜짝 놀라게 했다. 만약 여러 가지 다양한 초신성들의 광도곡선을 조사해도 그렇게 될까? 만약 그렇다면, 유형 Ia는 꼭 똑같아야 우주론에 유용한 게 아니었다. 어쩌면 광도곡선이 얼마나 서서히 혹은 얼마나 급격히 상승하고 하강하는가가, 유형 Ia가 다른 초신성들에 비해 얼마나 밝은지를 말해주는 믿을 만한 지표가 될 수 있을지도 몰랐다. 그리고 만약 초신성들 사이의 상대적인 광도를 안다면, 역제곱 법칙을 통해서 상대적인 거리도 알아낼 수 있을 것이다. 그러면 초신성을 이용해서 우주론을 할 수 있을 터였다.

필립스는 최초의 CCD 초신성 광도곡선인 1986G를 연구하는 동안 광도곡선의 상승과 하강과 그 절대광도 사이의 관계를 가정하는 유리 프스코프스키Yuri Pskovskii의 1977년과 1984년 논문들을 참고했다. 그러나 필립스는 사진건판들의 질이 고르지 않아 프스코프스키의 가정을 신뢰할 수 없음을 알아냈다. 이제 필립스는 사진건판을 이용하지 않는 연구가 이 문제를 해결할 수 있을 거라고 생각했다.

1992년 내내 그는 자신의 일부 광도곡선을 포함한, 가장 엄격한 관측 기준을 충족시킨다고 생각되는 광도곡선들을 수집하여 몇 달간 분석했다. 그해 말의 어느 날 아침, 그는 모든 준비가 끝났다고 생각했다. 이제 총 아홉 개의 광도곡선을 택해서 그 데이터를 도면으로 그릴 때가 된 것이었다.

칠레의 라세레나 같은 비교적 작은 도시에 사는 이점은 집까지 걸어서 아내와 함께 점심을 먹을 수 있는 것이라고 필립스는 생각했다. 그는 보통 자신의 연구에 대해 아내와 논의하지는 않았다. 아내는 천문학에 특별히 관심이 없었으므로 그는 집에서 천문학에 대해 이야기하고 싶지 않았다. 그러나 그날 오후는 예외였다.

그는 아내에게 이렇게 말했다.

"아무래도 내가 무언가 중요한 걸 발견한 것 같구려."

칼란-토롤로 팀이 새로운 초신성 기록을 세우다

필립스에게 가장 먼저 축하 편지를 보낸 천문학자들 가운데 하나는 다름 아닌 로버트 커슈너였다. 그는 '멀리서는 축복이, 위에서는 은총이'라는 메시지를 보냈다. 덴마크 팀과 버클리 팀 모두 우주론을 하기에 충분히 먼 거리에서 초신성을 발견할 수 있는지 여부에 의문을 가졌었다. 그들의 답은 1988년과 1992년에는 '그렇다'였다. 이제 칼란 – 토롤로 팀은 커슈너가 과학적으로 책임 있는 첫발이라고 여긴 것을 내딛었고 유형 Ia가 표준촛불인지의 여부를 묻는 물음에 '그렇지 않다'고 답했다. 그러나 그것들은 '표준화'할 수 있는 촛불로서, 차선책은 될 수 있을지도 몰랐다. 우리는 광도곡선의 감소율과 그 초신성의 절대등급을 관련시킬 수 있을 것이다.

다음 질문은 '먼 Ia 초신성을 규칙적이고 믿을 만한 기준으로 삼을 수 있을까?'였다.

1994년 3월에, 난데없이 버클리 팀이 저 물음에 단호하게 '그렇다'고 답했다. 한 놀라운 발표에서 그들은 1993년 12월과 1994년 2월 사이 단 6일 만에 여섯 개의 먼 초신성을 발견했다고 말한 것이다.

브라이언 슈미트가 3월 말에 라세레나에서 선체프와 앉아서 솔과 경쟁할 가능성을 논의할 무렵, 그 발표의 영향은 여전히 마치 칠레의 시골을 어지럽히는 여진처럼 잔잔히 초신성계에 퍼져나갔다. 슈미트와 선체프는 뼈아픈 깨달음 때문에 동요했다. 1989년 이후, 칼란-토롤로는 가까이 있는 초신성 50개를 수집했는데 그 가운데 29개가 유형 Ia였다. 그 공동연구의 멤버들은 머지않아 허블변수 값을 발표하게 될 테고, 그 즈음이면 그들의 데이터가 자유롭게 이용할 공공연한 정보가 될 터였다. 결국 버클리 팀은 허블 다이어그램의 하한 값을 정하기 위해 가까운 유형 Ia가 필요할 것이다.

'솔이 그들의 데이터를 이용해서 그들의 게임을 이겨버리는 상황이 발생할 수도 있었다.'

가까운 초신성 조사를 마치자마자 유형 Ia 탐색을 더 높은 적색이동으로 확대할 가능성은 항상 있었다. 이제 그 일이 절박해졌다. 그러나 만약 먼 초신성을 수집하려면 빨리 움직여야만 할 터였다.

브라이언 슈미트는 오일 머니oil-money 교육, 즉 십대 교육에 박사들을 고용하는 알래스카 고등학교 교육의 수혜자였다. 슈미트는 학급에서 물리학을 가장 잘하는 학생이 아니었다. 그는 더 뛰어난 학생이 두 명 있었다고 회고했다. 그러나 결국 물리학을 이용하게 된 사람은 슈미트였고, 그는 그 차이를 '열정' 덕분이라고 생각했다. 그는 한다면 하는 성격이었다. 그가 만약 두 달 안에 높은 적색이동 초신성 탐색을 위한 프로그램을 짤 수 있다고 말한다면 어김없이 두 달 안에 그 프로그램을 완성할 것이다. 그는 새로운 프로그램을 짜서 필립스와 선체프가 CCD로 관측한 1986G를 이용해 현존하는 프로그램을 수정했다.

그 결과 만들어진 실험 '데이터'를 기초로 그의 팀은 그다음 해 초인

1995년 2월과 3월에 세로 토롤로의 4미터 망원경으로 이틀 밤씩 연달아 세 번의 관측 시간을 따냈다. 그 무렵 슈미트는 아내와 석 달 된 아이와 함께 캔버라에 살면서 스트롬로 산과 사이딩스프링 천문대에서 일하기 위해 호주로 이주하는 과정이었으므로, 그에게는 여행 경비가 없었다. 그러나 그는 현지 공동연구자들과 인터넷의 도움으로 그럭저럭 관측을 할 수 있을 거라 생각했다.

그가 문득 '실험 데이터는 실재가 아님'을 깨달은 건 바로 그때였다.

1995년 2월에 그 팀은 참고 영상들을 선별하기 시작했다. 참고 영상이란 나중에 찍은 영상에서 제외할 초기 영상들이었다. 때로는 소프트웨어가 작동하지 않았다. 그리고 소프트웨어가 작동할 때면, 슈미트는 소프트웨어의 결함을 찾아서 제거하고 초당 100바이트를 전송하는 연동장치로 영상을 다운로드 받느라 안간힘을 썼다. 종종 그는 문제가 무엇인지 알아내서 프로그램의 아주 작은 오류들을 수정해야 했고, 그러면 칠레에 있는 그의 공동연구자들이 그것을 시행한 다음, 그들 모두가 케임브리지와 라세레나와 캔버라에서 전화통화를 할 수밖에 없었다. 슈미트는 결국 아내가 아기를 돌보면서 곁을 맴도는 동안 밤을 꼬박 새우곤 했다. 마침내 슈미트는 칠레에 있는 공동연구자들에게 자신이 직접 조사해볼 수 있도록 데이터 한 세트를 테이프에 담아 보내달라고 부탁했다.

그러나 그 데이터는 결코 도착하지 않았다. 그것은 산티아고와 사이딩스프링 사이의 어딘가에서 사라져버리고 말았다.

바로 그 순간 그에게 돌연히 두 번째 깨달음이 찾아왔다. '이제부터는 내가 항상 칠레로 가야겠어.'

그러나 '이제부터'는 그들이 유형 Ia의 먼 초신성을 찾는다는 것을 전제로 했다. 추적 관측 첫날 밤인 2월 24~25일은 맑았지만, '시정 seeing' – 천문학자들이 대기의 상태에 사용하는 용어 – 은 좋지 않았다. 두 번째 밤인 3월 6~7일은 시정이 굉장히 좋아서 여섯 개의 후보를 얻었지만, 더 상세히 조사한 결과 어느 것도 초신성이 아닌 것으로 드러났다. 세 번째 밤인 3월 24~25일은 잠시 동안을 제외하고는 하늘이 온통 구름으로 뒤덮여 있었다.

그 팀이 전해 9월에 제출한 관측 연구계획서에서, 슈미트와 선체프는 "칼란 – 토롤로 초신성 조사의 발견 통계를 기초로 할 때, 우리는 유형 Ia 초신성을 한 달에 두 개 정도 발견하리라 예상할 수 있다"고 썼다. 확실히 그들은 적어도 하나는 찾을 수 있을 거라 생각했다. 그러나 배정받은 마지막 밤으로 치닫고 있는데도 수확이 전혀 없었다. 뭔가 잘못하고 있는 걸까? 그 소프트웨어에 어떤 결함이 있는 걸까? 아니면 그저 운이 없는 걸까?

마지막 밤인 3월 29~30일에, 가로세로 16픽셀의 작은 영상이 인터넷을 통해 칠레에서 호주로 전송되었다. 영상에는 희미한 무언가가 보였다. 슈미트는 그것을 흘끔 보고는 한 번 더 보았지만, 확신할 수가 없었다. 그는 필립스와 선체프에게 전화를 걸어 그것을 한번 보고 어떻게 생각하는지 말해달라고 부탁했다. 그들은 그것을 살펴본 뒤 그것이 초신성처럼 보인다는 데 동의했다. 그러나 칠레의 라실라에 있는 3.6미터 신기술 망원경 New Technology Telescope, NTT의 중대한 추적 분광학 결과가 나올 때까지는 확신할 수 없었다.

브루노 라이분구트 – 그의 1989년 발표가 이전의 초신성 조사를 고무시켰다 – 는 4월 2일 일요일에 책임을 맡았다. 그날 밤 늦게 그는 마크 필립스에게 전화를 걸어 나쁜 소식과 좋은 소식을 전했다.

우선 나쁜 소식부터 전했다. "그게 굉장히 희미해요."

그러나 좋은 소식은 적어도 그 얼룩이 여전히 존재해서 그게 정말로 초신성임을 암시한다는 것이었다.

따라서 그들은 그저 운이 없었던 것뿐이었다.

그 팀은 3월 관측 데이터를 계속 분류했고, 그 주의 수요일쯤엔 그 마지막 밤의 초신성 후보가 세 번째 관측 밤의 마지막 필드에도 구름이 하늘을 완전히 뒤덮기 직전에 나타났었음을 알게 되었다. "이건 매우 고무적이야." 필립스는 팀 멤버들에게 보낸 이메일에 이렇게 썼다.*

칠레 시간으로 목요일 아침에, 슈미트는 공동연구의 모든 멤버들에게 진행 보고서를 보냈다. 그는 표준 절차인 국제천문연맹International Astronomical Union, IAU의 안내장에 관측 결과를 제출하는 것에 대해 생각해야 한다고 제안했다. 그는 또한 그 공동연구의 명칭, 즉 '재미있는 이름(혹은 재미있을 수 없다면 적어도 정확한 이름)'에 대해서도 생각해야 한다고 제안했다. 그들은 하나의 팀으로 진행해나가겠지만, 그는 여전히 그들이 은하의 적색이동을 얻게 되기를 바란다고 덧붙였다.

그날 저녁, 그들은 정말로 적색이동을 얻었다. 마리오 하무이는 라이분구트가 나흘 밤 전에 얻었던 스펙트럼을 조사해서 그 결과를 필립스에게 보고했고, 필립스는 다시 그것을 나머지 멤버들에게 전달했다. 숙주 은하와 초신성 자체는 0.48의 적색이동을 보여, 그것이 49억 광년의 거리에 있음을, 그리고 새로운 초신성 기록을 세웠음을 말해주었다.

그들은 아직 그 초신성이 유형 Ia인지 알 수 없었으므로 그것이 감속률

*이 책 곳곳에 있는 이메일 내용의 인용구들은 맞춤법과 대문자 사용, 구두점을 원문 그대로 보존한다.

을 결정하는 데 유용할지 알지 못했다. 라이븐구트는 무언가를 자신 있게 말할 수 있으려면 데이터를 계속 수집해야만 했다.

그러나 라이븐구트는 그날 슈미트에게 이렇게 썼다. "우리는 다시 시작할 거야. 초신성이 얼마나 큰 변화를 만들 수 있는지 놀라울 따름이야."

마침내 그들이 그들을 이기려고 하는 솔을 이겨버린 것이다.

결코 끝나지 않는

거물이 지고 애송이가 이기다

펑! SN 1994F가 폭발했다.

펑! SN 1994G가 폭발했다.

펑! SN 1994H가 폭발했다.

버클리 팀은 샴페인 병의 주둥이에 숫자가 적힌 번호표들을 매달아 놓았는데, 1부터 6까지는 그들이 가장 최근인 1993년 12월부터 1994년 2월까지 INT에서 관측하는 동안 발견한 초신성들을 가리켰고, 0은 그들의 1992년 초신성을 가리켰다. 초신성 우주론 프로젝트 Supernova Cosmology Project, SCP 팀 ― 그들은 이제 스스로 이렇게 불렀다 ― 멤버들은 버클리힐에 있는 거슨 골드하버의 집에 모여 있었다. 그들은 '하찮은 사람'이 되어버린 자신들을 비웃었다. 그들은 아마 채 두 병도 마시지 못할 것이었다. 그러나 물론 병에 든 샴페인이 중요한 건 아니었다. 중요한 것은 병에 걸려 있는 숫자였다. 그 팀이 첫 초신성을 얻는 데는 4년이 걸렸는데, 이제 그 다음 여섯 개의 초신성을 얻는 데는 석 달이 걸렸다.

그러나 그들은 초신성만 축하하는 게 아니었다. 그들은 또한 자신들의 생존을 축하하는 것이기도 했다. 칼턴 페니패커는 더는 그 팀의 멤버가 아니었다. 쫓겨난 걸까? 뛰쳐나간 걸까? 누가 알겠는가? 적어도 그들은 여전히 한 팀이었다. 1994년 가을에 입자천체물리학센터와 LBNL 물리학국은 초신성 탐색이 계속되어야 하는지 결정하기 위해 프로젝트 검토위원회를 소집했다. 그러나 그 위원회가 호의적으로 결정했을 때도, 버나드 새둘렛은 입자천체물리학센터가 초신성 예산에 주는 연구비를 절반이나 삭감해서 자신의 프로젝트에 제공했다.

그러자 LBNL 물리학국 국장인 로버트 칸이 새둘렛에게 LBNL이 그에게 제공해야 할 암흑물질 장비 구입비의 절반을 삭감해서 SCP에 제공하겠다고 통보했다. SCP는 변화를 위한 해결책이었을 뿐 아니라, 그들은 LBNL에 수호천사도 갖고 있었다. 수호천사란 다름 아닌 LBNL 국장이었다. 국장은 그 연구소가 왜 원거리 초신성을 탐색하고 싶어 하는지 이해하고 있었다. 그들은 이제 연구를 계속 진행했고 초신성 여섯 개를 더 발견했다. 그들은 이제 원거리 초신성 게임에 단순히 참여만 하고 있는 게 아니었다. 그들 자체가 게임이 되어버린 셈이었다.

펑! SN 1994al. 펑! SN 1994am. 펑! SN 1994an.

파티는 오래가지 않았다.

오랫동안 로버트 커슈너는 초신성 프로젝트의 외부자문단 자격으로 LBNL의 공동연구팀이 자신들이 무엇을 하고 있는지도 모른다며 한탄해왔다. 팀 멤버들이 먼지를 설명하지도 못했고 측광법에 충분히 주의를 기울이지도 않았으며 유형 Ia 초신성이 표준촛불인지 여부에 대해서도 관심을 갖지 않았다는 것이다. 그는 LBNL의 경우에는 그러한 고찰들이 핵심을 벗어났음을, 혹은 아직은 핵심이 아님을 이해하지 못하는 것 같았다. 그 팀은 그저 자신들의 목적을 이룰 수 있음을, 우주론을 하는 데 유용한 충분히 먼 초신성을 발견할 수 있음을 입증하고자 했을 뿐이다. 그들의 초기 노력들은 '탐색 프로그램'에서 '예비 실험'의 일부로 진행되는 이른바 '시험 관측'이라고 부르는 것이었다.

그 뒤 그들이 1992년 초신성을 찾았을 때, 그 논문은 당시 논문심사관이었던 커슈너의 반대로 1995년에 더 호의적인 논문심사관인 앨런 샌디지의 승인을 얻을 때까지 출간이 지연되었다. 버클리에서 하버드로 갈 때 커슈너는 자신에 대한 반감뿐 아니라 당황과 좌절과 분노 또한 커지고 있음을 알아차리지 못한 것 같았다. 외부자문단에 있던 그의 동료 하나는 어떤 우주론 학회에서 LBNL의 접근 방식에 대해 논의할 때 커슈너가 보인 반응을 이렇게 묘사했다. "안 돼요! 이건 효과가 없을 거예요! 그런 식으로는 이런 높은 적색이동을 하는 초신성들을 발견하지 못할 겁니다!"

그랬던 커슈너가 이제 '글쎄, 어쩌면'이라고 말하고 있었다.

적어도 LBNL 팀은 6년은 앞서 있었다. 확실히 그것은 무언가를 하는 데 중요했다. 게다가 표준촛불로서의 유형 Ia에 대한 믿음은 보상을 받았다. 우선 마크 필립스는 본래 더 희미한 초신성의 광도곡선이 본래 더 밝은 초신성의 광도곡선보다 더 빨리 떨어진다는 것, 즉 하강이 더 가파름을 입증했다. 그 뒤 LBNL 팀은 그의 기술을 나름대로 변형시키는 데 성공했다. 그들은 유형 Ia의 광도곡선을 유령의 집 거울에서 볼 수 있는 영상들처럼 처리해서 균일하게 만들었다. 그것들이 이상적인 유형 Ia의 주형과 일치할 때까지 '더 뚱뚱하게' 잡아 늘이거나 '더 홀쭉하게' 만든 것이다(그 팀은 종종 정확히 그런 식으로 영상을 왜곡시킬 수 있는 LBNL 복사기를 이용하기도 했다). 만약 유형 Ia 초신성이 유형이라기보다 가족이라면, 그 가족 각 구성원들은 표준촛불이라기보다 보정촛불이었다.

그리고 이제 원거리 초신성을 찾을 수 있음을 입증하고 3년이 흐른 뒤, LBNL 팀은 계속 나아가 규칙적으로 초신성을 찾는 방법을 알아냈다. 1994년 초에 INT로 초신성 세 개를 발견한 뒤, 그들은 애리조나 투손의 남서쪽 산에 있는 키트피크의 4미터 망원경으로 세 개를 더 발견했다. 1995년까지 그들은 유형 Ia의 원거리 초신성을 총 11개 발견했고, 스페인의 지중해 연안에 있는 아이구아블라바Aiguablava에서 열리는 NATO 고등연구소 열핵 초신성 학회Advanced Study Institute Thermonuclear Supernova Conference에서 네 편의 논문 형태로 학계에 최초로 발표할 준비를 갖추었다. 그들은 언제라도 유형 Ia 초신성을 발견할 방법을 알아낸 것이다.

LBNL 팀은 그것을 '일괄 처리batch' 방법이라고 불렀다. 그들은 초승달 직후 관측을 100번이나 했고, 각 영상은 은하단뿐 아니라 수백 개의 은하도 포함했다. 여러 밤 동안 진행되는 관측에서, 그들은 수만 개의 은하를 모을 수 있었다. 다음 초승달 직전인 2주 반에서 3주쯤 뒤, 그들은 또다시 저 똑같은 수만 개의 은하들로 돌아갔다. 은하를 하나씩 비교하는 과거 블링킹 테크닉blinking technique의 최신 기법으로, 컴퓨터 소프트웨어는 각각의 새로운 영상에서 이전의 참고 영상을 제외하면서 수백 개의 은하를 조사해 초신성의 출현을 암시할 수 있는 새로운 광점을 찾아낼 것이다. 그 뒤, 그들은 이번에도 새로운 소프트웨어를 이용해서 그 광점이 정말로 초신성인지 결정할 수 있을 것이다.

그러고 나면 다른 망원경에서 기다리고 있는 팀 멤버들에게 그 초신성들의 좌표를 전달할 것이고, 팀 멤버들은 몇 달 전에 시간을 확보한 망원경들을 사용해서 필요한 분광학과 측광법을 수행할 것이다(성공 기록이 있으면 망원경 시간 배정에 크게 유리하다). 초신성이 정확히 어디서 폭발할지 미리 알지는 못하겠지만, 한 개 이상이 폭발하리라는 것은 알고 있었다. 사실 그들은 '초신성 폭발 일정표를 만드는' 방법을 알아냈다.* 그것도 아주 쉽게.

평, 평, 평.

그렇게 버클리는 6년 앞서 있었다. 그래서 어쨌단 말인가? 슈미트와 선체프의 팀에는 천문학자들이 있었다. 측광법과 분광학을 하는 방법을 배울 필요가 없는데다 그런 일들을 아주 능숙하게 하고 필요한 곳을 손볼 수 있는 전문가들이 말이다.

슈미트와 선체프 팀 대부분도 NATO 회의에 참석했었다(그 학회는 커슈너의 전 포스트닥터 연구원이 주최했다). 하버드와 칠레 팀은 버클리 팀을 의심스럽게 여겼다. 커슈너는 SCP 팀이 초신성을 '내가 그것에 대해 들었고, 내가 그것에 대해서 생각했으니 이건 내 주제다!'라는 식으로 바라보는 태도를 꼬집었다. SCP 팀 멤버들은 마치 천문학자들이 수천 년 동안 그런 일을 해본 적이 없었다는 듯이 초승달까지 관측 일정을 잡는 것에 대해서 이야기하고 있었다. 데이터 처리를 '일괄적으로' 한다고? 전파천문학자들은 1960년대부터 이미 그런 방법을 이용하고 있었다. 초신성 관측이 필요하다고? 호세 마자는 1970년대부터 이미 그렇게 하고 있었다.

당연히 동일한 목적을 추구하는 모든 과학자들이 동일한 장소에서 만

*이 부분 강조는 LBNL 팀이 한 것이다.

나고 있었으므로 공동연구에 대한 이야기가 나오기 마련이었다. 그러나 슈미트와 선체프 팀의 일부 멤버들은 커슈너의 말대로 '함께 일하는 것은 그들을 위해 일하는 것을 의미한다'는 인상을 갖고 스페인을 떠났다. 세계에서 초신성에 대해 가장 많이 알고 있는 전문가가 무엇 때문에 유형 Ia에 대한 초보자이자 그보다 10년이나 후배인 솔 펄머터 밑에 들어가고 싶어 하겠는가? 그 문제라면, 이러한 순수 천문학자들 가운데 누가 순수 물리학자들에게 보고해야 할지도 모르는 상황을 만들려고 하겠는가?

펄머터는 초신성이 얼마나 '드물고 빠르고 불규칙적'인지에 대해 말하고 있었다. 그리고 초신성은 정말로 그랬다! 그러나 슈미트와 선체프 팀은 '희미함, 거리, 먼지'에 중점을 두고 싶었다. 즉 초신성이 본래 희미한지, 그게 멀기 때문에 희미한지, 아니면 먼지 때문에 희미한지를 식별하는 방법이다. 물리학자들은 원거리 초신성들을 어떻게 찾을지에 대해 고민한 반면, 천문학자들은 일단 원거리 초신성들을 찾으면 그것으로 무엇을 할지 고민했다.

그리고 천문학자들은 그것을 갖고 있었다. 아니, 적어도 한 개의 원거리 초신성은 갖고 있었다. 그러나 그들은 그게 어떤 유형인지는 확신할 수 없었다. 그 문제는 처음부터 존재했다. 라이분구트는 4월 6일에 슈미트에게 보낸 이메일에서 하나의 초신성이 만들 수 있는 차이를 축하하면서 거의 여담으로 "'초신성' 스펙트럼 안에는 여전히 많은 은하가 담겨 있다"고 언급했다. 이 말은 명백한 초신성에서 오는 빛을 그 숙주 은하의 빛과 구분하기는 대단히 어렵다는 뜻이다. 그 스펙트럼은 숙주 은하의 적색이동을, 따라서 그 안에 있는 초신성의 적색이동을 말해줄 수 있을 것이다. 그러나 초신성 자체의 스펙트럼을 보기 위해서는 그 빛을 분리해야만 할 것이다.

먼저 마크 필립스가 시도했다. 그 초신성이 여태까지 발견된 것 가운데 가장 멀리 있다는 하무이의 계산을 팀에게 알리고 난 1주일 뒤, 그는 금방이라도 포기할 기세였다. "지난 며칠 동안 이것을 조사하느라 '너무 많은' 시간을 보냈네." 그는 팀원들에게 이렇게 썼다. "내가 도달한 결론은 그 초신성의 스펙트럼이 유형 식별이 불가능할 정도로 낮은 S/N – 유용한 초신성의 빛과 은하에서 나오는 잡음 같은 광학적 빛의 비율인 신호 대 잡음비signal-to-noise – 을 갖고 있다는 거야."

다음에는 라이분구트가 시도했다. 그리고 또 시도했다. "그런데 그 스펙트럼엔 아무것도 없더군." 그는 5월 말의 어떤 이메일에서 이렇게 썼다. "내가 몇 가지 추출 방법으로 시도해보았지만 전혀 개선되지 않았네." 그는 아이구아블라바에 도착했을 때, 그 역시 동료들에게 당장이라도 포기하고 싶다고 불평했다. "더 이상 어떻게 해야 할지 모르겠어. 난 그게 유형 Ia라는 확신이 서질 않아."

"젠장!" 선체프가 버럭 화를 냈다. "솔은 초신성을 몇 개나 발견하고 있는데, 우리는 한 개밖에 없고 그게 Ia인지 뭔지도 알 수 없다니 원!"

바로 그 순간 라이분구트는 호텔 로비에서 필립스와 그 문제를 논의하고 있었다. 바다는 밖에 있었다. 그들은 안에 있었다. 필립스는 라이분구트에게 고개를 돌리고 말했다. "은하를 빼보는 게 어때?"

'은하를 빼는 것'은 어떤 초신성의 스펙트럼을 얻으려고 할 때 가장 먼저 해야 하는 일이다. 만약 초신성의 빛을 분리하고 싶다면 은하의 빛에 푹 잠겨 있는, 초신성을 포함하는 은하 지역에서 스펙트럼을 찍은 다음, 초신성에서 멀리 떨어진 은하의 다른 지역에서 스펙트럼을 찍어서 첫 번째 스펙트럼에서 두 번째 스펙트럼을 빼야 한다. 그렇게 하면 전형적으로 초신성 자체의 스펙트럼이 드러난다.

그러나 이 초신성은 라이분구트가 그 명백한 일을 시도해보지 않았을 정도로 은하의 빛에 압도되어 있었다. 아무도 시도해보지 못했다. 그는 또 다른 학회에 참석하기 위해 아이구아블라바에서 하와이로 날아갔다가 뮌헨의 집으로 돌아갔다. 그는 은하 전체의 빛을 조금 조작해서 그 강도를 10으로 나누었다. 왜 굳이 10일까? 딱히 이유는 없다. 은하의 스펙트럼은 여전히 똑같을 것이다. 그가 데이터의 질을 바꾸는 게 아니기 때문이다. 그는 그저 강도를 바꾸고 싶었을 뿐이다. 그가 이 스펙트럼을 초신성 스펙트럼(그 은하의 스펙트럼도 포함하는)에서 빼자 초신성의 아름다운 스펙트럼이 드러났다.

필립스는 8월 1일에 라이분구트에게 이렇게 썼다. "95K의 스펙트럼이 멋지게 보이는군! 이제 난 이게 정말로 유형 Ia라고 확신해."

그들은 다시 게임에 들어갔다. 이제 그들에게는 그들의 존재를 하나의 팀으로 만드는 일이 필요했다.

1994년 초 라세레나에서 처음 논의한 그 순간부터 슈미트와 선체프는 자신들이 어떤 팀을 원하는지 알고 있었다. 그들의 팀은 입자물리학 공동 연구팀과는 달라야 할 터였다. 그들과 똑같은 엄격한 상하구조도, 단조로운 관료주의도, 생산 공정 마인드도 없어야 했다. 대신 전통적인 천문학적 미학을 따를 것이다. 그들의 팀은 윌슨 산의 허블이나 팔로마 산의 샌디지만큼이나 기민하고 독립적이어야 할 것이다.

이미 그런 접근 방식은 보상을 받았다. 전문 천문학자들이 그렇듯이, 그들은 중요한 질문이라고 생각하는 것을 먼저 물었다. 유형 Ia 초신성이 정말로 표준촛불일까? 그들은 유형 Ia가 보정될 수 있다는 것을 알았을 때에야 비로소 실제로 원거리 초신성을 찾아 나섰다. 그러나 하마터면 그 것을 찾지 못할 뻔했다. 그러나 결국 높은 적색이동을 하는 초신성을 찾 았고, 그것은 정말로 유형 Ia였다. 그들은 슈미트가 즐겨 말하듯이 '거의 마구잡이식으로 뼈 빠지게 일해서' 발견해냄으로써 그 공동연구팀과, 그 리고 어쩌면 그들의 신용까지도 지켜냈다. 그 과정은 아름답지 않았지 만－선체프는 그게 거의 '무정부'에 가깝다고 생각했다－그게 천문학이 었다.

그럼에도 천문학 자체는 변하고 있었다. '도전하라'는 전통적인 미학은 사라지고 있었다. 과학이 다양해지고 기술이 복잡해지면서 천문학은 점 점 더 전문화되지 않을 수 없었다. 이제 더는 그냥 하늘을 연구할 수가 없 었다. 이제는 행성이나 별이나 은하나 태양을 연구했다. 이제 더는 그냥 별을 연구할 수가 없었다. 이제는 오직 폭발하는 별만 연구했다. 그리고 그냥 유형 Ia만 연구하지 않았다. 열핵 폭발을 일으키는 메커니즘을 전문 적으로 다루거나, 폭발이 어떤 금속들을 만드는지를 전문적으로 다루거 나, 우주 팽창의 감속을 측정하기 위해 폭발의 빛을 어떻게 이용하는지 를－측광법은 어떻게 수행하고 분광학은 어떻게 하고 프로그램은 어떻게 짜는지를－전문적으로 다루었다. 공동연구는 쉽사리 거대해질 수 있었다.

선체프와 슈미트는 자신들의 팀이 점차 전문화되는 현실을 반영해야 만 함을 인식했다. 그 프로젝트가 1994년 봄에 컴퓨터 용지 뒷면에 휘갈 겨 쓴 막연한 계획에서, 천문대에서 천문학자들이 위산을 중화시키는 제 산제를 씹어가며 몰두하는 관측으로 진화하는 동안, 그들은 누가 힘든 일 을 해야 하는가는 물론 누가 어떤 분야의 전문지식을 갖고 있고 올바른 망원경을 이용할 수 있는지까지 고려해야만 했다.

그 팀이 공식적으로 출범했음을 알리는, 다음 해에 세로 토롤로에서의 관측 시간을 확보하기 위한 1994년 9월의 연구계획서에는 세 개 대륙의 다섯 개 기관에 있는 열두 명의 공동연구자가 열거되었다. 그 팀이 1995년 4월 초의 관측 시간 동안 최초의 원거리 초신성을 발견했음을 확인한 뒤, 슈미트는 자신들이 누구인지(여섯 개 기관의 열네 명의 천문학자들)를 상기시키는 편지를 여기저기에 보냈다. 그해 가을에 그 발견을 발표하는 〈ESO 메신저 ESO Messenger〉에 실린 논문에는 일곱 개 기관에 있는 열일곱 명의 천문학자가 포함되었다.

그러나 공동연구팀이 점점 커질 때도, 슈미트와 선체프는 구식 천문학으로 가능한 기민함을 유지하고 싶어 했다. 그리고 그런 전통의 친근성을 이점으로 돌리고 싶어 했다. 그들은 요컨대 앞선 팀을 쫓아가기 위해 만회를 꾀했다.

선체프는 마음이 조급했다. "서두르지 않으면 그 일을 해낼 수 없어요. 우리가 이 일을 해내는 길은 가능한 한 많은 젊은이들을 유치하는 겁니다." 바로 젊은 천문학자들, 포스트닥터 연구원들, 대학원생들을 유치해야 했다.

그들은 또한 그 공동연구팀이 공평해지길 바랐다. 선체프는 이렇게 말했다. "나는 시스템 때문에 골탕을 먹는 사람들을 질리도록 봤어요." 그가 말하는 시스템이란, 일은 포스트닥터 연구원이 했는데 제1저자는 종신재직권이 있는 선임 천문학자가 되어 모든 영예를 차지하고 학회에도 참석하는 반면, 포스트닥터 연구원은 결국 직장을 잃게 되는 상황을 의미했다.

슈미트와 선체프가 1995년 늦여름에 하버드에서 공동연구자들을 모집할 무렵, 그들은 그 프로젝트를 신속하고 공정하게 추진하는 방식으로 책무를 위임하는 전략을 세웠다. 학기마다, 후원 기관들 가운데 하나 — 하버드나, 세로 토롤로나, 유럽남부 천문대나, 워싱턴대학교 — 가 모든 공동 연구자들의 데이터를 수집하고 분류해서 출간할 논문을 준비하는 책임을 맡게 될 것이다. 그리고 누구든 그 논문에서 가장 많은 일을 한 사람이 제1저자가 될 것이다.

무정부주의와 달리 민주주의에는 지도자가 필요하다. 어떤 의미에서 커슈너는 분명한 선택이었다. 그러나 그는 또한 슈미트와 선체프가 피하고 싶은 인물이기도 했다. '신속하고 공정하게'라는 틀 이외에도 그들은 '거물은 없다'는 틀을 만들었다. 지난 1994년 봄 라세레나에서 원거리 초신성 탐색을 위한 잠재적 참가자 목록을 만들었을 때, 그들은 커슈너를 포함시키지도 않았다. 슈미트는 자신의 박사학위 논문에서 유형 II 초신성을 이용하여 60이라는 허블상수를 이끌어냈다. 그러나 그 뒤 학회에서 커슈너가 그것에 대해 자랑하는 모습을 지켜보았다. 비록 세계적으로 가장 저명한 초신성 권위자이자 그 그룹 대다수의 멘토인 커슈너를 퇴장시키는 게 과학적으로도 정치적으로도 현명하지 않음을 인식했지만, 슈미트와 선체프는 여전히 거물 신드롬을 경계했다.

그럴 만한 이유도 있었다. 1994년 1월에 워싱턴에서 열린 미국천문학회AAS 회의에서, 마리오 하무이는 칼란 - 토롤로 조사에 대해 발표했다. 그는 마크 필립스가 발견한 광도곡선과 절대밝기 사이의 관계를 마무리하는 일에 열중하고 있었다. 나중에 하무이는 커슈너의 초청으로 케임브리지의 천체물리학센터로 가서 그 주제에 관한 세미나를 열었다. 그 발표 이후, 한 대학원생이 하무이에게 자신의 연구실로 가자고 부탁했다. 아직

스물다섯 살도 되지 않은 애덤 리스Adam Riess는 두 누나의 사랑을 듬뿍 받은 어린 남동생에게서 엿볼 수 있는 자신감을 발산했다.

초신성 게임에 뛰어들었을 때, 그는 자신이 저 밖에 존재하는 가장 중대한 문제, 즉 유형 Ia 초신성을 표준화하는 방법을 알아내지 못할 이유가 없다고 생각했다. 이제 그는 하무이에게 자신이 개발하고 있는 어떤 방법을 보여주고 싶어 했다. 필립스의 방법처럼, 리스의 광도곡선 모양Light –Curve Shape, LCS도 어떤 초신성의 고유밝기를 결정하게 했다. 그러나 필립스의 방법과 달리, LCS는 통계적 측정, 즉 오차 범위를 개선하는 방법도 제공했다. 그것은 그 결과의 질을 수량화했다.

하무이는 조사를 한 뒤 리스에게 그게 '강력한 방법' 같다고 말했다. 그건 과학자들이 흔히 하는 칭찬이었다.

그러나 리스는 문제가 하나 있다고 털어놓았다. 지금까지 그는 실제 데이터에 대해서 LCS를 테스트할 수가 없었다. 그는 혹시 하무이의 데이터를 볼 수 있는지 물었다.

하무이는 망설였다. 데이터는 본인의 것이었다. 당사자가 출간할 때까지 그것은 본인만의 데이터였다. 그러나 리스는 끈질겼고, 하무이는 손님(하버드를 찾아온 로버트 커슈너의 손님)이었으므로 마음이 약해졌다. 하무이는 리스에게 자신의 첫 광도곡선 13개를 보여주는 데 동의했지만, 한 가지 약속을 해야 한다는 조건을 달았다. 리스는 그 데이터를 오직 그의 방법을 테스트하기 위한 용도로만 사용할 수 있으며, 그 방법에 대한 어떤 논문의 일부로 사용해서는 안 된다는 내용이었다.

몇 주 뒤 하무이는 리스에게서 한 통의 이메일을 받았다. 그 방법은 효과가 있었다. 리스는 한껏 흥분해서 요컨대 그 결과들을 출간해도 되는지 물었다.

하무이는 리스에게 그건 처음에 했던 약속과 다름을 상기시켰다. 그러나 이번에도 그는 마음이 약해졌다. 하지만 또 다른 약속을 해야 한다는 조건을 달았다. 리스는 하무이가 그 13개의 초신성에 대한 논문을 출간하기 전에는 그의 데이터를 이용해서 논문을 출간하지 말아야 한다는 것이다. 리스는 하무이의 논문이 〈천문학저널〉에서 심사관 단계를 통과할 때까지 기다려야만 할 것이다. 논문이 1994년 9월 초에 그 단계를 통과하자, 하무이는 하버드, 즉 수학 지도를 해준 윌리엄 프레스William Press뿐 아니라 리스와 커슈너에게 논문을 마음대로 제출해도 됨을 알려주었다.

그들은 논문을 제출했다. 그러나 그들은 그 논문을 〈천체물리학저널레터〉에 제출했다. 그러나 이 저널은 그 이름이 암시하는 대로 비교적 짧은 논문들을 다루는 까닭에 리드타임(기획에서 생산까지의 시간, 즉 논문 제출에서 출간까지의 시간 – 옮긴이)이 더 짧았다.

하무이는 〈천문학저널〉이 자신의 논문을 서둘러 출간하도록 설득하기 위해 열심히 노력해야만 했다. 결국 두 논문 모두 1995년 1월에 출간되었다. 두 논문 모두 동일한 데이터를 이용해서 어떤 허블상수 값을 이끌어냈다. 그리고 두 논문 모두 60대에 있는 허블상수에 도달했다. 하무이의 허블상수는 '62~67'이었고, 리스의 허블상수는 '67±7'이었다. 더욱이 하무이가 이해하기에 두 논문은 동시 출판물처럼 나란히 인용될 터였다.

"그걸 허락하다니 내가 어떻게 그렇게 어리석을 수 있지?" 하무이는 칠레에 있는 동료들에게 한탄하듯이 말했다. "마리오! 마리오! 마리오!" 그는 간절하게 간청하던 리스를 흉내 내면서 이렇게 울부짖었다.

닉 선체프는 리스 외 공동 논문의 출간 시기를 처리하는 곳곳에서 커슈너의 서툰 흔적을 볼 수 있었다. 게다가 그는 이미 천문학 대가와의 충돌을 경험한 바 있었다. 앨런 샌디지는 선체프에게 유형 Ia 초신성에 CCD 기술을 사용해서 허블변수를 찾아보라고 권유했고, 선체프는 그의 팀이 그렇게 하는 것을 도왔다. 그러나 칼란－토롤로 공동연구팀이 이끌어낸 값은 60의 '잘못된' 쪽에 있었다. 천문학자들은 구상성단에 있는 가장 늙은 별들의 나이가 160억 년에서 180억 년 사이라고 어림해왔다. 50이라는 허블상수는 아마도 나이가 200억 년쯤 된 우주에 해당할 것이다. 60 이상의 허블상수는 아마도 나이가 100억 년쯤 된 우주, 즉 가장 오래된 별들보다도 젊은 우주에 해당할 것이다.

선체프는 1980년대 초에 샌디지의 친구가 되었을 때도 그의 명성을 익히 알고 있었다. 천문학계의 모든 사람이 샌디지의 명성을 알았고, 심지어 샌디지 자신도 그 사실을 알았다. 그러나 그는 일을 마음대로 처리했다. 그는 허블변수를 직접 택했다. 그는 허블에게 직접 그 프로그램을 물려받았고, 그것을 찾으려고 40년 동안 노력했으며, 그 값을 터무니없는 세 자리 중간 값에서 현실적인 두 자리 중간 값으로 힘겹게 내려놓았다. 1970년대에 제라르 드 보쿨뢰르는 샌디지의 방법론과 가정들에 도전하기 위해 직접 그 연구에 착수했고, 100이라는 허블상수에 도달했다. 다른 천문학자들도 대략 50과 100사이의 차이를 줄이는 절충 값을 찾기 시작했다. 샌디지는 생각을 바꾸려고 하지 않았다. 허블상수는 60보다 작아야만 한다고 주장했다. 우주의 나이를 생각하면 그렇게 되어야 한다는 게 그 이유였다. "책임감이 있는 사람들이 망원경으로 가면 답을 얻게 될 겁니다." 샌디지는 한때 이렇게 비꼬았다.

그리고 이제 선체프는 무책임한 사람들의 행렬에 합류했다. 그는 샌디지로부터 그가 불미스러운 일의 희생양이 되었다고 비난하는 편지를 받았다. 선체프는 샌디지에게 연락을 취하려고 시도했다. 그 뒤 필립스도 시도했다. 그러나 샌디지는 그들에게 일절 대꾸하지 않았다.

그러나 선체프는 샌디지와 관계를 끊지는 않았다. 그는 그동안 우주론의 두 수 가운데 하나의 값을 이끌어내는 걸 도왔고, 이제 다른 수를 공략하고 있었다. 선체프는 샌디지가 그걸 자신과의 '경쟁'으로 오인하고 있음을 알 수 있었다. 그것은 그저 대단히 엉클 앨런다운 발상이었다. 선체프는 샌디지가 일단 자신을 공격한다고 생각하면 다른 신참자들과 동료들에게 그랬듯이 자신도 언젠가는 공격하리라는 걸 언제나 알고 있었다. 그러나 하무이와 커슈너와의 일은 달랐다. 그것은 단순히 개인적으로 실망스러운 게 아니었다. 그것은 직업윤리상 위험했다.

사실 전선은 선체프가 알고 있는 것처럼 하무이 대 커슈너가 아니었다. 그것은 칼란 – 토롤로 대 커슈너였다. 사실 강력한 멘토의 의도에 기가 질려 있는 대학원생인 붙임성 있는 성격의 리스를 탓할 수는 없었다. 그러나 커슈너는 더 분별력이 있었어야 했다. 그리고 그는 확실히 분별력이 있었다. 그러나 신경 쓰지 않았다. 하무이의 멘토 역할을 해온 칠레대학교의 천문학자 호세 마자는 1995년 2월 초기 관측이 시작되기 직전에 공동연구를 그만두었다. 분개하고 환멸을 느낀 하무이는 이제 자신의 박사학위를 위해 학교로 돌아가야 할 시간이라고 결정했다. 그는 1995년 가을에 애리조나대학교로 향할 작정이었다. 세로 토롤로에 있는 선체프의 동료 마크 필립스는 '이것을 극복해야 한다'는 태도를 취했다. 커슈너는 세로 토롤로의 자문단에서 일했고, 필립스에게 1986G에 대해서 말했던 사람은 바로 커슈너였다. 필립스와 선체프를 초신성 게임에 뛰어들게 한 초신성이 바로 그 초신성이었다. 그러나 심지어 필립스조차도 즉각 커슈너가 했던 일이 '부적절했다'는 의견을 표명했다.

그 뒤 적어도 그 공동연구의 칠레 쪽 관점에서는 상황이 악화되었다. 심지어 하무이 외 공동논문과 리스 외 공동논문이 1995년 1월에 동시 출간되기 전에도, 리스와 커슈너는 하무이의 데이터를 이용해서, 이번에는 은하들의 국지 운동을 연구하는 또 다른 논문을 제출했다. 칼란-토롤로 공동연구팀은 선체프의 말대로 "마치 피가 거꾸로 솟구치는 것 같은" 분노를 느꼈다. 하버드 사람들이 그게 하무이가 수행하려고 하는 과제라는 것을 몰랐을까? 그들은 적어도 그에게 연락을 해서 공동연구를 제안했어야 하지 않을까?

그리고 그 논문이 〈천체물리학저널〉에 실리고 한 달밖에 되지 않은 지금, 선체프는 커슈너가 그와 슈미트가 만든 팀을 지휘해야 하는지 여부를 결정하는 일을 도와야만 했다.

선체프는 팀의 리더가 되지 못할 것이다. 그는 처음부터 그걸 알고 있었다. 그는 칠레의 기여가 인정되어야 함을 확신하고 싶었지만, 또한 자신의 현재 상황도 이해했다.

"나는 칠레에서 책임 천문학자야." 선체프는 슈미트에게 말했다. 이런 종류의 프로젝트는 100퍼센트 전념을 필요로 할 텐데, 그는 이미 풀타임 직장을 갖고 있었다. 그리고 그 직장은 그를 '사실상 고립시킬' 장소에 있었다. 그러나 훨씬 더 중요한 고려사항이 있다고 그는 주장했다. 리더라는 지위는 두 세계에, 아니 두 반구에 다리를 놓을 수 있는 사람이어야 할 것이다. 리더는 당연히 슈미트가 맡아야 했다.

그 팀을 지휘한다는 면에서 볼 때, 슈미트는 선임자라는 것 이외엔 모든 면에서 커슈너와 동등했다. 그는 그동안 공동연구자들을 찾는 작업을 도왔다. 그는 칠레에서 앞장서서 그 책무를 다했다. 그리고 가장 중요하게는 더 이상 하버드에 있지 않았다. 그는 일찍이 1995년에 호주(네 번째 대륙!)로 옮겨갔다. 그리고 지난 수년간에 걸쳐, 포스트닥터 연구원으로서 그리고 이제 어엿한 천문학자로서, 그는 칠레에 있는 모든 사람을 충분히 알고 그곳의 모든 사람이 그를 충분히 신뢰할 수 있을 정도로 그곳에 자주 가고 있었다.

슈미트는 선뜻 내키지 않았다. 그러나 그는 또한 두 달 안에 프로그램을 짤 수 있다고 장담한 사람이기도 했다.

그가 마침내 선체프에게 말했다. "그래. 할 수 있어."

선체프는 슈미트를 위해서 조용히 선거운동을 했다. 그는 슈미트가 그룹을 잘 결합시킬 수 있는 성격을 갖고 있으며, 그 일을 수행할 추진력도 갖고 있다고 주장했다. 결국 선체프는 거의 모든 공동연구자에게 이야기했다. 커슈너를 제외한 모든 사람에게.

커슈너는 혼자서 선거운동을 했다. 그는 자신이 어느 누구보다도 초신성 게임을 더 잘 알고 있다고 주장했다. 대체로 지난 4반세기에 걸쳐 초신성 게임을 현재의 모습으로 만든 게 바로 자신임을 강조했다. 그는 연구계획서를 쓰고 지원을 확보하고 공동연구자들을 결합시키는 데 오랜 경력이 있었다. 그는 팀 멤버들에게 이 모든 젊은 인재가 한 장소, 즉 하버드 물리학센터에 있게 된 게 '우연한 일이 아니었음'을 상기시켰다. 전도유망한 대학원생들을 발견한 사람도 그였고, 포스트닥터 연구원들을 고용한 사람도 그였다. "그것은 중요한 일이며, 이 과제가 가장 높은 수준에서 이루어질 장소를 만들기 위해서는 바로 그런 일을 해야만 한다"고 그는 역설했다.

그는 말을 할수록 더 거물처럼 보였다.

그 팀은 천체물리학센터의 지하에 있는 세미나실에서 만났다. 커슈너와 슈미트는 밖에서 기다렸다. 잠시 뒤, 문이 열렸다.

거물이 지고 애송이가 이겼다.

오늘의 적, 내일의 협력자

슈미트는 교훈을 얻었다. 이번엔 그가 칠레로 갔다.

그는 1995년 가을 관측 시즌에 칠레에 갔을 뿐 아니라 자신이 만든 새로운 프로그램을 테스트하기 위해 거의 1주일이나 일찍 그곳에 도착했다. 그는 즉시 그 프로그램이 효과가 없음을 알았다. 그는 여전히 천문대의 컴퓨터 앞에서 속수무책이었다. 호주에서 프로그램을 만든 이후 컴퓨터들의 양상이 변한다면, 그는 프로그램을 다시 짜야만 했다. 칠레에서의 첫날 그는 프로그램을 고치느라 애쓰면서 10시간을 일했다. 둘째 날에는 12시간에서 14시간, 셋째 날에는 16시간에서 18시간을 일했다. 넷째 날에는 20시간을, 그다음 날에도 20시간을, 그다음 날에도 20시간을 일했다. 슈미트는 열이 오르고 가슴이 두근거리기 시작할 때가 되어서야 비로소 이제 잠자리에 들 시간이라고 생각할 정도로 열심히 일했다.

망원경의 표준 일정 전략을 고려해서, 그의 팀은 최초의 원거리 초신성을 발견하기도 전인 전해 봄에 세로 토롤로의 관측 시간을 신청해야만 했다. 그들이 1995K를 발견하지 못했다면, 그들이 그 시간을 받았을지 누가 알겠는가? 그들이 그게 유형 Ia라는 것을 확인하지 못했다면, 그들이 그 시간을 사용하게 될지, 아니면 그것을 이용해서 원거리 초신성을 탐색하게 될지 누가 알겠는가? 그러나 그들은 이제 진정한 팀이었다. 그들은 심지어 원거리 초신성의 아이디어를 '하이$-z$High-z 팀(z는 적색이동을 뜻하는 기호다)'의 이름으로 제출했다. 모든 일이 잘 되었지만, 슈미트는 세로 토롤로 망원경의 관측 시간을 따냈다는 사실을 이메일로 전하면서 "나쁜 소식은 펄머터가 더 많은 밤을 확보했다는 것"이라고 덧붙였다.

두 팀은 동일한 시즌 동안 관측 시간을 신청했고, 세로 토롤로의 시간 배정위원회는 두 팀에게 밤을 교대로 배정하는 방식을 취했다. 상황을 훨씬 더 곤란하게 만든 것은, 그 천문대에서 닉 선체프가 해야 할 일이 방문 관측자들에게 기술적 도움을 제공하는 것이라는 점이었다. 그는 자기 팀의 초신성 탐색에 참여하지 않는 밤에는 솔 팀의 관측을 엄격히 주시했다. 그의 내면에 있는 객관적인 천문학자는 버클리 팀의 연구가 '상당히 인상적'이라고 생각했다. 그러나 그는 혼자서 고개를 절레절레 흔들며 동료들에게 '그들이 훨씬 더 앞서 있다'는 의견을 전했다.

필요한 만큼 얼마든지 발견하다

병의 코르크 마개는 여전히 초신성마다 하나씩 펑펑 소리를 내며 뽑히고 있었지만, 이제 샴페인의 대부분이 바닥나고 있었다.

1995년 가을 세로 토롤로에서 관측하는 동안, SCP 팀은 한 번의 관측에서 자신들이 지난 3년에 걸쳐 수집했던 수의 두 배인 11개의 초신성을 더 발견했다. 그들은 그 방법을 완전히 습득했다. 천문학자들이 칠레에서 데이터를 수집해 버클리의 동료들에게 전해주면, 그들은 하와이의 W. M. 켁 천문대W. M. Keck Observatory 의 동료들에게 그 정보를 전달하여 새로운 10미터 망원경으로 관측을 하게 했다. 이들은 몇 달 앞서 그 날짜에 관측할 초신성이 있음을 알고 이미 관측 시간을 확보해둔 터였다.

망원경에 있는 천문학자들에게는 관측이 여전히 한편의 드라마 같았다. 프로그램의 수정, 날씨와의 싸움, 무엇을 목표로 삼아야 할지의 결정, 한차례의 설사, 그리고 칠레에서 이따금씩 일어나는 지진. 그러나 버클리에서는 하룻밤 사이의 데이터 전송이 일상적인 일이 되어가고 있었다. 요컨대, 수십억 개의 은하들로 가득 찬 우주에서 별들은 언제나 폭발하고 있었다. 저 밖에서 발견되기를 기다리는 초신성은 밤마다 수천 개, 수백만 개씩 있었다. 버클리 팀은 공동연구를 가다듬어 알바레스와 멀러가 거의 20년 전에 예측한 조립라인 운영방식으로 바꾸었다. 그들은 직관적으로 볼 때는 역설적이고 한때는 상상할 수도 없었던 일을 하고 있었다. 즉 그들은 '초신성을 필요한 만큼 얼마든지 발견'했다.

우주 어딘가에서 어떤 문명이 죽으면, 버클리에서는 하품을 했다.

거대한 협력관계

1996년 1월 샌안토니오에서 열린 AAS 회의에서, 솔 펄머터는 HST의 일정을 짜는 본부인 STScI 소장 로버트 윌리엄스 Robert Williams에게 조언을 구했다. 펄머터는 '일괄 처리' 방법에 대해서 논의하고 싶었다.

"제 생각엔 이 방법이라면 우리가 HST의 관측 시간을 신청해서 이런 매우 높은 적색이동 초신성을 추적하는 게 처음으로 가능할 것 같습니다."

그는 이 일괄 처리 방법을 이용해서 SCP 팀이 대체로 유형 Ia인 22개의 원거리 초신성을 발견했다고 설명했다. 그들은 언제 망원경 관측 시간을 얻든, 초신성을 발견할 날짜를 예측할 수 있음을 입증했다. 또한 수천 개의 은하들 가운데 그들이 어느 은하를 조사하겠다고 선택하든, 초신성을 어디서 발견할 수 있는지도 예측할 수 있었다. 언제와 어디서를 선택하는 건 이제 밤하늘이 아니라 그들이었다.

HST에 필요한 건 딱 그 정도 수준의 확실성이었다. 그것은 지상 망원경과 달랐다. 관측자는 연구계획서만 달랑 제출하고 6개월 뒤에 파인딩 차트를 들고 나타날 수가 없었다. 그 장비는 대단히 복잡한 프로그래밍이 필요했다. 관측자는 거의 막바지 조정의 여지 없이, 유사한 파인딩 차트를 몇 개월 일찍 갖고 있어야만 했다. 펄머터는 일괄 처리 방법이 바로 이런 종류의 준비를 가능하게 한다고 주장했다. 확신과 한정성을 조합시키면 우주망원경의 시간을 확보하는 데 필요한 복잡한 요구사항들을 충족시킬 수 있었다.

전략적인 세부 사항들은 여전히 위압적이겠지만, 그들은 그렇게 할 가치가 있었다. HST는 많은 것을 보지는 못했다. HST의 시야는 과거의 5미터나 새로운 10미터 거대 지상망원경에 비해 매우 작았다. 그러나 HST는 목표물을 다른 어떤 망원경도 근접할 수 없을 정도로 또렷하게 보았다. 지상망원경에 장착된 CCD 카메라를 통해서 보면 매우 먼 은하는 마치 한 점의 얼룩처럼 보였다. 초신성의 빛을 분리하기 위해 은하의 빛을 빼는 것은 어려운 작업이었다. 라이분구트가 '매우 희미한' 1995K가 유형 Ia라는 것을 알아내는 데 4개월이 걸렸던 것을 보라. 그러나 HST의 고해상도는 초신성을 숙주 은하에서 두드러지게 만들 것이다. 은하의 빛을 빼는 게 더 쉬울 뿐 아니라 훨씬 더 정확할 것이다.

측광법적 정확도의 증가는 중대했다. 당시에는 그게 아마 초신성 탐색에 HST 사용을 정당화하는 유일한 이유였을 것이다. 천문학계에 있는 사람이라면 누구나 알고 있듯이, HST의 목적은 오직 우주에서만 할 수 있는 과학을 수행하는 것이었다. 원거리 초신성을 연구하는 두 연구팀은 지상에서 그들의 과학을 할 수 있음을 입증했다. HST로 할 수 있는 만큼은 아니지만 그래도 그것이 가능하다는 것만큼은 입증했다. 펄머터가 윌리엄스에게 원한 것은 연구소 소장이라는 직함에 일상적으로 따라오는 약간의 재량 시간이라는 특전이었다.

윌리엄스는 그 아이디어가 괜찮다고 말했다. 그는 펄머터에게 연구계획서를 제출하라고 제안했다. 한 달 뒤 펄머터는 연구계획서를 제출했다.

그러나 윌리엄스는 원거리 초신성 탐색 전문가가 아니었다. 전문가는 극소수에 불과했고, 몇 명의 덴마크인들을 제외하면 거의 모든 전문가들이 두 경쟁 팀에 속해 있었다. 석 달 뒤, STScI에서 매년 열리는 5월 심포지엄에서 커슈너와 SCP 팀의 동부 쪽 멤버인 니노 파나지아 Nino Panagia가 휴식 시간에 이야기를 나누다가 SCP 팀의 연구계획서가 화제로 떠올랐다. 커슈너는 한때 SCP 팀에서 제출한 유사한 연구계획서를 검토했던 HST 시간 배정위원회에서 일한 적이 있었고, 그는 HST의 목적이 오직 우주에서만 할 수 있는 천문학을 하는 것이라는 이유로 반대 의견을 표명했다. 그가 이제 또다시 반대했으므로, 파나지아는 윌리엄스와 직접 논의해볼 것을 제안했다. 파나지아는 마크 필립스와 닉 선체프뿐 아니라 커슈너까지 윌리엄스의 연구실로 안내했다.

윌리엄스가 물었다. "이게 좋은 생각인가요?" 커슈너가 즉시 입을 열었다. "아니오, 그건 잘못된 생각입니다." 커슈너가 딱 잘라 말했다.

그는 윌리엄스에게 우주망원경의 요지는 지상에서 할 수 없는 관측을 하는 것임을 상기시켰다. 관측 계획서 문서 업무의 내용도 바로 그렇게 되어 있었다. STScI의 전 소장도 항상 그렇게 주장해왔다.

윌리엄스는 경청했다. 그 뒤 그가 말했다.

"그래요, 하지만 지금은 내가 소장이고, 나는 재량껏 일을 진행할 수 있습니다. 이것은 정말로 좋은 과학이고, 나는 우주망원경이 중요한 일을 해야 한다고 생각합니다."

커슈너는 동의하지 않았고, 그와 윌리엄스는 한동안 이런 식의 대화를 주고받았다. 이따금 필립스와 선체프가 입을 열고 커슈너의 주장들을 앵무새처럼 되풀이했다. 그럼에도 세 명의 하이–z 팀 멤버들은 무엇이 문제인지 알고 있었다. 만약 펄머터가 HST 시간을 얻는다면, 그걸로 게임은 끝날 수도 있었다. 그리고 확실히 윌리엄스는 펄머터에게 HST 시간을 주고 싶어 했다. 그는 아무도 HST를 이용해서 원거리 초신성에 대한 추적 측광법을 해서는 안 된다는 주장을 듣고 싶어 하지 않았다. 그는 HST에서 나올 최고의 과학을 원했다. 그뿐이었다.

어쩌면 그들 모두 그것을 동시에 깨달았는지도 모른다. 어쩌면 그들은 개별적으로 그것을 깨달았는지도 모른다. 그러나 어느 순간 그 회의에 있던 세 명의 하이–z 팀 멤버들 각각은 윌리엄스가 하는 말의 진의를 이해했다. 만약 그들이 바로 그 자리에서 HST 시간을 요구한다면, 그들도 그것을 얻게 될지 몰랐다.

그들은 HST 관측 시간을 요구했다.

'아이쿠, 이렇게 멍청할 수가!'

선체프는 윌리엄스의 연구실을 떠나면서 이렇게 생각했다.

'내가 원하는 과학을 밀어붙이지 않고, 도덕적 이유 때문에 우리가 왜 그런 데이터를 얻지 말아야 하는지에 대해 주장하려 들다니! 어떻게 이

렇게 멍청할 수가 있지?'

월리엄스는 나중에 파나지아에게 어느 팀이 HST 관측 시간을 얻을 자격이 있는지 물었다. 파나지아의 대답은 '둘 다'였다.

SCP 팀의 버클리 대표단은 파나지아가 연루된 사실을 모른 채, 법석을 떠는 모습을 지켜보았다. 어떤 일이 벌어졌는지는 어렵지 않게 짐작할 수 있었다. 로버트 월리엄스는 1980년대 중반부터 1993년까지 세로 토롤로의 천문대장이었다. 마크 필립스와 닉 선체프는 세로 토롤로에서 월리엄스 밑에서 일해왔다. 로버트 커슈너는 이 기간 동안 세로 토롤로의 자문관으로 일했다. 만약 동료들이 얽히고설킨 관계의 증거를 보고 싶다면, 그렇게 힘들게 조사할 필요가 없었다.

LBNL 물리학국 국장인 로버트 칸은 커슈너와 통화를 하며 한동안 언성을 높였다. 월리엄스와 통화하면서도 언성을 높였다.

월리엄스는 자신의 논리를 설명하려고 애쓰며 침착하게 반응했다. HST는 중요한 자원이었고, 높은 적색이동을 하는 초신성 탐색은 새로운 분야였으며, 만약 두 그룹 모두 거의 동일한 실험을 위해 그 망원경을 이용한다면 HST는 확실히 더 좋은 결과를 얻게 될 터였다.

칸은 자신은 중요한 자원들을 잘 알고 있다고 답변했다. 그는 고에너지 물리학도 중요한 자원을 사용한다고 설명했다. 그리고 월리엄스에게, 이 중요한 자원이 바로 LBNL이 발명을 도운 거대한 입자가속기임을 상기시켰다. 그러나 어떤 그룹이 거대한 입자가속기 사용 시간을 신청했을 때, 그 연구계획서는 기밀이었다. 그건 천문학 분야에서도 당연한 일 아닌가?

월리엄스는 천문학에서도 보통은 그게 당연하다고 시인했다. 그는 절충안을 제안했다. 두 팀 모두 소장의 재량 시간을 받을 테고, SCP 팀이 먼저 받게 될 것이다.

칸과 펄머터는 그 제안을 받아들이지 않을 수 없었다. 그러나 나중에 SCP 팀 멤버들은 자신들의 라이벌에 대해서 말할 때마다 그들이 얼마나 만만찮은 상대인지 새로운 평가를 했다. 고에너지 물리학계의 문화에서는, 과학자들이 거대한 협력관계로 일해야만 했고, 그러한 공동연구들은 장시간 이어질 수밖에 없었다. 경쟁자들은 따돌릴 수가 없는데, 그건 그들이 곧 협력자가 될 것이기 때문이다. 그러나 천문학자들은 여전히 생각의 황량한 서부를 배회했다. 그곳은 자원이 드물고 경쟁이 심하며 종종 논문을 출간할 때까지만 지속되는 작은 전략적 제휴에 생존이 좌우되는 곳이었다. 따라서 천문학자들은 원하는 것을 쟁취하기 위해 누구의 눈치도 보지 않고 열심히 할 수 있었다.

그렇다고 고에너지 입자물리학이 경쟁적이지 않다는 말은 아니었다. 그러나 결국 그들이 일을 처리하고 싶다면 서로 잘 지내야만 했다. 그들은 거칠어질 수 있었지만, SCP 팀의 한 멤버는 자신들이 천문학자들 다음으로 '다정한 사람들'이라고 말했다.

물질이 없는 우주

1997년 가을까지, 두 팀은 우주의 팽창속도가 얼마나 느려지는지에 대한, 따라서 우주가 빅크런치로 향하는지 빅칠로 향하는지에 대한 적어도 임시적인 해답은 찾을 수 있을 정도의 데이터를 갖게 되었다.

하이-z 팀의 '신속하고 공정하게' 철학의 일환으로, 슈미트는 책임을 기관별뿐 아니라 젊은 천문학자별로 나누었다. 이 술래잡기에서, 호주국립대학교 스트롬로 산과 사이딩스프링 천문대의 슈미트가 첫 번째 '술래'를 맡았다. 그는 이 공동연구의 방법과 목적을 광범위하게 소개하는 논문을 쓸 것이다. 그 뒤 하이-z 팀은 하버드와 피터 가나비치 Peter Garnavich에게 책임을 맡겼다. 그는 팀이 1997년 봄에 HST를 가지고 측광법으로 측정한 유형 Ia 초신성 세 개를 택하고 1995K를 추가해, 크런치-칠 문제에 대한 임시적인 해답에 도달하려고 노력할 것이다. 그 논문은 또 더 많은 HST 시간이 필요하다는 사실을 정당화시키는 데도 그만큼 도움이 될 것이다.

SCP 팀 측에서는 오직 한 가지 문제에 대해서만 집중해서 일하는 사람은 하나도 없었다. 입자물리학계의 문화와 조화를 이루면서, 그 팀은 모든 걸 공동으로 진행했다. 사실 그들은 이미 전진했었다. 1년 전 그들은 처음 일곱 개의 유형 Ia 초신성에 대한 결과를 발표했는데, 그것은 우주가 편평함을, 즉 영원히 팽창하지도 않고 결국 수축하지도 않음을 암시했다. 그러나 오차 범위와 표본의 크기로 볼 때 그 결과는 기껏해야 임시적이었다.

아니 그들이 믿을 만한 HST 측광법으로 측정한 어떤 초신성을 기초로 의심하게 된 것처럼 그 결과가 틀렸을지도 모른다. 천문학자들이 증거 조각을 일컬을 때 즐겨 쓰듯이, 바로 저 한 '녀석'이 또 다른 방향인 열린 우주 쪽으로 이동할 수도 있음을 암시하는지도 몰랐다.

천문학자들이 이런 결정을 내리기 위해 사용할 수 있는 한 가지 방법은 막대그래프였다. 9월 24일 아침 거슨 골드하버는 주간 팀 회의를 준비하기 위해 LBNL에 있는 그의 책상 앞에 앉았다. 데이터의 개별적인 점들 각각을 도면에 그리는 그래프와 달리, 막대그래프는 한 번에 몇 조각의 데이터를 모아 그것들을 카테고리 속에 '넣는다.' 그날 아침, 골드하버는 그때까지 발견된 38개의 SCP 초신성을 각각의 밝기와 적색이동에 따라, 우주가 팽창을 완전히 멈추는 데 필요한 물질량으로 분류했다.

즉, 필요한 질량 밀도의 0에서 20퍼센트, 20에서 40퍼센트, 이런 식으로 100퍼센트까지 분류했다. 작업이 끝나자, 가장 많은 초신성이 모인 부분은 두 구역이었다. 한 구역은 열 개의 초신성을, 다른 한 구역은 아홉 개의 초신성을 포함했으므로 전체 샘플의 절반이 이곳에 모여 있는 셈이었다. 이에 따르면 우주는 팽창을 멈추게 하는 데 충분한 질량을 가지고 있지 않을 뿐 아니라, 오히려 0에서 −40 퍼센트라는 음의 값을 갖고 있었다.

"어찌된 일일까." 그는 혼잣말로 중얼거렸다. 하이−z 팀의 경우에는 애덤 리스가 그 문제에 대한 통계적 접근을 연구했다. 그의 임무는 지금까지 수집된 모든 초신성 데이터, 즉 모든 픽셀의 분광학과 측광법, 모든 은하 뺄셈, 모든 광도곡선, 모든 오차 범위를 취해서, 그것을 수백만 개의 다른 우주모형들과 비교할 소프트웨어를 개발하는 것이었다. 그런 모형들 가운데 일부는 터무니없어서 등급과 적색이동의 관계를 그래프용지에 그리면 한쪽 구석에서 45도 기울기의 직선으로부터 크게 떨어지는 양상을 보였다. 그러나 또 다른 모형은 그 직선에서 아주 약간만 벗어났다. 이런 부류의 우주모형 중 일부는 '표준'에서 벗어나는 정도가 훨씬 더 작은 것들도 있었다. 이런 우주모형 중 하나가 그의 데이터를 설명할 수 있어야 했다.

그리고 하나가 그러했다. 그것은 팽창을 늦출 정도로 충분한 물질을 갖고 있지 않았을 뿐 아니라 −36퍼센트의 질량 밀도를 갖는 우주였다. 그것은 물질이 없는 우주였다. 그것은 존재하지 않는 우주였다.

"어찌된 일일까." 리스는 혼잣말로 중얼거렸다.

두 팀 모두 그동안 우주가 물질로, 오직 물질로만 가득 차 있다는 가정 하에 연구를 했다. 물론 그 일부는 암흑이었지만, 사라진 것은 여전히 기본적으로 물질이라고 알고 있었다. 그러므로 그들은 우주의 팽창에 영향을 미치는 것은 오직 물질뿐이라고 가정해왔다.

그러나 그런 가정들을 버리면 이런 터무니없어 보이는 결과들이 결국 이해가 될지도 몰랐다. 두 팀이 만약 다른 무언가가 팽창에 영향을 미치는 우주, 즉 물질이 아닌 무언가로 이루어진 우주를 가정한다면, 그러면 그 우주는 또다시 그 안에 물질을 갖게 될 것이다. 그들은 오차막대를 살폈고 물질이 암흑이든 아니든 20퍼센트나 30퍼센트나 40퍼센트쯤 될 거라고 생각했다. 그렇게 되면 60퍼센트나 70퍼센트나 80퍼센트는… 다른 무언가였다.

그들은 우주의 운명에 대한 답을 얻었다. 어쩌면 그들이 수량화할 수 있는 답은 '우주가 영원히 팽창한다'는 것인지도 몰랐다.

그러나 그들은 볼 수 없는 암흑물질과 상상할 수도 없는 이 새로운 힘 사이에서 우주의 실체가 무엇인지 전혀 알지 못했다.

CHAPTER
03

심부의
얼굴

7

편평한
우주 사회

물리학과 우주론

1980년대 중반까지 월요일 저녁마다 듀페이지 카운티 과학문화센터 Dupage County Center for Scientific Culture에는 어떤 교육과정이 있었다. 만약 그 문화센터의 강좌를 설명하는 카탈로그라는 게 있었다면 그 안에는 아마 이 교육과정 하나밖에 없었을 것이다. 교실은 교외에 있는 한 주택의 지하실이었다. 수강생 수는 적었다. 소수의 연구자, 포스트닥터 연구원, 그리고 시카고대학교나 근처의 페르미 국립가속기 연구소 Fermi National Accelerator Laboratory의 대학원생을 비롯하여 종종 유명한 방문객도 있었다. 학생들은 강사 역할도 했다. 수업료는 주당 5달러로, 피자(혹은 때로 냉동고에서 나온 바비큐 '대용' 햄버거)와 맥주, 그리고 칠판 앞에 설 기회에 대한 대가였다.

논의의 주제는 매주 달랐고 그때그때 바뀔 수 있었다. 어느 날 저녁의 첫 번째 주제는 뭔가를 완전히 잘못 파악한 최신 논문에 대한 것일 수도 있고, 매우 엉성해서 검증이 필요한 가정에 대한 것일 수도 있었다. 일단 시작하면 그날 저녁의 논의는 나름의 경로를 따라 흘러갔다. 고성의 비평이나 찬성 그리고 갑작스러운 통찰이나 순간적인 탄식들이 뒤섞인 열정적인 분위기 속에서 분필은 이 손 저 손으로 옮겨 다녔다. 수업이 끝날 무렵 참석자들은 문제점이 많았던 그 최신 논문을 비판하는 글을 쓰겠다거나, 혹은 참석자 중 한 사람이 들고 나왔거나 논의 중에 언급된 어떤 이론을 훨씬 능가하는 새로운 논문을 쓰겠다고 다짐했다(결국 그 문화센터는 참석자들이 그러한 논문을 쓰기 전에 2, 3일 정도의 냉각기를 갖도록 하는 정책을 도입했다). 그러나 그날 저녁이 결국 어떤 경로를 따라갔든, 얼마나 에둘러가고 얼마나 시끄러웠든, 주제는 항상 기본적으로 똑같았다. 빅뱅 우주와 관련해서 다음엔 무엇을 할 것인가.

빅뱅 우주가 나온 지도 이제 거의 20년이 되었다. 관측자들이 우주론의 두 수, 즉 우주의 현재 팽창속도와, 그 팽창이 얼마나 늦춰지는지를 측정하려고 애쓰는 동안, 이론가들은 그 팽창 자체가 어떻게 이루어지는지 알아내려고 애썼다. 《물리학적 우주론》이라는 정평이 난 고전을 펴낸 짐 피블스처럼, 그들도 초기 우주와 우리가 오늘날 보는 우주의 물리학을 분명히 연결시키고 싶어 했다.

그러한 연결은 처음에 르메트르가 원시 원자를 인용했을 때부터 불분명했다. 그리고 수십 년에 걸쳐 다른 이론가들은 우주가 저기서 여기로, 즉 원시 화구 가설에서 오늘날 관측되는 은하들로 어떻게 도달했는지 밝혀줄 계산을 해내려고 애써왔다. 그러나 우주마이크로파배경 CMB의 발견으로 입자물리학자와 천문학자 사이의 대화가 필요하게 되었다.

프린스턴의 물리학자들이 3K 신호의 발견에 대해 문의하려고 1965년 초 홈델타운십을 방문했을 때, 벨연구소의 천문학자들은 어떤 파장을 탐지하기 위해 무슨 안테나를 설계했으며, 움직이는 전자들을 어떻게 고려했는지 설명했다. 하지만 그런 것들은 프린스턴의 물리학자들이 익히 알고 있는 주제들이었다. 그들의 동료인 짐 피블스는 이미 원시 화구의 잔존 온도에 대한 계산을 수행했고, 밥 디키는 벨연구소의 실험에서 그 장비의 일부를 직접 고안했기 때문이다.

그 뒤 벨연구소 천문학자들은 프린스턴의 물리학자들이 빅뱅과 정상상태 우주론에 대해서, 그리고 디키가 어떻게 진동하는 우주의 증거를 찾고 싶어 하는지에 대해서 설명을 들었다. 그것은 벨연구소의 천문학자들이 이해하고 있는 주제들이었다. 아노 펜지어스와 로버트 윌슨도 대부분의 천문학자들처럼, 두 이론 사이의 논쟁에서 누구의 편도 들지 않았지만, 윌슨은 프레드 호일과 함께 연구한 적이 있었으므로 정상상태 우주론에 대해 약간의 의무감을 느꼈다. 그럼에도 크로포드힐에서 열린 정상회담은 그 대화가 사실상 어딘가로 이어질 거라는 판단을 하게 했다. 그 대화는 여기서 저기로, 우주의 현재 구조에서 그 역사의 태초에 가까운 순간으로 이어질 것이었다. 이 순간은 입자물리학자와 천문학자들이 서로 진지한 이야기를 시작한 순간으로 기억되었다.

'원시 피자 Primordial Pizza'라는 실재하지도 않는 듀페이지 카운티 과학문화센터의 별명이 나온 게 바로 여기였다. 실제 기관은 5분 거리에 떨어져 있는 NASA/페르미연구소 천체물리학센터 NASA/Fermilab Astrophysics Center, NFAC였다. 에드워드 '로키' 콜브 Edward 'Rocky' Kolb와 마이클 터너 Michael Turner 가 이 페르미연구소 센터를 운영하도록 고용된 까닭은 부분적으로 그들이 기꺼이 정통이 아닌 것을 받아들였기 때문이었다. '원시 피자'가 월요일에 만났기 때문에, 수업은 때로 국경일에 열리기도 했다. 문제될 건 없었다. 세미나를 진행할 초청장들이 저명한 방문객들에게 배포되었지만, 그들은 자신들이 왜 메모리얼 데이Memorial Day (미국의 현충일에 해당하며, 5월 마지막 월요일로 국경일이다 - 옮긴이)에 페르미연구소에 불려왔는지 의아해했다. 또 페르미연구소 회의실이나 강당의 학문적이고 정중한 공간에서 세미나를 하고 난 뒤에는 자신들이 남자 혼자 사는 '그다지 우아하지 않은 너저분한 집'에 앉아 수십 년이나 어린 학생들의 질문 공세를 받고 있음을 깨닫게 되었다.

콜브에겐 아내와 세 아이가 있었으므로, 주인 노릇을 하는 영예는 터너에게 돌아갔다. 로럴과 하디, 애벗과 코스텔로, 치치와 총(터너가 선택한 예시) 같은 유명한 코미디 커플이 그렇듯이, 그들도 똑같이 코믹하고 멋진 감각을 지니고 있었지만 스타일 면에서는 서로를 보완했다. 콜브는 빗자루 같은 콧수염을 기르고 덩치가 크며 엄격한 잔소리꾼 촌놈 역할을 맡았고, 터너는 긴 머리에 참을성이 없으며 눈알을 굴리는 척탄병 역할을 맡았다.

터너와 콜브 모두 칼텍을 거쳤다. 터너는 학사로, 콜브는 포스트닥터 연구원이었다. 그곳에서는 심지어 비공식 회의인 경우에도 모든 가능한 비판적 질문에 대비해 매우 철저하게 준비를 해야 했다. 사람들은 틀리는 걸 두려워했다. 캘리포니아 해안에서는, 루이스 알바레스가 버클리힐에 있는 그의 사유지인 '성'에서 오레오 쿠키와 맥주가 있는 모임을 주최하는 것으로 유명했다. 매주 대학원생이나 포스트닥터 연구원은 물리학계에서 아직 출간되지 않은 소식을 발표해야만 했다. 발표를 하는 순간 알바레스는 '난 그걸 믿지 않는다'거나 '그건 말도 안 된다'거나 '오차막대가 틀린 것 같다'며 무섭게 닦아세우곤 했다. 그러면 그들은 사실 컬럼비아나 하버드에 있는 친구들에게 전화를 걸어 작은 정보라도 하나 달라고 간청해서 주워들은 이야기인데도, 마치 자신이 한 것인 양 그 연구를 설명하고 옹호해야만 했다. 그리고 터너가 대학원 시절을 보낸 스탠퍼드는 '그런 애송이를 사지로 보내기 일쑤였다.' 그런 대학에서는 준비가 모든 것이었다.

그러나 듀페이지 카운티 과학문화센터에서는 준비가 전혀 없었다. 원시 피자에서 발표할 내용을 준비하는 것은 '틀리는 걸 두려워하지 말라'는 가장 엄숙하고 신성한 신조를 위반하는 것이었다. 그러한 지령은 대학원생과 초빙된 노벨상 수상자들에게도 똑같이 적용되었다. 짧은 이야기가 결과보다 더 중요했다. 일어나서 즉석에서 만들어냈다. 억지로 밀어붙였다. 그들은 우주론을 마치 재즈처럼 다루었다.

터너는 봉고를 두드리는 칼텍의 양자물리학자 리처드 파인만^{Richard Feynman}으로부터 그런 감각을 물려받았음을 깨달았다. 하지만 터너는 파인만이 '최악의 지도교수'였다는 것도 깨달았다. 파인만은 때로 대학원생들에게 자신이 흥미롭게 여기는 주제들을 탐구해보라고 권했지만 결국 그들은 이해를 못해서 논문을 완성하지 못하는 일이 종종 있었다. 또 그는 박사학위 지원자들에게도 자신이 흥미롭게 여기는 주제들을 탐구해보라고 권했지만 결국 모호한 것으로 드러나 그들이 포스트닥터 연구원직을 구하지 못하게 되는 일도 종종 있었다.

그런데 터너에게 스탠퍼드대학원에서 공부해보라고 조언한 사람이 바로 파인만이었다. 터너는 팔로알토^{Palo Alto}에 도착해서야 파인만이 스탠퍼드를 제안한 이유를 알았다. 그곳은 입자물리학 실험을 수행하는 선형 가속기의 본거지였고, 파인만은 그것에 관심이 있었던 것이다. '파인만은 자신이 관심 있는 것에만 관심이 있는 거야. 더 말해 뭘 하겠어.' 터너는 쓸쓸하게 생각했다.

터너가 관심이 있던 건 무엇이었을까? 그는 알지 못했다. 그는 의대생 몇 명과 합숙 중이었으므로 '생명을 구하는 일과 수학방정식을 푸는 일이 어떻게 비교될 수 있겠는가?'라고 자문해야 했다. 그는 곧 대학원을 자퇴하고 자동차 수리공이 되었다. 그 지역 재향군인병원에서 약물(마리화나, 바륨) 실험으로 연구 하나당 500달러를 벌었고, 그 뒤 주말에는 스탠퍼드 연구실험실에 있는 동물 1,000마리를 목욕시켰다. 이런 경험들은 그가 그동안 지나쳐버린 삶, 즉 생각하는 삶에 대해 더 깊이 감사하게 했다. 그러고 나서 머지않아 터너는 일반상대성이론에 대한 어떤 과목을 청강했다. 아니 적어도 뒷자리에 앉아서 메모를 했다.

일반상대성이론도 그에게 딱 맞지는 않았다. 그러나 적어도 그 과목은 그를 다시 교실로, 다시 물리학으로 돌아가게 했다. 터너가 1978년에 학위 논문을 마쳤을 때, 시카고대학교의 천체물리학자 데이비드 슈람이 그에게 전화를 걸어 포스트닥터 연구원직을 제안했다. 몇 년 전 슈람은《물리학적 우주론》에서 영감을 얻은 뒤로, 입자물리학과 우주론을 결합시키려고 애써왔지만, 터너는 개인적으로 이 두 가지 주제에 별로 관심이 없었다. 그런데 슈람도 밥 디키가 짐 피블스에게 CMB의 온도를 알아내보라고 제안했을 때처럼 터너에게 대수롭지 않게 말했다. "그것에 대해 생각해보는 게 어떤가?"

터너는 스탠퍼드에서 박사학위 논문을 지도해준 물리학자 로버트 왜

거너Robert Wagoner와 그 문제를 논의했다. "저 초기 우주 우주론 나부랭이 말인가? 그런 건 하지 말게." 왜거너는 딱 잘라 말했다. 왜거너도 빅뱅 혁명에 참가한 적이 있었다. CMB를 발견한 직후 2년 동안 스탠퍼드에서 포스트닥터 연구원으로 있을 때, 그는 슈람이 그다음 10년 동안 했던 초기 입자물리학을 연구했다. 그러나 그의 말에도 일리는 있었다. 1970년대 말쯤, 빅뱅의 유행이 멈추었다. 그 이론엔 없는 게 한 가지 있었다. 형이상학 – 물리학 연속체의 주술 쪽으로 다시 뒷걸음치지 않게 할 수 있는 한 가지가, 어떤 이론이라도 과학적이기 위해서 꼭 필요한 한 가지가 말이다. 그 한 가지는 바로 진실인지 거짓인지를 입증할 수 있는 예측이었다.

지도교수로서 파인만의 책임이 무엇이든, 그는 터너에게 '답이 있다고 생각할 때까지는 어떤 문제도 풀려고 하지 말라'는 교훈을 가르쳐주었다. 그런 접근법은 입자물리학이 보통 진행하는 방법과 반대였다. 입자물리학에서는 수학이 우선했다. 수학은 어떤 입자가 존재해야 하며, 현존하는 입자들로부터 그런 가설적 입자를 만들 수 있다고 말해주었다. 그러면 가속기를 이용해서 현존하는 입자들을 광속에 가까운 속도로 충돌시키고 가설적 입자가 튀어나오길 기다렸다.

그 접근법엔 전혀 잘못된 게 없었다. 그것은 효과가 있었다.

그러나 파인만은 터너에게 때로는 수학을 먼저 할 필요가 없다고 가르쳤다. 대신 직관을 믿어야 했다. 먼저 결론부터 내려야 했다. 우주가 무엇일지 상상한 다음, 다시 돌아가 운 좋게 맞아떨어질 때까지 끈질기게 수학을 해야 했다.

삶이 어떻게 될지 상상한 다음, 다시 돌아가 운 좋게 맞아떨어질 때까지 끈질기게 일해야 했다.

"저 초기 우주 나부랭이는 하지 말게." 스탠퍼드의 지도교수는 이렇게 말했다. "시카고로 와서 멋진 일들을 하라고!" 슈람은 이렇게 소리 높여 말했다.

슈람은 멋진 일들을 할 수 있다고 생각하게 만들었다. 그는 어떤 면에서 우주론의 화신이었다. 정력적이고 대담했으며 두려움을 몰랐다. 동료들은 그를 슈람보Schrambo 혹은 빅 데이브Big Dave라고 불렀다. 190센티미터의 키에 104킬로그램의 거구인 그는 전직 레슬링 선수의 체구(실제로 그는 전에 레슬링 선수였다)와 아마추어 파일럿의 끈기(역시 그는 아마추어 파일럿이었다)를 갖고 있었다. 그는 자신이 내려다보는 모든 것의 왕이자 정복자였다. 빅뱅이 유행하지 않던 시기에 초기 우주의 물리학을 탐구하기로 결정했을 때, 그는 전혀 변명하지 않았을 뿐 아니라 그 분야를 자신의 분야라고 주장했다. 그는 자기 소유의 개인 전용 비행기를 제어하는 회사를 '빅뱅 항공Big Bang Aviation'이라고 불렀다. 그의 빨간색 포르셰 번호판에는 '빅뱅'이라고 적혀 있었다.

터너는 우주론이나 입자물리학을 따로 연구하는 것이었다면 아마 반응하지 않았겠지만, 그 둘의 조합은 거부할 수 없는 매력으로 다가왔다. 시끄럽고 터무니없이 추상적인 것과, 조용하고 '깔끔하고 단순한' 것의 균형이었다. 터너는 입자천체물리학에서 인생에서 겪은 두 가지 주요 경향을 조화시킬 수 있었다. 자퇴한 방랑자, 슬그머니 돌아온 지식인. 무모한 사람과 신중한 사람.

그래서 마이클 터너는 시카고로 갈 것이다. 그리고 그는 아마 멋진 일들을 하게 될 것이다. 우주론이 어떤 예측을 만들어낸다면 말이다.

우주가 왜 간단할까?

1981년 10월, 전 세계 우주론자들의 우편함에 황금 티켓이 배달되었다. 그러나 지정된 날짜와 시간에 들어가게 될 원더랜드는 윌리 웡카의 초콜릿 공장이 아니라 스티븐 호킹의 너필드 워크숍 Nuffield Workshop이었다. 공익 신탁재단인 너필드는 3년 동안 매년 워크숍에 기금을 기부하는 데 동의했다. 두 번째 해에, 호킹과 역시 케임브리지에 있는 게리 W. 기븐스 Gary W. Gibbons는 남은 기금을 통합해서 전력을 다하기로 결심했다. 그 초청장이 '1초 미만'으로 규정한 우주론의 최전선인 '아주 초기 우주 Very Early Universe'에 집중적인 지원을 하기로 결정한 것이다.

초청장을 받은 30여 명의 이론가들 가운데는 터너도 있었다. 터너는 자신을 초청하리라는 걸 호킹과 기븐스가 알았을 거라고 생각했다. 시카고대학교에 있는 그의 동료들 가운데 하나가 호킹과 자주 공동연구를 했기 때문이다. 그렇다고 그렇게 많은 이론가들 모두가 우주론의 이런 특별한 변방을 연구한다는 말은 아니었다. 그리고 물론 좋은 워크숍에는 낡은 생각과 통념에 반대하는 상당히 많은 젊은이들이 참석하게 될 것이다. 그러나 터너도 티켓을 얻어야 할 것이다. 그는 발표만이 아니라 논문도 쓸 소수의 참석자들 가운데 하나가 될 것이다.

1982년 여름의 워크숍 첫째 날 케임브리지에 도착하자마자, 터너는 호킹에게 자신의 논문 초안을 건네주었다. 호킹이 고개를 끄덕여 고마움을 표시한 뒤 조수에게 몸짓을 하자 그가 터너에게 호킹의 논문을 주었다. 두어 편의 다른 논문들도 배부되고 있었다. 이제 아인슈타인이 일반상대성이론을 우주로 확장한 날부터 우주론에 늘 붙어 다니던 물음에 직면할 시간이 왔다. '우주가 왜 간단할까?'

호킹과 기브스가 보낸 초청장에 적혀 있었듯이 빅뱅 우주론은 '어떤 초기 조건들을 가정한다.' 그러나 그러한 가정들은 특별한 목적을 위해 만들어진 것으로 유명했다. 일반상대성이론을 이용해서 우주론 모형을 고안한다는 특별한 목적을 위해, 아인슈타인은 우주가 가장 큰 규모에서는 똑같이 보인다는 균질성을 가정했다. 정지하지 않은 우주론 모형을 고안한다는 특별한 목적을 위해, 다른 이론가들은 우주가 모든 방향에서 똑같아 보인다는 등방성의 가정을 추가했다.

그리고 우주는 정말로 균질하고 등방인 것처럼 보였다. 17년 전 CMB가 발견되자 대부분의 우주론자들은 이제 우주가 간단한가라는 물음에 대한 답을 얻었다고 만족해했다. 그 대답은 물론 '우주는 간단하다'였다. 가장 큰 규모로 볼 때 우주는 그 안에서 어디에 있든 똑같아 보일 것이다. 그리고 그들은 우주가 얼마나 간단한가라는 물음에도 답을 했다. '아주 많이'가 그 답이었다. CMB는 이론이 예측한 대로 대단히 매끄러웠다.

그러나 무언가가 현재 어떤 모습이라고 가정한다고 해서 그게 어떻게 그런 모습을 갖게 되었는지 이해할 수 있는 것은 아니다. 설령 그런 가정들이, 빅뱅이론의 가정들이 그랬듯이 옳은 것으로 드러난다고 해도 말이다. 우주가 하고많은 모습 중에 왜 간단해야 할까? 그리고 그냥 간단한 게 아니라 그렇게 많이 간단해야 할까? 곰곰이 생각해보면, 우주가 얼마나 간단한가라는 물음에 대한 답은 만족스러운 '매우 간단하다'가 아니라 의심스러운 '너무 간단하다'가 되었어야 했다.

그러나 이제 우주론은 우주가 어떻게 그렇게 간단하게 되었는가라는 물음에 대한 그럴듯한 답을 갖고 있었다. 1979년 12월 6일 저녁 늦게, 소년 같은 더벅머리에 소년 같은 미소를 띠고 있지만 월세 걱정에 찌들어 있는 더 이상 젊지 않은 대학교수 하나가, 하루 중 그 시간이면 종종 그렇듯이 서재에 있는 자신의 책상 앞에 앉아 있었다. 바로 이 순간 앨런 구스 Alan Guth에게 문득 수학적 영감이 떠올랐다. 다음 날 아침에 그는 자전거를 타고 스탠퍼드 선형 가속기센터Stanford Linear Accelerator에 있는 그의 연구실로 가서는(9분 32초의 새로운 개인 신기록을 세우면서) 즉시 책상 앞에 앉아 노트를 펼치고 간밤의 기나긴 작업을 요약하기 시작했다.

'놀라운 깨달음.' 그는 새로운 페이지의 맨 위에 이렇게 쓰고, 전에는 노트의 표제어에 한 번도 해본 적이 없던 일을 했다. 표제어 둘레에 사각형 모양의 테 두 개를 그린 것이다.

2년 반 뒤인 너필드 워크숍 기간 무렵, 그 이야기는 이미 과학계의 전설이 되어 있었다. 구스는 진정한 '유레카!'의 순간을 경험했다. 그의 경험은 동료들이 이마를 철썩 치면서 신음하듯 '당연하지!'를 내뱉게 하는 그런 종류의 통찰이었다. 구스는 1980년 1월에 자신의 놀라운 깨달음에 대한 첫 번째 세미나를 하고 하루 뒤, 일곱 기관으로부터 똑같은 세미나를 해달라고 초청받거나 교수직을 제공하겠다는 전화를 받았다. 그 무렵 구스는 자신의 아이디어에 급팽창(인플레이션)이라는 이름을 붙였는데, 그건 자신의 발견의 특성을 나타내는 물리적 성질과 그 시대의 주요한 경제적 걱정 모두를 아우르는 용어였다.*

그의 계산에 따르면, 우주는 거의 생겨나자마자 어마어마한 팽창을 경험했다. 우주는 10^{-36}초, 즉 1,000,000,000,000,000,000,000,000,000,00

---

*구스는 항상 간신히 연명하던 뉴저지의 세탁소(식료품점에서 업종을 바꾼) 주인의 아들이었던 터라 경제적 고찰을 무척 좋아했다. 그의 통찰은 우주론을 구제했을 뿐 아니라 이미 네 번째 포스트닥터 연구원을 벗어나지 못하던 상황도 구제했다.

0,000분의 1초의 나이가 되었을 때 이전 크기의 10^{25}배, 즉 10,000,000,00
0,000,000,000,000,000배로 팽창했다.

이 제안은 또 다른 물리학자 에드워드 P. 트라이언Edward P. Tryon이 몇 년
전에 〈네이처〉 지에 실린 1973년의 논문에 내놓은 아이디어를 따른 것이
었다. 베라 루빈의 석사학위 논문에 부분적으로 영감을 준 가모프의 〈네
이처〉 지 논문 〈회전하는 우주?Rotating Universe?〉처럼, 트라이언도 직관에
반하는 생각을 '우주는 양자요동인가?Is the Universe a Quantum Fluctuation?'라는
물음의 형태로 표현했다. 양자역학 법칙에 따라, 가상 입자들은 텅 빈 공
간에서 생겨날 수 있다. 그리고 20세기 중반 이후의 실험들이 반복해서
입증해왔듯이 실제로 그렇다. 트라이언은 우주가 그러한 양자 발생의 결
과가 아닐까 생각했다.

양자이론에서는 모든 게 가능성의 문제임을 명심한다면 그런 주장은
그다지 놀라운 게 아니었다. 그러므로 어떤 일이든 가능했다. 특정한 일
들은 거의 가능하지 않은지도 몰랐다. 예컨대 아무것도 없는 진공에서 우
주가 만들어지는 것 같은 일 말이다. 그러나 그런 일이 불가능하지는 않
았다. 그렇다면 영구한 시간을 거치는 동안 그런 거의 가능할 것 같지 않
은 일들이 왜 일어나지 못하겠는가? 우주는 "그저 때때로 일어나는 그러
한 일들 가운데 하나에 지나지 않는다"고 트라이언은 썼다. 혹은 구스가
즐겨 말했듯이 "우주는 궁극적인 공짜 점심ultimate free lunch이다."

그러나 트라이언의 아이디어는 우리 우주의 크기를 설명하지 못한다
는 문제가 있었다. 하지만 급팽창은 설명할 수 있었다. 구스는 갓 생겨난
우주가 물리학자들은 '상 전이phase transition'라고 부르고 다른 모든 사람들
은 '물이 얼음이 되거나 얼음이 물이 될 때 일어나는 일'이라고 부르는 과

정을 경험했을 가능성이 있음을 깨달았다. 물의 온도가 변할 때 변형이 갑자기 일어나지는 않는다. 말이 떨어지기가 무섭게 갑자기 호수 속에 있는 모든 H_2O 분자가 녹아서 물이 되거나 얼음으로 굳어버리는 것 같지는 않다. 대신 그 변형은 서서히 일어난다. 심지어 연못의 작은 부분들 안에서는 얼음이 균일하게 얼거나 녹지 않는다. 금과 균열이 희미하게 나타난 뒤 굳어지면서 결이 있는 모양이 된다.

구스는 만약 그런 변형을 초기 우주의 상황에 수학적으로 적용한다면 상 전이가 일시적인 진공을 만들어냈을 것임을 알았다. 그러한 진공이 음의 압력, 즉 강한 중력적 척력을 만들어서 다시 공간을 기하급수적으로 팽창시켰을 것이다. 우주는 크기가 두 배로 늘어난 뒤 또다시 두 배로 늘어나고 또다시 두 배로 늘어났을 것이다. 우주는 이런 일을 적어도 100번은 거쳤을 것이고, 10^{-35}(혹은 10^{35}분의 1)초가 지나는 동안 그렇게 했을 것이다. 그 뒤 진공은 붕괴했을 것이고, 기하급수적인 팽창은 멈췄을 것이며, 우주의 표준 팽창, 즉 빅뱅이론에서 우리가 먼 은하들에서 오는 빛의 적색이동으로 볼 수 있는 것이 시작되었을 것이다.

즉시 구스는 전해에 디키와 피블스가 '편평함 문제flatness problem'라는 주제로 한 일련의 강연들 중, 밥 디키의 강연에 참석했던 일을 떠올렸다. 그들은 청중에게 우주의 운명은 우주 안에 얼마나 많은 물질이 있는가에 달려 있다고 설명했다. 물질이 팽창을 역전시키기에 충분한지 충분하지 않은지, 아니면 딱 알맞게 있는지에 따라서 말이다. 과학자들이 우주의 운명을 결정하는 양을 표시하는 데 사용한 기호는 그리스 알파벳의 마지막 문자인 오메가였다. 우주가 만약 팽창을 멈추는 데 필요한 질량의 절반을 포함한다면 오메가는 0.5라고 말할 테고, 4분의 3을 포함한다면 오메가는 0.75라고 말할 것이다. 만약 우주가 팽창을 멈추게 할 질량보다 많이 포함하면 오메가는 1보다 커서 1.5배나 2배나 혹은 100배가 되었다. 그리고 우주가 딱 알맞은 양을 포함한다면, 즉 우주의 팽창을 멈추게는 하지만 다시 수축하게 하지도 않는 정확히 임계밀도만큼 갖고 있다면 오메가는 1이었다.

천문학자들은 심지어 우주를 가로질러 충분히 멀리까지 추적할 수 있는 표준촛불이 있다면 오메가를 측정할 수도 있을 것이다. 그러나 디키는 오메가를 알기 위해 관측이 필요하지는 않을 거라고 주장했다. 이론만으로도 충분했다.

디키에 따르면, 가장 초기 우주 때 1에서 조금이라도 벗어났다면 거의 즉시 우주는 무한히 기하급수적인 팽창을 하든 수축을 하든 종말을 맞고 말았을 것이다. 거꾸로 계산해가면 빅뱅으로 점점 더 가까이 갈수록 오메가는 1에 더 가까워질 게 틀림없었다. 빅뱅 후 3분이 지났을 때, 오메가는 10^{14}분의 1 이내에 있었을 것이다. 빅뱅 후 1초가 지났을 때, 오메가는 10^{15}분의 1 이내, 즉 0.999999999999999와 1.000000000000001 사이에 있었을 것이다. 더 초기 우주에서 계산할수록 소수점 이하의 자리들이 더 늘어났다. 계산을 하다가 어느 순간 우리는 그저 인정하게 된다. 오메가는 1이나 다름없었다고.

그리고 만약 오메가가 당시에 1이었다면, 지금도 1이어야만 했다. 왜냐하면 오메가의 값은 물질의 양에 의존했고, 우주가 당시에 어떤 물질을 갖고 있었든, 지금도 그리고 앞으로도 영원히 그럴 것이기 때문이다.

그러나 디키와 피블스 같은 빅뱅이론가들에게 편평한 우주는 뉴턴과 아인슈타인이 직면했던 것과 유사한 어떤 문제를 제기했다. 물질로 가득 찬 우주가 왜 중력의 효과를 통해 붕괴하지 않는 것일까? 뉴턴은 이 문제를 해결하기 위해 별들이 고르게 분포되어 있는 우주, 그리고 신을 생각해내야만 했다. 아인슈타인은 이 문제를 해결하기 위해 별들이 불규칙하게 분포되어 있는 우주, 그리고 람다를 생각해내야만 했다. 팽창하는 우주의 증거 때문에 아인슈타인은 람다를 버렸고 미래 세대들은 팽창이 늦춰지는 속도를 측정하는 방법을 알아내려고 애썼다.

그러나 이제 디키와 피블스는 빅뱅 우주에서 오메가가 1이어야 한다고 주장했다. 팽창이 늦춰지다가 사실상 멈추고 그렇게 영원히 머물러 있어야만 했다. 우주 안에 있는 모든 물질은 중력적 평형상태에 도달해야만 했다. 하지만 이것은 연필이 영원히 똑바로 서 있는 것과 같은 정도의 확률을 갖는 결말이었다. 그런 상태는 고전물리학 법칙에 따르면 불가능하지도 않지만 가능할 것 같지도 않았다.

그러나 1979년의 바로 그 12월의 밤에 구스는 만약 급팽창이 정말로 일어났고 전체 우주가 실제로 우리가 보는 부피의 10^{25}배라면, 편평한 것은 우주가 아니라 우리가 속해 있는 그 일부, 즉 우리가 항상 온전히 그대로 우주일 거라고 가정하는 부분일 뿐임을 깨달았다. 우주에서 우리가 있는 부분은, 지구가 둥글다고 해도 축구장이 편평해 보이는 것처럼, 우리에게 편평해 보일 것이다. 우주 전체는 어떤 오메가 값을 가질 수 있을 것이다. 그러나 우리가 보는 우주는 1에 충분히 가까운 어떤 값을 가지며, 모든 실제적인 목적을 위해 그걸 1로 두는 게 더 낫다.

편평함 문제는 이 정도로 끝내자.

급팽창을 고안하고 몇 주일 뒤, 구스는 점심시간에 어떤 동료들의 이야기를 듣다가 균질하고 등방인 우주에서 또 하나의 명백한 모순인 '지평선 문제 horizon problem'에 대해 알게 되었다. 우주의 한 방향을 들여다본 다음, 반대 방향을 보라. 사실 CMB를 측정하는 안테나들이 하는 일이 바로 이런 것이다. 한 방향에서 오는 빛이 우리에게 도달하고 다른 방향에서 오는 빛도 우리에게 도달하겠지만, 첫 번째 광원에서 오는 빛은 아직 두 번째 광원에 도달할 시간이 없었을 테고, 그 반대도 마찬가지일 것이다. 그러나 CMB는 온도가 10만 분의 1 이내까지 유사함을 보여준다. 우주의 두 부분이 서로 '소통'한 적 없다면 한 부분이 다른 부분의 온도를 어떻게 '알았을까?'

'그래, 급팽창은 이 문제도 해결할 수 있을 거야.' 구스는 이렇게 생각했다. 만약 급팽창이 정말로 일어났다면, 우주의 나이가 10^{-35}초 미만이었을 때 우주의 두 먼 부분들은 서로 맞닿아 있었을 것이다. 구스는 조금 더 생각했다. 그 뒤 그는 혼잣말로 중얼거렸다. "이게 정말로 좋은 아이디어가 되겠군."

〈급팽창 우주, 지평선과 편평함 문제의 가능한 해결책〉이라는 제목이 붙은 구스의 논문은 1981년 초에 출간되었다. 너필드 워크숍의 공식 명칭은 '아주 초기 우주'였지만, 그것은 금방 급팽창에 대한 투표가 되었다. 36개의 회기 가운데 17개가 즉시 그 주제를 다루었고, 다른 주제들의 대부분도 그것을 언급했다.

문제는 급팽창이 이치에 맞는지 여부가 아니었다. 급팽창은 균질성과 등방성이라는 두 가지 중요한 가정을 설명했다. 그것은 편평함과 지평선이라는 두 가지 문제를 해결했다. 그것은 믿을 수 없을 정도로 훌륭했다. 아니 적어도 그게 바로 너필드에 있었던 이론가들 대부분의 생각이었다. 문제는 그들이 그 결함들을 고칠 수 있는가의 여부였다.

구스의 원래 아이디어는 그가 미처 인지하지 못했던 어떤 문제 때문에 고초를 겪고 있었다. 그의 급팽창은 일단 시작하면 멈출 수가 없었다. 모스크바 레베데프 물리학연구소의 안드레이 린데Andrei Linde, 그리고 그와 별도로 펜실베이니아대학교의 폴 스타인하르트Paul Steinhardt와 안드레아스 알브레히트Andreas Albrecht 등 다른 이론가들은 그 문제를 인지하고 해결책을 찾았다. 그들은 급팽창 기간이 구스의 생각처럼 젤리의 응고라기보다 부글부글 끓어오르는 물에 더 가깝다고 생각했다. 그러나 거품 팽창 모형은 여전히 보이는 우주를 설명해야만 한다는 문제가 있었다. 균질하고 등방이지만 너무 균질하고 등방이면 안 된다. 그렇게 되면 우리가 여기에 존재하지 못할 것이기 때문이다.

그들은 모두 호킹의 생각을 모방했다. 1973년에 호킹은 초기 우주 연구를 블랙홀 관련 연구로 다듬었다. 그는 양자효과와 중력효과가 결합되기 때문에 블랙홀이 특이점으로 들어가는 일방통행로가 아님을 알았다. 양자효과는 넘어가면 다시는 돌아올 수 없는 블랙홀의 테두리인 '사상事象의 지평event horizon'이라는 가장자리에서 입자와 반입자가 갑자기 생겨날 거라고 말한다. 반면 중력효과는 하나는 블랙홀 안으로 사라지지만 다른 하나는 그렇지 않을 거라고 말했다. '즉시' 서로를 소멸시키기보다, 하나는 그 가장자리를 넘어가 블랙홀 안으로 들어가고 다른 하나는 공간과 우리가 알고 있는 우주로 빠져나올 것이다. 블랙홀은 전혀 블랙홀이 아니었다. 블랙홀은 복사를 새어나오게 했고, 그것은 '호킹 복사Hawking radiation'로 불리게 되었다.

결국 호킹은 화합할 수 없을 것처럼 보이는 20세기의 두 이론인 양자역학과 일반상대성이론을 연결하는 일을 시작했다. 이는 과학이 특이점

이후의 가장 빠르고 가장 거품 같은 시간이나 특이점 자체를 묘사하려고 할 때 꼭 필요한 단계였다. 2년 뒤, 호킹과 기븐스는 양자중력의 개념을 우주 전체로 확장했고 그것이 열적 요동으로 가득 차 있음을 알게 되었다. 1982년 초 너필드 워크숍이 열리기 전까지 몇 달 동안, 터너와 폴 스타인하르트는 그런 요동들이 급팽창 기간 동안 존재했을 수 있다는 아이디어에 대해 연구하기 시작했다.

구스와 터너를 비롯한 일부 다른 참석자들에게는 너필드가 이른바 우주론자들의 마지막 '유랑 서커스'였다. 1982년 초에 그들은 런던과 프랑스의 알프스산과 스위스에서 열린 학회에 참석했다. 4월에 스타인하르트와 호킹은 우연히 동시에 시카고대학교를 방문하고 있었다. 그리고 터너로서는 당혹스러운 일이 결국 시작되었다. 5월에 스타인하르트는 하버드를 방문했고, 구스는 MIT에서 자전거를 타고 왔다. 너필드가 열리기 꼭 2주 전인 6월에 호킹은 프린스턴에서 어떤 강연을 했다. 스타인하르트는 필라델피아에서 차를 몰고 왔고 구스와 터너에게 전화를 걸어 새로운 급팽창에 대한 최신 정보를 알려주었다.

너필드 학회는 더 간결해졌을 뿐 아니라 더 강렬해진 것 같았다. 기븐스와 호킹은 대부분의 날에 세미나 두 번으로 일정을 제한하며 나머지 시간을 '비공식적인 논의'를 위해 남겨두었다. 그리고 그들은 정말로 논의를 했다. 참석자들은 런던으로 주간 여행을 가면서 이야기를 나누었다. 그들은 호킹의 집 잔디밭에서 공놀이를 하고 차를 마시면서 이야기를 나누었다. 그들은 서로의 방을 오가며 밤늦도록 이야기를 나누었다. 그리고 그들이 이야기를 나누는 동안, 급팽창 개념은 계속해서 바뀌고 또 바뀌었다. 터너가 보기에 너필드는 우주론적으로 드문 사건들 가운데 하나인

'연구가 실제로 이루어진 워크숍'으로 발전하고 있었다.

터너는 TV 앵커의 목소리를 흉내 내며 방금 들어온 소식인 것처럼 워크숍 내용들을 정리했다. 또한 그런 방식으로 엄청난 속도로 오고간 아이디어들을 설명하려고 애썼다. 그는 비웃음을 샀지만 소기의 목적은 달성했다. 즉 그 문제를 분석할 수 있다는 것조차도 일종의 진보였다. 그들이 새로운 급팽창을 효과 있게 만들었을까? 아니다. 그러나 그들은 그것을 효과 있게 만들 수 있는 어떤 방식에 동의했다. 비록 아직 어떻게 풀어야 할지는 알아내지 못했지만 이제 그들에게 올바른 방정식이 있다는 건 알고 있었다. 그들은 용케 우주를 터무니없이 간단한, '너무' 간단한 것에서 그저 '매우' 간단한 것으로 바꾸었다. 그들은 심지어 우주론에 '우주가 편평하다'는 예측이 포함되어 있다는 확신까지 갖게 되었다.

'식은 죽 먹기군.' 터너는 이렇게 생각했다. 이제 어려운, 그리고 재미있는 부분 차례다.

우주는 편평할까?

만약 파인만 방식의 믿음을 훈련하는 게 아니라면 급팽창은 – 너필드 워크숍은 – 무엇일까? 급팽창이 너무나 많은 것을 설명하고 해결해주었기 때문에 1980년대 초의 우주론자들은 성급히 결론을 내리고 그것을 받아들인 다음, 다시 돌아가 수학이 제대로 효과를 발휘하게 하려고 안간힘을 썼다. 그리고 그들은 성공했다. 너필드 워크숍이 끝나고 몇 주일 동안, 터너와 다른 참석자들은 새로운 급팽창에 대한 방정식들에 대해서 합의에 도달했고, 우주론은 갑자기 빅뱅뿐 아니라 빅뱅에 급팽창까지 추가된 새로운 표준 모형을 갖게 되었다.

그러나 합의한다고 해서 과학이 완성되는 것은 아니다. 작업은 계속될 것이다. 결국 파인만 같은 믿음에 필요한 수정과 재고를 통해서 말이다. 그 분야 전체가 그러한 수정과 재고를 거치게 될 것이다. 터너와 콜브에 게는 그들이 그것을 슈람 스타일로, 그리고 슈람의 요지를 이용해서 하게 될 거라는 점만 다를 뿐이었다.

1981년 여름에 이탈리아의 돌로미티 산에서 하이킹을 하는 동안, 슈람 은 지난 10년 동안 자신이 옹호해온 과학적 교차점에 전념하는 연구소를 설립할 생각을 페르미연구소 소장 리언 레더먼^{Leon Lederman}과 함께 논의 했다. 그 아이디어는 다소 급진적이었다. 터너가 말했듯이 "천문학과 물리 학은 서로에게 무관심하다는 것 이외엔 공통점이 전혀 없었다." 그러나 NASA는(아마도 우주망원경과학연구소^{STScI}를 페르미연구소가 아니라 존스홉 킨스에게 준 것에 대한 위로용으로) 그런 연구소 설립 비용을 제공하는 데 동 의했고, 레더먼과 슈람은 NASA/페르미연구소 천체물리학센터를 경영하 기 위해 터너와 콜브를 고용했다.

슈람은 종종 러시아의 이론가 야코프 젤도비치^{Yakov Zel'dovich}의 말을 인 용해 '빅뱅은 빈자貧者의 입자가속기'라고 말하곤 했다. 지구 상의 가속기 들은 우주의 최초의 순간들에 해당하는 에너지, 즉 더 초기로 갈수록 더 높은 에너지에는 도달할 수 있었지만, 최초의 가장 강력한 순간에는 맞출 수가 없었다. 설령 가속기가 맞출 수 있는 어떤 시간과 에너지 수준에 도 달하고 싶다 해도, 그건 복도를 걸어가 오후 동안 잠시 빌릴 수 있는 그런 종류의 장비가 아니었다. 대신 할 수 있는 거라곤 어떤 온도에 있는 어떤 입자들이 어떻게 움직일지 계산한 다음, 그런 계산들이 오늘날 우주 안에 있는 원소들의 관측과 일치하는지 알아보는 것뿐이었다.

그 아이디어 자체는 새로운 게 아니었다. 가모프와 랠프 앨퍼와 로버트 허먼은 1940년대 말에 빅뱅 우주의 가정들을 연구하면서 그런 계산들을 하려고 노력했다. 프레드 호일도 정상상태 우주론의 가정들을 연구하면서 그런 계산들을 하려고 노력했다. 빅뱅 우주론 옹호론자들의 계산은 우주 안에서 대략 4분의 3의 수소와 4분의 1의 헬륨 함량은 설명할 수 있었지만 1퍼센트의 더 무거운 원소들은 설명하지 못했다. 정상상태 우주론 옹호론자들은 정반대의 문제 때문에 더 무거운 원소들의 생산은 설명할 수 있었지만 수소와 헬륨은 설명하지 못했다. 이 쌍둥이 난국은 우주론의 명성을 위해 아무런 역할도 하지 못했다.

그러나 1957년에 물리학자인 제프리와 마거릿 버비지 Geoffrey & Margaret Burbidge 부부와 윌리 파울러 Willy Fowler, 프레드 호일은 공동연구를 통해 〈현대물리학리뷰 Reviews of Modern Physics〉라는 저널에 원소들의 기원에 대한 104쪽에 달하는 역작을 실었다. 이것은 다윈이 거의 100년 전에 《종의 기원》을 펴내기 위해 했던 일과 같은 일이었다. 과학자들이 B²FH라고 부르게 될 이 네 명의 공동연구자들은 18개월 동안 칼텍의 켈로그 복사연구소에 있는 창문도 없는 방에 처박혀 칠판에 낙서를 하기도 하고, 바데와 츠비키가 1930년대에 한 초신성의 내부 활동 연구를 이용하여 나름의 논리적 결론을 내리기도 했으며, 연속 세대의 별에서 일어나는 핵반응이 어떻게 물질의 기본 구성요소들을 갈가리 찢어서 다시 새롭고 더 복잡한 조합으로 결합시키는지 알아내기도 했다. 다윈이 단세포 생물이 어떻게 종에서 종으로 진화할 수 있었는지 설명한 것처럼, B²FH도 단일 양성자 원자들이 어떻게 결국 주기율표에 있는 원소들을 만들 수 있었는지 설명했다. 그들은 결론에서 다윈이 《종의 기원》에서 한 마지막 말을 모방해

"원소들은 진화해왔고, 지금도 진화하고 있다"고 썼다.

가모프와 앨퍼와 허먼은 더 무거운 원소들을 결코 설명할 필요가 없었다. 그들이 설명할 수 있는 수소와 헬륨은 많았으므로 B²FH의 초신성이 책임을 떠맡아 더 무거운 원소들을 만들 것이다. CMB가 발견되고 빅뱅에 대한 관심이 되살아나자, 파울러와 호일과 왜거너를 포함한 물리학자들은 계산을 다듬는 작업에 몰두했다. 이제 슈람에게, 그리고 그가 터너와 콜브에게 넘겨주려고 하는 NFAC에 다른 점이 있다면, 아주 작은 물질들을 다루는 물리학자들과 아주 큰 대상을 다루는 물리학자들이 마치 하나의 학문분야에 속한 듯이 서로에게 이야기하기를 바란다는 것, 사실상 그러한 새로운 학문분야를 만들고 싶어 한다는 것이었다.

터너와 콜브는 즉시 슈람의 미학뿐 아니라 그의 비전을 촉진시키기 위해 '안쪽 우주/바깥쪽 우주Inner Space/Outer Space' 학회를 조직하기 시작했다. 그들은 어떤 은하의 사진 위에 입자 검출기인 거품 상자bubble–chamber의 트랙들이 중첩된 로고를 채택하고, 그것을 기념 티셔츠에 붙였다. 그들은 이 가속기 트랙 주위로 200명의 참석자들이 마치 들소처럼 터벅터벅 걸어가는 행사를 준비했다. 그들은 페르미연구소의 대초원을 배회하는 물소를 자랑했다. 그들은 '물소 반Buffalo Class' 소풍을 준비했고, 'J. 폰다J. Fonda'의 강연을 약속하는 포스터로 그것을 광고했다. 그 뒤 회보를 발간할 때, 그런 포스터를 비롯해서 터너의 다른 기묘한 그림들을 실었다. 그리고 성명서의 두 배가 되는 발문을 포함시켰다.

"20세기의 우주론은 일부 우주론자들의 확신 부재로 곤란에 처했으며, 종종 기회를 놓치는 결과를 낳기도 했다." 그들은 이렇게 썼다. 아인슈타인은 자신의 방정식에 대한 용기가 부족해서 팽창하는 우주를 예측할 기회를 놓쳤다. 나중 세대들은 가모프의 방정식에 대한 용기가 부족해서 CMB를 발견할 기회를 놓쳤다. 콜브와 터너는 자신들의 세대는 그런 실수를 하지 않겠노라고 맹세하며 이렇게 결론 내렸다. "미래의 우주론자들이 1980년대의 우주론에 대해서 무어라고 쓰든, 이 시대의 우주론자들이 가장 터무니없는 생각조차 진지하게 받아들일 용기가 없었다고 평가하지는 않을 것이라 우리는 확신할 수 있다. 우리는 여전히 그 어느 때보다도 낙관적이다!"

전향은 계속되었다(터너는 심지어 NFAC를 '모교회 mother church'로 언급하기도 했다). 1989년에 콜브와 터너는 피블스의 책이 물리학과 우주론을 위해 한 일을 입자천체물리학과 우주론을 위해 하기를 바라며《초기 우주 The Early Universe》라는 책을 펴냈다. 그들은 그 책의 '피날레'에서 "아마도 미래의 우주론자들은 우리의 고지식함을 비웃을 것"이라면서 "그러나 그들이 그렇게 한다 해도 우리는 그들이 한때 인간이 이해할 수 없는 것으로 생각되었던 문제들을 공략하는 데 보여준 우리의 용기와 대담성에 찬사를 보낼 거라는 희망을 가질 수 있다. 우리가 우리의 용기와 대담성에 대해 얼마만큼 보상을 받게 될지는 두고 봐야 한다"고 말했다. 그리고 이 저자들은 "여전히 그 어느 때보다도 낙관적이다!"라는 말로 끝을 맺었다.

보급판 도서에는 새로운 서문을 넣었다. 그들은 "4년이 지났는데도, 우리는 여전히 낙관적이다. 우리는 사실 훨씬 더 낙관적이다!"라고 썼다. 그리고 그들은 학계에서 자신들이 점차 아이콘 같은 존재가 되어감을 인지하고, 서문에 '로키와 마이크'라고 서명했다.

좋다. 소리를 높여라. 큰 소리로 생각을 말하라. 미쳐도 괜찮다. 더 많이 미칠수록 좋다. 동료들의 손에서 분필을 잡아채라. 한쪽으로 서서 판벽으로 에워싸인 지하실의 가로장에 기대어, 슈람은 아마 저 원시 피자의 밤마다 벌어질 지적인 음식 싸움을 기대했을 것이다.

그러나 그 뒤 입을 다물고 조용히 하라. 흥분을 가라앉히고 아침에 연구실로 돌아가 노트를 꺼내어, 확고한 수학을 찾을 때까지 그 터무니없는 생각을 다듬고 또 다듬어라. 그리고 그 수학이 누군가가 실제로 입증할 수 있는 어떤 예측을 하는지 확인하라. 그의 동료들은 이런 입증 가능한 예측에 기반을 둔 주장을 '슈람의 면도날'이라 불렀다. 그리고 이제 우주론은 '우주가 편평하다'고 예측했다.

그렇다면 그 증거가 어디에 있을까?

'안쪽 우주'는 오랜 세월이 흐르는 동안 변해왔다. 슈람의 원래 상상도에서, 안쪽 우주는 입자물리학을 나타냈다. 그와 동료들은 원소 형성의 과정들을 이른바 '핵 합성 시기', 즉 우주의 나이가 1초와 100초 사이이고 우주의 안개가 원소들의 형성을 허용할 정도로 식었던 시기로 만들어버리는 데 성공했다. 그들은 양성자와 중성자와 전자가 튀면서 날아다닌 1초보다 훨씬 작은 시간 동안 무슨 일이 일어났어야 했는지 알고 있었다. 그러나 호킹과 구스가 그 게임을 바꾸었다. 그들은 우주를 반대쪽에서 접근했다. 현재부터 거꾸로 가는 게 아니라 태초부터 앞으로 가는 것이다. 그들은 입자물리학뿐 아니라 양자물리학도 설명했다. 만약 급팽창이 옳다면 급팽창 기간 동안, 즉 10^{-35}초 동안 내내 양자 요동이 마치 얼음의 결처럼 우주라는 연못에 균열들로 고정되었을 것이다. 그리고 결국 그 주변으로 물질(암흑이든 아니든)이 모여 우리가 오늘날 보는 우주의 구조를 만들었을 것이다.

그러나 '바깥쪽 우주'도 역시 변하고 있었다. 루빈-포드 효과를 놓고 논쟁을 벌이던 시기는 오래전에 지났다. 베라 루빈과 W. 켄트 포드가 1970년대 중반에 수집한 데이터로 국지 은하들이 팽창으로 후퇴하고 있을 뿐 아니라 공통의 방향으로 무리 지어 움직이는 것을 보여주는 효과 말이다. 루빈과 동료들이 루빈-포드 효과를 논문으로 출간한 것과 같은 해인 1976년, 로런스 버클리 국립연구소LBNL의 리처드 멀러와 조지 스무트George Smoot가 이끄는 어떤 팀은 전체 우주가 회전하는지 결정하려고 했다. 이들은 피블스가《물리학적 우주론》에서 한 어떤 제안을 이용하여 디키 복사계를 U-2비행기에 실어 CMB에 대한 우리 은하의 운동을 측정했다.

그러나 그들이 발견한 것은 우리 은하가 거의 초속 650킬로미터의 속도로 공간을 질주하는 것처럼 보인다는 것이었다. 스무트는 피블스가 1977년 4월에 열린 미국물리학회 회의에서 양보해준 발표 시간 동안 그 결과를 발표했다. 피블스는 그 현상을 '이론가들에게 진정한 딜레마'라고 말했고, 스무트는 그 방에서 그 말의 함축적 의미를 이해하는 물리학자가 그들 둘뿐이 아닌가 하는 생각이 들었다. 우주가 대규모에서 여전히 균질하고 등방인 것처럼 보일 정도의 국지적 변동성을 가지려면, 우주의 규모가 상상할 수 없을 정도로 커야 했다.

같은 해에 짐 피블스는 릭 천문대Lick Observatory가 관측해온 은하 수백만 개의 지도를 집계했다. 이를 통해 은하들이 서로 중력적으로 상호작용하여 더 큰 무리인 은하단을 이루고 있을 뿐 아니라, 이 은하단들도 서로 중력적으로 상호작용하여 더 큰 무리인 초은하단을 이루고 있는 것처럼 보임을 발견했다. 1981년에 앨런 샌디지와 구스타프 탐만은 제라르 드 보쿨뢰르가(그리고 확장하여 루빈이) 옳았다고 발표했다. 즉 은하수 자체는 어떤 국부 초은하단에 속해 있었고, 사실 드 보쿨뢰르는 이것을 국부 초은하단Local Supercluster이라고 불렀다. 같은 해에 로버트 커슈너가 속한 한 그룹이, 무리 짓는 은하들이 남긴 잔재의 증거인 '거대 공동Great Void'을 발견했다. 그다음 해에 또 다른 공동연구팀은 거대 공동이 그렇게 크지 않음을 발견했다. 그것은 다소 전형적이었다. "초은하단을 형성하는 군집 현상은 광범위하며 은하들이 상당히 부족해 보이는 공간에는 커다란 구멍들이 동반된다."

하버드 천체물리학센터 공동연구팀의 더 광범위하고 더 깊숙한 은하 조사는 은하들의 필라멘트인 초은하단 '거대 장벽Great Wall'을 확인하여 천문학계에 큰 충격을 안겨주었다. 그러나 범위를 확대해 적색이동 조사를 계속하자 거대 장벽도 전형적인 것처럼 보였다. 그 패턴은 일관성이 있어서, 우주 조각이 넓어질수록 필라멘트는 더 길어졌으며 필라멘트가 길수록 공동도 더 커졌다.

그러한 구조들의 규모 자체는 암흑물질 이론가들의 도전을 의미했다. 그들의 시뮬레이션과 계산은 먼 과거에 적당한 비율로 형성되는 은하와 은하단들을 보여줄 수는 있었지만, 그러면 초은하단들이 나중에 관측자들이 발견한 정도까지 발전할 시간이 없었을 것이다. 혹은 그들의 모형은 가까운 과거에 적당한 비율로 형성된 초은하단들을 보여줄 수는 있었지만, 그러면 은하와 은하단들은 관측자들이 발견하는 것보다 더 많이 더 일찍 발전했어야만 할 것이다. 그럼에도 터너와 콜브의 논지로 볼 때, 적어도 은하들의 분포는 이 시기의 어떤 논문이 표현했듯이 '거품 같았다.'

바깥쪽 우주의 은하 거품이 안쪽 우주의 양자 요동과 일치할까? 1965년에 우주마이크로파배경이 발견된 이후, 빅뱅이론의 운명은 매끄러운 복사에서 장래에 과연 편차를 발견할 수 있는가에 달려 있었다. 왜냐하면 우리가 여기에 존재하기 위해서는 CMB에 반드시 비균질성이 존재해야만 하기 때문이다.

우주가 편평할까? 1979년에 급팽창이 발견된 이후, 그러한 비균질성에 대한 양자 해석의 운명은 장래에 편평함을 발견할 수 있는가에 달려 있었다. 왜냐하면 우리가 여기에 존재하기 위해서는 우주마이크로파배경 복사에 반드시 비균질성이 존재해야만 하기 때문이다.

1990년대 초에, 터너와 콜브를 비롯해서 수년 동안 답을 기다려온 모든 다른 우주론자들이 마침내 이 두 물음에 대한 답을 얻었다. 아니 얻은 것 같았다. 1989년에 발사된 우주배경탐사^{Cosmic Background Explorer, COBE}는 전례가 없는 민감도로 바로 이 두 측정을 하도록 설계되었다. 터너를 포함한 많은 과학자들이, 그 실험이 효과가 있을지 의심했을 정도로 민감한 수준이었다.

1990년 존 매더^{John Mather}는 COBE 위성이 마이크로파배경의 스펙트럼을 측정했는데 그것이 20년도 더 전에 펜지어스와 윌슨이 발견한 것과 일치함을 발견했으며, 그 온도의 측정치를 $2.734K(\pm0.06K)$로 개선했다고 발표했다. 1992년에 스무트*는 COBE 위성이 급팽창의 예측들과 일치하는 복사의 주름들을 발견했다. 우주는 편평했다.

아니 그렇지 않았다. 예컨대 프린스턴의 루스 데일리^{Ruth Daly}는 표준척도로 전파은하^{radio galaxies}를 이용했다. 전파은하는 플라스마 기둥을 양쪽

---

*이제 그는 자신의 1977 U-2 실험이 왜 우주의 회전을 찾는 데 실패했는지 급팽창이 설명해주리라는 것을 깨달았다. 우주 전체는 정말로 회전하고 있겠지만, 우리가 속해 있는 작은 급팽창 거품 안에서는 그 효과를 탐지할 수 없을 터였다.

으로 내뿜고 있어서 마치 수염이 있는 물고기처럼 보이는 은하다. 초신성을 표준촛불로 삼아, 우주론적 거리에서 보이는 '실제' 모습보다 더 밝게 (그러므로 더 가깝게) 보기를 바라는 천문학자들처럼, 데일리와 몇몇 다른 천문학자들은 전파은하를 '실제'보다 더 오래(그러므로 또한 더 가깝게) 보기를 바랐다. 그녀의 예비 관측들은 0.1오메가, 즉 닫힌 우주에 필요한 밀도의 10분의 1에 해당했다. 역시 프린스턴에 있는 네타 바칼Neta Bahcall은 은하단 연구를 통해 그 질량과 분포로부터 우주의 '무게'를 추론하기를 바랐다. 그녀의 예비 관측은 0.2오메가, 즉 닫힌 우주에 필요한 밀도의 5분의 1에 해당했다. 데일리와 바칼에 따르면 우주는 열려 있었다.

우주는 편평했다. 우주는 열려 있었다. 그리고 수십 년이 지나도록 우주론은 그렇게 더 많은 관측을 기다려야만 하는 이도 저도 아닌 어중간한 상태에, 우주 균형의 애매모호한 답보 상태에 머물러 있었다.

1997년 말 데이비드 슈람이 스미스소니언연구소의 국립 자연사박물관에서 열리는 어떤 행사에 참석해달라는 초청장을 받았을 때, 그에게는 이런 난국이 직업적 의미 이상으로 중요했다. 1998년 4월에 열릴 그 행사에서 슈람과 짐 피블스 사이에 우주가 편평한가에 대한 '대논쟁'이 벌어질 터였다. 그러한 논쟁은 반드시 참가자들의 확신에 의존하지는 않는다. 그들은 당연히 과장이 더 심하다. 그럼에도 슈람이 경쟁에 나선 것은 단순히 점수를 얻기 위해서가 아니었다. 그는 자신의 생각이 옳기를 바랐다. 그는 오메가 값을 알고 싶었다.

그는 솔 펄머터가 알고 있는 내용을 알고 싶었다.

수년 동안 펄머터 그룹은 유형 Ia 초신성을 표준촛불로 이용해서 오메가를 정확히 측정하기를 기대했다. 그들은 그동안 결과를 암시하는 몇 편의 논문을 출간해왔다. 이제 캘리포니아에서는 그들이 초신성을 수십 개발견했고, 허블우주망원경HST 관측 시간을 따냈으며, 평결을 선포하기 직전 상태에 있다는 말이 흘러나왔다.

"솔은 어떻게 하고 있지?" 슈람이 터너의 연구실을 지나가면서 물었다. 그러고 며칠 뒤 또 물었다. "솔은 어떻게 하고 있지?"

터너는 그에게 1월에 열리는 미국천문학회AAS 회의에서 곧 모든 걸 알게 될 거라고 대답했다. 솔은 발표를 할 것이다. 다른 팀도 발표를 할 것이다. 그들이 지금 할 수 있는 거라곤 집에 가서 크리스마스 휴일을 즐기며 기다리는 것뿐이었다.

12월 19일 저녁 늦게, 마이클 터너는 전화 한 통을 받았다. 전화를 건 사람은 슈람의 아내인 주디스였다. 그녀는 애스펀에 있는 집에서 남편이 개인 전용 비행기인 스웨어린젠 SW −3을 타고 날아오길 기다리고 있었다. 그런데 그가 몇 시간 늦어서 걱정하고 있던 참에, 지역 뉴스에서 비행기 추락에 대한 보도가 있었다.

터너는 일단 안심시키는 말을 해 놓고, 주디스와 계속 연락하기로 한 다음 전화를 끊었다. 하지만 그녀와 나중에 다시 통화를 한 후에도, 터너는 데이비드 슈람이 비행기 추락에서 살아남지 못했음을, 형체를 알아볼 수 없을 정도의 처참한 몰골로 발견되었음을, 눈과 추위와 어둠 속에서 들판을 헤매고 있는 것이 아님을 도저히 믿을 수가 없었다.

반갑다,
람다

우주는 영원히 팽창할까?

1998년 1월 8일, 천문학자 네 명이 과학의 평결을 선포하기 위해 워싱턴 힐튼호텔 회의실 앞 테이블에 앉아 있었다. 루스 데일리는 자신의 전파은하 데이터를 가지고 그곳에 와 있었고, 네타 바칼도 자신의 은하단 데이터를 가지고 그곳에 있었으며, 두 초신성 팀의 대표들인 하이-z 공동연구팀의 피터 가나비치와 초신성 우주론 프로젝트[SCP] 팀의 솔 펄머터도 거기에 있었다. 〈뉴욕타임스〉와 〈워싱턴포스트〉의 리포터를 포함한 20여 명의 기자들이 자리를 가득 메웠고, 회의실 뒤편에는 금속 램프에서 빛과 열기를 뿜어내는 카메라들이 삼각대 위에 장착된 채 줄지어 늘어서 있었다. 네 명의 천문학자는 네 개의 독립적인 공동연구를 제시했지만, 그들은 '우주는 영원히 팽창할 것'이라고 한 목소리로 주장했다.

그런데 더 강력히 주장하는 사람이 하나 있었다. 펄머터는 하와이에서 관측하다가 워싱턴 D.C.로 날아갔다. 호놀룰루에서 샌프란시스코로 가는 비행기에서 그는 생전 처음 기내 전화를 이용하여 버클리에 있는 동료들에게 전화를 걸었고, 그가 마우나케아 산Mauna Kea 정상에 있는 켁 망원경에서 최근 며칠 동안 수집한 새로운 데이터를 받아쓰게 했다. 그 뒤그는 그 데이터가 들어간 포스터를 인쇄하기 위해 버클리에 잠깐 들렀을뿐이었다. 당시까지 SCP 팀은 1주일 전에 〈네이처〉 지에 실린 어떤 논문에서 일곱 개의 초신성을 공개했다. 하지만 그 팀은 본질적으로 중요한양인 40개 이상의 다른 초신성을 준비 중이었다. 그것은 그 시스템이 작동하고 있으며, SCP 팀이 그 방법을 완전히 터득했음을 학계에 알려주는것이었다.

그러나 펄머터에게 이 결과들은 물리학을 이용하여 중요한 미스터리들을 해결하려는 그의 꿈이 실현되었음을 의미하기도 했다. "처음으로우리는 실제로 데이터를 갖게 될 것이며, 따라서 여러분은 우주론이 무엇인지 알아내기 위해 철학자가 아니라 실험주의자에게 의존하게 될 것입니다." 그는 AAS 회의에서 이렇게 선언했다. 그 뒤 그는 회의실 테이블 앞에 한 시간 동안 머물면서 언론인들을 위한 미니 세미나를 해주었다. 언론인들은 그를 에워쌌고 그는 공표했다. 나중에 혹시 카세트테이프를 다시 틀어본다면 그들이 무심코 '빨리 감기 버튼FAST-FORWARD'을 누른 게아닌가 하고 생각할지도 모른다. 아니다. 그것은 그저 솔 펄머터가 평소속도로 말하고 있는 것뿐이었다. 그는 여기서 중요한 건 우주의 운명이아니라, 우리가 우주의 운명을 경험적으로, 과학적으로 알 수 있게 되었다는 점이라는 사실을 납득시키려고 엄청나게 애쓰고 있었다.

다음 날 마이클 터너는 전시장으로 펄머터를 방문했다. SCP 팀은 그날

AAS 회의의 포스터 세션 poster session에 참가하고 있었다. 무역 박람회 부스들에서는 무기 제조사 대표들이 하얀 리넨으로 덮인 테이블 앞에 앉아서 자신들의 화판에 있는 망원경들이 왜 가장 좋은지 설명하고 있었다. 그 옆의 긴 통로를 따라 코르크판에 압정으로 고정시킨 수십 개의 프레젠테이션들이 덩그러니 서 있었다. 펄머터는 자신이 기자회견에서 언급하지 않은 그 데이터의 무언가를 터너에게 보여주고 싶었다.

터너는 펄머터를 좋아했고, 그 프로젝트도 좋아했다. 그러므로 그에겐 초신성 조사가 망원경 시간 배정위원회나 국립과학재단NSF이나 에너지국Department of Energy, DOE의 지원을 받을 자격이 있는 훌륭한 노력임을 납득시킬 필요가 없었다. 터너는 상체를 숙여 여덟 개의 패널 모두를 자세히 들여다보았다. 처음 몇 개는 문외한들에게 초신성 탐색의 방법론을 설명했다. 하나는 그 프로젝트의 전략을 보여주었다. 즉 세로 토롤로 4미터 망원경에서 초기 관측을 하고, 3주 뒤 세로 토롤로에서 추적 관측을 하고, 켁에서 분광학을, 키트피크와 아이작 뉴턴 망원경INT으로 광도 측정을, HST로 가장 높은 적색이동을 조사하는 전략이었다.

두 번째는 그 팀이 발견한 초신성 21개의 광도곡선을 보여주었고, 세 번째는 스펙트럼을, 네 번째는 적색이동을 보여주었다. 다섯 번째는 SCP 팀이 광도 측정을 어떻게 계산했고 어떤 수정을 했으며, 유형 Ia 초신성들을 보정촛불로 전환시키기 위해 어떻게 연장 방법을 적용했는지, 그리고 그런 보정을 통해 적색이동 – 등급 허블 다이어그램 redshift–magnitude Hubble diagram에 초신성들이 어떻게 그려졌는지 설명했다. 여섯 번째 패널은 우주가 영원히 팽창할 거라는 주장의 근거로 〈네이처〉 지에 실린 허블 다이어그램을 보여주었다. 터너가 몰랐던 것은 하나도 없었다.

그러나 그 뒤 일곱 번째 패널이 서 있었다. 그것은 두 개의 도면을 보여주었다. 그것들은 모든 데이터의 누적 통계 효과를 택해서(개별 점들이라기보다) 그것들을 우주의 일생에 대한 모든 가능한 시나리오를 포함하는 어떤 그래프에 표시한 등고선이었다. 즉 등고선이 어느 지역에 걸쳐 있는가에 따라, 빅뱅이 없는 우주를 가질 수도 있고, 영원히 팽창하는 빅뱅 우주를 가질 수도 있고, 결국 재붕괴하는 빅뱅 우주를 가질 수도 있다.

왼쪽 도면은 여섯 번째 패널에 있는 다이어그램처럼 〈네이처〉 지에서 발췌한 것이었다. 그것은 SCP 팀이 HST로 조사한 1997 초신성을 포함하는 여섯 개 초신성의 통계적 효과들을 반영했다. 그리고 HST 초신성 하나를 추가함으로써 영원히 팽창하는 우주에 해당하는 지역으로 들어갈 가능성을 높여주었음을 보여주었다.

그러나 오른쪽 도면은 새로웠다. 그것은 역시 그 팀이 발견한 총 40개의 다른 초신성의 통계적 효과를 반영했다. 예상했을지 모르지만, 저 모든 데이터를 추가하자 등고선들이 촘촘해져서 확신 지역의 범위가 좁아졌다. 왼쪽 그래프를 보고 나서 오른쪽 그래프를 보면 마치 안경을 낀 것처럼 갑자기 우주라는 세상의 희미한 윤곽들이 또렷하게 보였다.

그것은 예비 분석이었다. 그러나 지금까지의 효과는 인상적이었다. 만약 무엇을 보고 있는지 안다면, 그것을 한눈에 이해하게 될 것이다. 그렇다. 우주는 영원히 팽창하게 될 것이었다. 그러나 그 증거는 우주가 존재하기 위해서라도 암흑이든 아니든 물질만으로 이루어져 있을 수는 없음을 암시하는 것 같았다. 그것은 다른 무언가를 필요로 했다.

터너는 몸을 똑바로 세웠다. "데이브가 있었다면 저걸 보고 좋아했겠군." 그는 혼잣말로 중얼거렸다.

터너는 AAS에서 데이비드 슈람을 위한 기념식을 주도할 예정이었다. 이미 그는 애스펀에서 열린 학회에 참석했고, 그달 말에는 시카고대학교 캠퍼스의 록펠러 채플에서 또 다른 기념식을 주도하게 될 것이었다. 여기에는 슈람이 터너에게 성가시게 물었던 초신성들이 있었지만, 만약 그 데이터가 옳다면, 여기에는 가슴 아픈 비극의 암시도 있었다. 슈람은 우주를 다시 생각하려고 애쓰면서 수십 년을 보냈지만, 팔로마의 허블처럼 아니, 그보다 훨씬 더 통렬하게 약속의 땅을 눈앞에 두고 죽었다. 처음 관측을 시작한 이후 반세기가 흘렀으나, 팔로마의 망원경은 허블이 바랐던 두 수를 밝혀내지 못하여 결국 그의 후계자인 앨런 샌디지가 은퇴할 때까지 내내 통곡하게 했다. 그러나 만약 SCP 팀의 데이터가 옳다면 과학은 슈람이 항상 마음속에 그렸던 새로운 우주론의 시대로 들어서고 있었다.

1917년에 아인슈타인은 일반상대성이론의 함의를 고찰하면서 우주가 본질적으로 불안정하다는 것을 알게 되었다. 뉴턴이 자신의 우주가 붕괴하는 것을 막기 위해 신에게 호소한 것처럼, 아인슈타인도 자신의 방정식에 임의로 그리스 문자 람다(Λ)를 추가했다. 람다가 무엇이든 그것은 중력과 반대로 움직였다. 왜냐하면 아인슈타인이 생각한 안정된 우주에는 '무언가'가 있어야 했기 때문이다. 중력을 통해 다른 물질을 끌어당기는 물질로 가득 찬 우주가 붕괴하지 않는 것은 바로 그것 때문이었다. 허블의 팽창 증거 발견 이후 우주에는 람다가 필요하지 않았으므로, 아인슈타인은 그것을 버렸다. 그러나 뉴턴의 신과 달리, 그것을 항상 무시할 수는 없었다. 요컨대 람다는 방정식 안에 있었기 때문이다.

대신 우리가 할 수 있는 일은 람다를 0으로 두는 것이었다. 그리고 그게 바로 관측자와 이론가 세대들이 해온 일이었다. 때로 그들은 암묵적으로 그렇게 가정하고 람다를 언급하지도 않았다. 때로는 그 가정을 명백하게 설명해서 '$\Lambda = 0$으로 가정한다'고 말하기도 했다. 대부분의 관측자와 이론가들에게 람다는 존재하지만 존재하지 않는 다락의 유령 같았다.

그러나 그것이 필요하지 않다고 해서 그것에 호소하지 않았다는 의미는 아니었으며, 때로 이론가들이 그렇게 해왔을 뿐이다. 1948년에 헤르만 본디와 토마스 골드, 그리고 이들과 별도로 프레드 호일이 무한 밀도의 초기 특이점에 의존하지 않지만 여전히 팽창하는 것처럼 보이는 우주의 새로운 모형을 만들려 애쓸 때, 이론가들은 본디와 골드가 '가설적이며 많이 논의된 우주론적 항'이라고 부른 것에 호소했다. 아인슈타인처럼 그들도 그게 무엇인지는 몰랐지만, '무언가'가 팽창에 동력을 공급해야만 했기 때문에 그것을 0이 아닌 값으로 두었다. 그러나 그 뒤 우주배경복사가 발견되면서 빅뱅이론이 옳다는 게 입증되자 이른바 '우주상수cosmological constant'라는 게 필요 없게 되었다. 람다는 엄밀히 말해서 정상상태 우주론과 함께 죽지는 않았지만, 마치 영혼이 빠져나가듯 시체에서 빠져나갔다.

그 뒤 람다는 불가해한 거리에 있는 미스터리하고 엄청난 에너지원인 퀘이사 안에 거주지를 정했다. 1967년 코넬의 이론가 삼인방은 '0이 아닌 우주상수를 갖는 우주의 준성 천체들Quasi-Stellar Objects in Universes with Non-Zero Cosmological Constant'이라는 제목의 논문 한 편을 〈천체물리학저널〉에 출간했다. 그들은 퀘이사의 움직임에 나타나는 불일치를 해결하려고 애썼다. 그러나 퀘이사의 진화를 더 확실히 이해하게 되자, 람다의 필요성이 다시 줄어들게 되었다. 그 뒤 1975년에 두 명의 저명한 천문학자가 〈네이처〉 지에서 표준촛불로서의 타원은하들을 연구한 결과 '가장 그럴듯한 우주모형들은 양의 우주상수를 가져야' 하는 것으로 드러났다고 주장했다. 1년 뒤 그들은 타원은하들이 왜 좋은 표준촛불이 되지 못하는지 설명하면서 암암리에 자신들의 과거 주장을 훼손하는 또 다른 논문을 썼다.

우주론자들은 이제 아인슈타인을 포함해서 네 번이나 다락으로 올라갔지만 네 번 모두 '그저 바람 소리일 뿐'이라는 똑같은 답을 들고 돌아왔다.

그 뒤 급팽창이 나왔다. 그것은 편평함 문제와 지평선 문제를 해결했다. 급팽창은 가장 큰 규모에서 우주의 균질성과 등방성이라는 전혀 가능할 것 같지 않은 일들을 설명했다. 1982년 여름에 케임브리지에서 열린 '아주 초기 우주' 너필드 워크숍의 참석자들은 급팽창 모형에는 동의하지 않았지만, 어떤 모형이 존재할 수 있다는 데는 어렵게 동의했다. 그 워크숍이 끝나고 몇 달 뒤에는 급팽창에 확고한 수학적 기초를 부여하는 한 모형에 대해 합의에 도달했다. 그러나 오랫동안 생존하든 종국엔 쉬미하든 가장 중요한 것은 급팽창이 우주가 편평하다는 예측을, 우주 안에 있는 물질의 양이 그 붕괴를 막을 임계량과 동일하다는 예측을, 오메가가 1이라는 예측을 수반한다는 점이었다.

그러나 급팽창 이론가들에게는 관측자들이 시종일관 우주 안에 있는 물질의 양이 임계 질량의 20퍼센트 정도밖에 되지 않는다는, 즉 오메가가 0.2라는 증거를 발견하고 있다는 문제가 있었다.

너필드 워크숍의 마지막 회기에, 이론 물리학자 프랭크 윌첵 Frank Wilczek 은 그 학회를 요약하면서 '물음들의 쇼핑 목록'이라고 결론 내렸다. 그 목록에는 '오메가가 1인가'라는 물음도 있었다. "만약 그렇지 않다면 우리는 급팽창을 포기해야만 한다"고 그는 말했다. 간단한 뺄셈만 해보면 알 수 있다. 즉 관측자들이 오메가가 0.2라는 증거를 발견하고 있으므로 오메가가 1이기 위해서는 관측자들이 우주의 0.8인 80퍼센트를 보지 못해야 한다는 결론에 다다를 수 있다.

그러나 이런 모순은 혹자가 상상하는 것만큼 걱정스럽지는 않았다. 두 가지 선택이 즉시 떠올랐다. 어쩌면 그 물질의 나머지는 천문학자들이 아직 발견한 적 없는 형태로 존재하는지도 몰랐다. 학계는 최근에 암흑물질의 증거가 강한 흥미를 돋우고 있다고 시인했으며, 이론가들은 여전히 우주의 구조와 진화에 대한 암흑물질의 함축적 의미를 알아내려고 애썼다. 아니 어쩌면 관측자들이 틀렸고, 개선된 장비들을 이용해서 더 정확히 관측하면 오메가 값이 증가해서 이런 모순이 해결될 수 있는지도 몰랐다.

세 번째 선택도 있었지만, 만약 그것도 즉시 신호를 보냈다면, 멀리서 혹은 심지어는 다른 차원에서 신호를 보냈을 것이다. 어떤 경우든 그저 무시해버리는 게 쉽고 또 현명했다. 윌첵은 너필드 워크숍을 자신의 '쇼핑 목록'의 마지막 물음으로 끝냈다.

우주상수는 어떤가?
"말할 수 없는 것에 대해서는 침묵해야 한다."
– 비트겐슈타인Wittgenstein

침묵하라고? 소리 높여 말하라! 마이클 터너는 너필드 워크숍에서 집으로 돌아와 원시 피자 한 조각을 급히 해치우고는 동료 이론가인 게리 스타이그먼Gary Steigman과 로런스 M. 크라우스Lawrence M. Krauss와 함께 〈우주의 편평함, 이론적 편견을 관측 데이터와 맞추기Flatness of the Universe:

Reconciling Theoretical Prejudices with Observational Data〉라는 논문과 씨름했다. 여기서 그들은 오메가를 1로 만드는 선택들을 탐구했다. 이때 '이론적 편견'이란 급팽창의 편평한 우주 예측을 의미했고, 그 논문은 그러한 편견들을 데이터와 맞추는 두 가지 방법을 탐구했다. 하나는 슈람이 개척한 분야인 빅뱅 핵 합성 시기에 존재한 어떤 종류의 입자였다. 다른 가능성은 '잔재 우주상수'였다.

터너는 "우주상수는 아인슈타인으로 시작하는 우주론자들의 마지막 안식처"라고 즐겨 말했다. 그는 '마음속 깊이' 우주상수가 0이어야만 한다고 생각했다. 그러나 또한 우주상수가 '반드시 존재해야 한다'는 것도 알고 있었다. 그와 로키 콜브가 종종 주장했듯이, 그들의 세대는 아인슈타인과 20세기의 다른 우주론자들이 아주 사소하더라도 모든 가능성을 진지하게 살펴보지 않아 저지른 실수를 되풀이하지 않을 작정이었다.

진지하지 않기는커녕 자칭 과학적 보수주의자인 짐 피블스는 그 아이디어를 터너보다 훨씬 더 진지하게 받아들였다. 하지만 그 뒤 피블스는 대부분의 이론가들보다 관측을 더 믿었던 자신을 자랑스러워했다. 그는 어깨를 으쓱하며 '최선은 진실'이라고 말하곤 했다. 그에게 진실은 그가 UC 버클리의 천문학자인 마크 데이비스Marc Davis와 함께 쓴 1983년의 논문에 나타나 있었다. 여기서 그들은 은하들의 속도를 측정하여 그 질량을 추론했고, 우주의 질량 밀도를 이끌어내기 위해 최대의 최신 은하 조사를 이용했다. 피블스는 그들의 데이터를 조사하고는 '높은 질량 밀도는 죽은 것이나 다름없다'고 생각했다. 그들의 결론은 0.2의 오메가였다.

그다음 해에 피블스는 그 데이터에 대한 자신의 이론적 해석을 담은 〈급팽창의 구속을 받는 우주모형들의 검증Tests of Cosmological Models Constrained by Inflation〉이라는 논문을 썼다. 그는 어쩌면 오메가는 정말로 0.2이고 람다는 0일지 모르지만, 그러한 경우 "우리는 우주에서 관측된 대규모 균질성에 대한 급팽창의 멋진 설명을 잃게 된다"고 썼다. 그는 우주상수를 원하지 않았다. 그는 자주 "그것은 추하다. 그건 부가물이다"라고 말했다. 그는 자신이 만약 우주를 만든다면 우주상수 같은 '사족'을 붙이지는 않았을 거라고 생각했다. 그러나 급팽창이 그가 디키와 분명히 말한 편평함 문제를 해결했기 때문에, 아니 체질적으로 간단한 우주를 믿지 않았기 때문에, 그는 침착하게 그 가능성을 받아들였다. 그리고 "관측을 고려할 때, 우주는 아마도 우주상수 같은 사족을 갖고 있을지도 모른다"고 말했다.

그 논문은 많은 저항에 부딪혔고, 피블스는 그런 반응을 은근히 즐겼다. 그가 학회에 가서 강연을 하면 사람들이 고함을 지르거나 폭언을 해댔지만 그들은 그러곤 잊어버리는 것 같았다. 왜냐하면 몇 달 뒤에 똑같은 강연을 하면 똑같은 사람들이 그에게 폭언을 퍼부었던 것이다. 그는 심지어 새로운 강연 내용을 쓸 필요도 없음을 깨달았다. 그냥 똑같은 강연을 되풀이해도 될 테니까 말이다. 이런 상황은 10년 동안 계속되었다.

이론가들은 항상 무언가를 말한다. 그게 그들 일이다. 그들은 자신들이 하는 말을 믿을 필요가 없다. 이론가의 목적은 옳은 게 아니라 이치에 맞는 것이다. 즉 그 뒤에 관측자들이 나서서 그 이론을 강화하거나 논박할 수 있는, 본질적으로 일관성 있는 주장을 하는 것이다. 관측자들은 자신들의 발치에 항상 막대기나 소리 나는 장난감이나 죽은 새 같은 선물을 갖다 놓는 개를 대하듯, 화가 나지만 참을성 있게 이론가들을 대한다. 이런 공물들은 종종 그저 거기에 놓여 있다. 그러나 이따금 관측자들은 이론가들에게 뼛조각 하나를 던질 것이다. '가서 가져와.'

1992년, 관측자들은 4반세기도 더 전에 있었던 CMB 발견 이후 최대의 뼛조각을 우주론 이론가들에게 던졌다. 우주가 편평하다고 말하는 COBE 위성의 결과가 그것이었다. 그다음 해에 터너와 콜브는 《초기 우주》의 보급판에 COBE 결과들을 재음미하고 그것을 편평한 우주에 '도움이 되는 것'으로 선언하는 서문을 추가했다.

물질 밀도가 낮은 우주를 나타내는 다른 관측들, 특히 10년 전에 짐 피블스를 설득시킨 가장 큰 규모의 은하 구조 연구 같은 것이 축적되자 이론가들은 점차 우주상수의 가능성 제시를 덜 꺼리게 되었고, 관측자들은 우주상수의 가능성 고찰을 덜 꺼리게 되었다. 영향력 있는 어떤 논문의 한 항목은 '우주상수가 왜 불가피해 보일까'였으며, 또 다른 논문의 제목은 〈0이 아닌 우주상수를 갖는 저밀도 우주의 관측 사례〉였다. 그 뒤 또다시 터너가 이번에도 로런스 크라우스와 함께 〈우주상수가 돌아오다The Cosmological Constant Is Back〉라는 논문을 펴냈다. 우주상수는 여전히 마지막 안식처였지만, 그럼에도 불구하고 안식처 중의 하나였다.

베라 루빈은 그 상황을 어떤 농담으로 요약했다. 부부싸움을 중재하려고 애쓰는 어떤 현명한 랍비가 있었다. 남편이 아내에 대해 불평하자 랍비가 '그대가 옳소'라고 말했다. 아내가 남편에 대해서 불평하자 랍비는 또 '그대가 옳소'라고 말했다. 그 뒤 커튼 뒤에서 그동안의 말을 엿듣던 랍비의 아내가 모습을 드러냈다. '대체 어떻게 두 사람 모두 옳다고 말할 수 있어요?' 현명한 랍비는 아내의 말에 '그대도 옳소'라고 대답했다.

베라 루빈은 1996년 여름에 프린스턴대학교 250주년 기념행사의 일환으로 그 대학에서 열린 '우주론의 중대한 대화들Critical Dialogues in Cosmology' 학회에서 이런 농담을 들려주었다. 그 학회의 목적은 세계의 주요 우주론자들을 한데 모아 그 분야의 가장 큰 난제들을 알리는 것이었다. 그런 행사에는 불가피하게 오메가 값이 필요했다. 곧 대화는 논쟁의 형태를 띠게 되었다. 한쪽에는 최근에 오메가가 1인 것과 일치하는 은하 운동들을 측정한 아비샤이 데켈Avishai Dekel이 있었고, 다른 쪽에는 우주 안에 있는 물질의 양이 오메가가 1이 되게 하기엔 충분하지 않다고 주장하는 터너가 있었다. 그러나 터너는 거기서 멈추지 않았다. 대신 그는 그 포럼을 이용해서 만약 우주상수가 그 격차를 줄여준다면 오메가는 정말로 1이 된다고 주장했다.

의장은 다름 아닌 로버트 커슈너였다. 논의가 한창 진행되던 어느 순간 그는 솔 펄머터에게 도움을 구했다. 펄머터는 SCP 팀의 첫 일곱 개 초신성에 대한 예비 결과를 들고 프린스턴에 도착했다. 커슈너가 펄머터의 생각을 물었다.

오메가를 다루는 여느 우주론자들처럼 SCP 팀도 논문마다 '(Λ = 0인 경우에)' '(Λ = 0인 경우에)' '만약 우주상수 = 0이라고 가정한다면' 이런 표현들을 써가며 람다에 역점을 두어 다루어왔다. 1년 전인 1995년에, 펄머터와 아리엘 구바Ariel Goobar는 우주상수를 형식상의 연옥에서 끌어올려 그 존재를 〈천체물리학저널〉에 실린 어떤 논문의 주제로 삼았다. 아니 그 부재를 논문의 주제로 삼았다고 하는 게 더 정확할 것이다. 왜냐하면 논문을 쓰는 동안 그들은 물질이 정말로 모든 것을 설명할 거라고 가정했기 때문이다. 그들은 천문학자들이 어떻게 초신성을 이용해서 람다가 0임을 단호히 입증할 수 있는지 설명하게 될 거라고 생각했다.

그리고 펄머터가 프린스턴에 온 것도 바로 그 주제를 논의하기 위해서였다. 그렇다, 그는 공표했다. 이제 SCP 팀의 첫 일곱 개 초신성은 오메가는 1이고 람다는 0인 우주와 일치했다.

"이게 람다 킬러가 될 수도 있겠군요." 짐 피블스가 한 기자에게 말했다.

'람다 킬러Lambda killer.' 펄머터는 그 말의 어감을 좋아했다. 더 이상 방해가 되지 않도록 람다를 치워버려라.

마이클 터너도 그의 멘토인 데이비드 슈람처럼 논쟁에서 지는 걸 싫어했다. 그리고 그도 슈람처럼 페르미연구소와 시카고의 우주론자들이 '급소 과학jugular science'이라 부른 것을 실행하는 데 두려움이 없었다. 프린스턴에서 열린 학회 휴식시간 동안, 다양한 천문학자들과 우주론자들이 어떤 강당의 계단을 올라갈 때, 터너가 펄머터에게 메시지를 보냈다. 터너는 겉으로는 옆에서 걷고 있는 천문학자에게 말하는 척 하면서 목소리를 높였다.

"난 솔이 그렇게 멍청하다고 생각지 않아요."

그러나 펄머터는 터너의 말을 듣지 못한 것 같았다.

"난 솔이 그렇게 멍청하다고 생각지 않는다니까요." 터너가 목소리를 높여 다시 말했다.

터너는 강연을 하는 동안에는 다소 더 적절한 어법으로 말하기는 했지만, 확실히 자극을 주었다. "저는 초신성에 대한 두 심층 탐색의 결과들을 초조하게 기다리고 있습니다." 그가 라이벌 팀을 언급하면서 말했다. "아마 그들이 이것에 대해서 어떤 중요한 사실을 밝히게 될 겁니다. 지금 어떤 결론을 내린다면 나중에 발표될 그들의 성과를 가로채게 될 겁니다."

SCP 팀은 자신들의 첫 일곱 개 초신성에 대한 데이터를 그해 8월에 〈천체물리학저널〉에 제출했다. 만약 람다에 관해서 표준 가정을 한다면, 즉 '$\Lambda = 0$ 우주론'을 가정한다면 오메가는 0.88이었다. 그러나 오차범위를 고려하면 그 결과를 오메가가 1이라고 해석할 수 있었다. 만약 그들이 람다가 어떤 값을 가지는 상태이면서도 우주가 편평하다는 다소 이상한 가정을 한다고 해도, 오히려 오메가 값은 0.94로서 1에 근접한다. 한편 람다 값은 0.06으로 거의 없다고 해도 무방한, 즉 오차범위를 고려하면 0에 해당하는 값이 된다.

우주는 편평했다. 물질만으로도 1에 가까운 오메가를 충분히 얻을 수 있었다. 그리고 우리는 람다가 필요하지 않았다. 아니 적어도 그런 해석은, 그 논문이 말한 대로 그들의 결과와 '일치'했다.

SCP 팀에게는 불행하게도, 그런 해석이 그들의 다음 데이터와는 일치하지 않았다.

〈천체물리학저널〉은 1997년 2월에 그 논문을 수용해서 7월 10일 호에 출간했다. 그 무렵 SCP 팀은 HST로 조사한 두 초신성 분석을 마쳤다. HST의 광도 측정이 지상 망원경의 분석보다는 굉장히 뛰어날 것이므로, 그 팀은 그 결과가 무엇이든 특별히 강조하게 될 것이었다.

피터 너전트Peter Nugent는 1년 전에 그 프로젝트에 천문학자들을 영입하려는 캠페인의 일환으로 펄머터의 포스트닥터 연구원으로 고용되었다. 너전트가 박사논문을 유형 Ia 초신성에 대해서 썼던 터라, 펄머터는 그에게 광도 측정을 맡겼다. 너전트는 설득력 있는 스타일로, 시카고대학교에 적절한 사람이었을 것이다. 그의 행동거지와 태도는 데이비드 슈람이나 로키 콜브를 생각나게 했다. 유능하고, 어떤 물음에든 답할 수 있고, 최고의 와인이 있는 레스토랑을 아는 그런 사람이랄까. 6월 30일에 그가 HST 초신성 두 개의 광도 측정을 마치자, 천체 광도의 표준 척도로서 두 초신성의 등급이 나왔다. 분광분석은 이미 두 초신성의 적색이동을 산출했었다. 이제 너전트는 한 축에는 적색이동을 놓고, 또 다른 한 축에는 등급을 놓아 두 값을 도면에 나타냈다.

사람들은 이 도면의 점들이 대체로 보통의 45도 직선 상에, 즉 허블이 1929년에 발견한 가까운 은하들 사이의 관계에 놓일 거라고 예상할 것이다. 그 직선 자체는 균일하게 팽창하면서 중력의 효과를 전혀 경험하지 않는 우주, 다시 말해 질량이 없는 우주, 안에 아무것도 갖고 있지 않은 우주를 나타낸다. 결국 공간을 가로질러 어느 정도 거리에 있는 과거로 가면 그 점들은 직선에서 벗어나 질량을 가지는 우주를 나타내기 시작해야 할 것이다.

그러나 어떤 종류의 우주일까? 가장 먼 점들이 그 직선에서 아래쪽으로 벗어나는 정도는 적겠지만, 그것은 그 천체들이 특정한 적색이동에 있을 때보다 얼마나 더 밝은지 말해줄 것이다. 초신성이 밝을수록 오메가 값은 더 높다. 그리고 그 값은 우주의 무게와 모양과 운명을 말해줄 것이다. 우주가 열려 있는지 닫혀 있는지 편평한지, 안장 모양인지 구형인지 평면인지, 빅칠이 될지 빅크런치가 될지 골디락스가 될지 말이다.

너전트는 두 HST 초신성을 도면에 그리기 시작했다. 우선 그는 그것들의 거리에 해당하는 값인 적색이동 축을 따라가 보았다. 그 뒤 자신의 측광법으로 얻은 광도에 도달할 때까지 그래프를 위로 움직였다. 그는 두 점이 SCP 팀의 최신 논문이 도달한 결론인, 편평하고 모두 물질이고 오메가가 1인 우주와 일치하는 편차, 즉 특정한 하향 곡선을 따라 놓일 거라고 생각했다. 그러나 이 두 초신성이 놓인 곳은 거기가 아니었다. 그것들은 45도 직선 허블 관계의 반대쪽에, 상향 곡선이 될 곳에 놓여 있었다. 그 초신성들의 적색이동에서 나타나야 할 광도와 그것들의 실제 광도 사이의 차이가 대략 2분의 1 등급으로, 이는 두 초신성이 그의 예상보다 1.6 배나 더 희미함을 의미했다.

"자, 이것이 우주다." 그는 그의 팀에게 보내는 이메일에 이렇게 썼다. 그렇다고 그가 우주론에 대한 어떤 결론을 이끌어낼 준비가 되었다는 건 아니었다. 요컨대 그가 썼듯이 "그것은 그저 두 개의 점 데이터에 불과"하다. 그리고 그는 오메가와 람다 측정을 결정할 책임이 있는 팀 멤버도 아니었다. 그러나 그가 예상한 등급과 측정한 등급 사이의 모순은 확실히 신경에 거슬렸다. "이번 주에 이 논문을 출간하기 위해서 내가 할 수 있는 말은 이것뿐이다." 그는 이렇게 덧붙였다. "다른 그룹이 곧(매우 곧) 무언가[그들 자신의 HST 결과에 관한]를 제출할 가능성이 매우 높기 때문에 나는 이 논문이 지금 당장 출간되어야 한다고 생각한다. 현재 상태의 데이터로도 좋다. 그 빌어먹을 논문을 당장 출간하자!"

그러나 그들은 그렇게 하지 않았다. 그 팀은 출간 여부뿐 아니라 무엇을 출간할지 결정할 필요가 있음을 신속히 깨달았다.

과학 은어로, 두 HST 초신성은 모두가 물질이고 오메가가 1이라는 앞선 결과와 '싸우고' 있었다. 그해 여름, 그 팀은 처음 일곱 개 초신성 가운데 두 개를 버렸다. 하나는 더 분석한 결과 유형 Ia이라기보다 핵붕괴 초신성으로 결정되었고, 다른 하나는 명백히 초신성이 아니었다. 그들은 또한 개별적인 측정들은 아마도 정확하겠지만, 동료들의 평가를 받기에는 광도곡선에 대한 충분한 관측을 하지 않았다는 이유로 1996 HST 초신성들도 배제했다. 그러나 1996 HST 초신성과 1997 HST 초신성들 사이의 결과가 유사하게 나오자 1997년에 그 팀은 자신감이 충만해졌다. 9월 무렵 그들은 결론뿐 아니라 총 여섯 개의 초신성도 정했다. 그 결론은 불과

두 달 전에 그들이 출간한 논문의 결론과는 일치하지 않았다.

그 공동연구팀의 한 멤버는 너전트에게 편지로 이렇게 꼬집었다. "우리가 [논문에서] 논의도 없이 총 표본에 초신성 '한 개'를 추가할 때마다 우리의 한계를 바꾼다면 매우 좋지 않게 보일 것임을 깨달아야 합니다. 우리가 아무런 설명도 없이 몇 달 만에 다른 말을 한다는 걸 알면 어느 누가 어떻게 우리 말을 믿을 수 있겠습니까?" 요컨대 두 논문은 두 개의 다른 표본이나 훨씬 더 큰 데이터 세트에 의존한 게 아니었다. 그 새로운 논문은 이전의 논문보다 초신성이 두 개 더 적었다. 데이터에 추가된 거라곤 HST 초신성 하나뿐이었다.

그 논문의 요지는 우주가 오메가와 람다의 특정한 값들, '말하자면 신'을 갖는다고 선언하는 게 '아니라', HST가 원거리 초신성 탐색을 위해 무엇을 할 수 있는지를 입증하는 것이 될 거라고 너전트는 반박했다. 초신성의 수는 중요하지 않았다. "오차범위가 그렇게 클 경우 나는 데이터 한 점에 대해서는(혹은 그 문제라면 심지어 열 개 이하의 수에 대해서도) 전혀 관심을 가진 적이 없었다." 그 방법은 보고할 가치가 있는 것이었다.

그럼에도 어떤 결과를 심지어 암묵적으로 번복하는 논문을 쓰려면 어떤 기교가 필요할 것이었다. 그 팀은 1997년 9월이 되어서야 〈네이처〉 지에 제출할 초고를 준비했고, 그 무렵엔 심지어 커슈너도 막아낼 정도의 수식어들로 문장을 다듬어 놓았다. 너전트는 9월 27일자 이메일에서 "우리는 이 논문 도처에서 '예비'와 '초기'와 '만약…' 같은 단어들을 사용한다"고 어떤 동료를 안심시켰다. 그리고 그 논문이 오메가와 람다 부분에 도달했을 때는 수식어가 두 배로 늘어났다. "이 새로운 측정들은 우리가 '어쩌면' 질량 밀도가 낮은 우주에 살고 있을지도 모름을 '암시'한다."(강

조는 필자가 한 것임)

　그 팀은 HST 초신성에 대한 논문을 10월 첫째 주에 〈네이처〉 지에 제출했다. 과연 너전트가 6월 말에 초조해한 것처럼, 하이-z 팀은 10월 13일에 가나비치를 제1저자로 해서 HST 초신성 논문을 인터넷에 올렸다. 하이-z 팀의 논문은 그 표본 역시 "편평한 우주를 만들기엔 물질만으로 불충분함을 암시한다"고 보고했다. 확실히 두 그룹은 초신성 탐색의 동기가 되었던 결과인 우주의 운명으로 의견이 모아지고 있었다.

　만약 우주상수가 없다면 오메가는 작고 우주는 열려 있어서 언제나 계속 팽창할 운명이었다. 설령 우주상수가 있다고 해도, 오메가는 여전히 작고 우주는 편평해서 팽창이 차츰 느려져 사실상 멈추지만 수축하지는 않을 것이다. 어느 쪽이든 우주의 팽창은 영원히 계속될 것이다. 그해 가을, AAS는 두 팀 모두에게 1998년 1월의 AAS 회의 때 기자회견에 참석해달라고 요청했다. AAS 홍보부는 보통 6개월마다 열리는 5일간의 학회 기간 동안 네다섯 차례의 기자회견을 주최했고, 우주의 운명에 대한 논의는 군중의 관심을 모을 주제처럼 보였다. '물론이죠, 기자회견에 대표들을 보내게 되어서 기쁩니다.' 두 팀은 AAS의 초청을 흔쾌히 수락했다.

　그러나 더 미묘하고 확실히 더 내밀한 문제가 남아 있었다. 우주상수가 존재할까?

　거슨 골드하버는 아무튼 우주상수가 존재한다고 생각했다. 그는 9월 24일에 모든 초신성을 집계하여 람다가 없는 우주와, 오메가와 람다를 더한 값이 1인 편평한 우주의 막대그래프를 그 그룹에 보여주었다. 그 팀이 얻으려고 하는 것만큼 정밀한 측정의 경우, 초신성을 넓은 카테고리에 넣는 것은 개별적인 점들을 도면에 그리는 것만큼이나 설득력이 없을 것이었다. 그러나 경향은 확실히 발달하고 있었다. 그 팀이 더 많은 초신성을 분석할수록, 오메가의 값은 더 낮은 쪽으로 향하는 것 같았다. 2주일 뒤, 또 다른 팀 미팅의 메모들이 그 경향을 반영했다. "아마 가장 혼란스러운 것은, 이전 논문 데이터로 쓰인 처음 일곱 개의 초신성들은 서로 비슷했던 데 반해, 그다음 31개의 초신성은 더 낮은 값의 답을 준다는 것이다."

1930년대에 프리츠 츠비키는 월터 바데와 함께 예측한 내파 과정의 사례로 생각되는 한 세트의 초신성을 발견했다. 되돌아보면 그 초신성들은 모두 아직 발견된 적이 없는 외파explosion 과정의 사례인 것으로 드러났다. 이제 SCP 팀은 자신들 역시 차이를 무시했음을 깨달았다. 심지어 처음 일곱 개의 집합에서 분명히 초신성이 아닌 것과 유형 II를 배제한 뒤에도, 저 다섯 개의 첫 초신성들은 여전히 밝은 쪽에 있는 것처럼 보였다. 결과적으로 더 희미한 초신성 수십 개를 추가한 것이 오메가 값을 내리고 있었다. 그 데이터의 막대그래프를 분석하니, 0.2의 오메가 주변에서 피크가 뚜렷하게 발달하고 있었다.

1997년 12월 14일, 골드하버는 UC 산타바바라의 이론물리학연구소 Institute for Theoretical Physics에서 열린 어떤 세미나에서 자신의 발견들을 발표했다. 커슈너는 그해 가을에 하버드를 떠나 이 연구소에서 안식년을 보내고 있었고, 평소처럼 골드하버는 그가 '적대적'임을 알았다. 커슈너는 0.2의 오메가에 관한 발표 도중에 끼어들어 그렇다면 '새로운 게 또 무엇이 있는가?'라고 물었다. 그러나 골드하버는 그가 오직 람다가 있을 때에만 오메가가 0.2일 수 있다고 주장한다고 생각했다. 적어도 그 연구소 소장인 데이비드 그로스David Gross는 이해하는 것 같았지만, 그가 골드하버에게 그 결과들을 왜 믿는지 물었을 때 골드하버가 줄 수 있는 대답이라곤 오랫동안 막대그래프를 해석해온 경험이 있다는 말뿐이었다. "저는 확신합니다." 그는 이렇게 힘주어 말했다.

펄머터 역시 그해 가을에 세미나 – UC 샌디에이고 물리학과에서 10월 23일에 열린 세미나, UC 버클리 물리학과에서 12월 1일에 열린 세미나, UC 산타크루스 물리학과에서 12월 11일에 열린 세미나 – 마다 낮은 오메가 산포도 슬라이드들을 들고 다니며 예비 결과들을 공개적으로 발표했다. 〈네이처〉 지에 실린 논문에서처럼, 그는 어휘를 신중하게 골라가며 설명했지만, 또한 그가 버클리 세미나에서 말한 것처럼 그 데이터가 '물리학에 대한 다소 놀라운 결과들'의 가능성을 내포함을 청중에게 확실히 알렸다.

"특히 만약 편평한 우주, 즉 요즘 인기인 급팽창 우주의 경우를 고찰한다면 이런 종류의 질량, 이런 종류의 질량 밀도는 우주상수가 약 0.7의 에너지 밀도에 기여해야만 함을 의미합니다." 청중 속에 있는 비우주론자들이 핵심을 놓치는 경우에 대비해, 천체물리학자 조엘 프리맥Joel Primack은 산타크루스에서 있었던 펄머터의 강연 끝에 일어서서 그 결과들이 '세상을 뒤흔들 거라고' 말했다. 그 뒤 그는 결정적인 단서를 달았다. '만약 사실이라면.'

람다 게임

하이-z 팀의 경우 애덤 리스가 이제 '술래'였다. 리스는 피터 너전트가 계속 상기시켜준 덕분에 자신의 팀이 초신성의 양과 관련하여 불리한 입장에 처해 있음을 알고 있었다. 그들 둘은 축구의 한 변형인 머드볼mudball 게임을 하기 위해 주말마다 공원에 모이는 어떤 그룹에 속해 있었다. 때로 '우리의 원거리 초신성 탐색이 너희의 원거리 초신성 탐색보다 좋다'는 식의 유치한 경쟁적 발언이 오고가기도 했다. 어느 날 리스는 SCP 팀이 얼마나 많은 초신성을 긁어모았고 하이−z 팀의 탐색이 얼마나 뒤처졌는가라는 말을 듣는 데 지쳤다고 판단했다. 만약 SCP 팀을 양으로 이길 수 없다면, 질로 이길 수 있을 거라고 그는 생각했다.

리스는 석사학위 논문을 위해 희미함의 문제에 매달렸다. 그의 광도곡선 모양 방법은 광도곡선 모양의 상승과 하강을 통해 광도를 이끌어내는 수학적 해법을 제안했다. 또 박사학위 논문을 위해서 리스는 먼지 문제에 접근했었다. 만약 적색이동을 측정해서 초신성의 거리를 결정하려고 한다면, 먼지가 그 빛의 적색화에 어느 정도 기여하는지 알아야 한다(대기 안에 있는 먼지가 지는 해를 붉게 만드는 것처럼). 리스의 컬러 광도곡선 모양multicolor light−curve shape, MLCS 방법으로, 몇 가지 색깔의 필터를 이용해서 빛을 관측한다면 먼지 효과의 누적 크기를 통해 더 정확한 거리를 이끌어낼 수 있을 것이다.

리스는 팀에서 초신성과 관측자 사이의 은하 간 먼지를 보정하는 임무를 맡은 전문가로서 아마 SCP 팀보다 오차범위가 더 적도록 초신성을 청소할 수 있을 것이다. 그리고 초신성이라면 모두 좋기는 하지만, 반드시 더 많은 원거리 초신성이 필요하지도 않았다. 심지어 가까운 초신성들도 효과가 있을 것이다. 그가 만약 충분히 신뢰할 만한 데이터로 허블 다이어그램 하단을 고정시킬 수 있다면, 더 높은 적색이동 초신성들−SCP 팀보다 수가 더 적기는 하지만−도 더 신뢰할 만할 것이다. 그리고 그는 가까운 초신성들을 어디서 얻을 수 있는지 알고 있었다. 그는 이미 자신의 논문 연구의 일환으로 애리조나의 홉킨스 산에 있는 1.2미터 망원경으로 관측을 해왔다. 총 22개의 초신성이었다. 그것들 가운데 어느 것도 아직 발표된 적이 없었다.

그러나 그 초신성들을 추가하니 새로운 문제가 생겼다. 물질이 없는 우주 정도가 아니었다. 그의 계산들은 '음'의 물질을 갖고 있는 우주를 만들어내고 있었다.

"난 그저 포스트닥터 연구원일 뿐이야." 그는 혼잣말로 중얼거렸다. "내가 골탕을 먹은 게 한두 번이었나 뭐." 컴퓨터는 물리학을 알지 못한다고 그는 생각했다. 컴퓨터는 그저 그것들이 인식하도록 우리가 프로그램 하는 것만 알 뿐이다. 확실히 그는 불가능한 물리학으로 컴퓨터 프로그램을 짰다. 그래서 수학도 검토해보고 자신이 짠 컴퓨터 프로그램도 검토해보았지만 어떤 오류도 찾을 수 없었다. 물론 아인슈타인의 방정식들은 또 다른 선택을 허용했다. 그것은 바로 양의 람다를 갖는 우주였다. 리스의 데이터를 그러한 우주에 넣자 물질의 양이 증가해 양의 범위로 들어갔다. 그러나 그는 대부분의 천문학자들이 그런 선택을 좋아하지 않음을 알고 있었다. 예컨대 팀 리더인 브라이언 슈미트가 그랬는데, 그는 우주상수에 대해서 말하는 천문학자들은 친구가 없는 외골수라고 말하곤 했다.

리스는 자신의 결과들을 슈미트에게 보냈다.

'애덤은 서툴기 짝이 없어.' 슈미트는 혼자 이렇게 생각했다. 리스는 기발하긴 하지만 수학적 오류도 잦았다. 슈미트는 그 결과들을 재검토하는 데 동의했다. 대개 수학자들은 동일한 오류에 빠져들지 않기 위해 서로의 작업을 검토할 때 동일한 검산법이 아니라 독립적인 계산법을 사용한다. 슈미트와 리스는 머지않아 일상적인 검산법을 개발했다. 리스가 이메일로 어떤 문제를 보내면, 하루 뒤 슈미트가 그 이메일에 답하는 식이었다.

'저는 이 영상으로 시작했고, 제 분석에 따르면 그 초신성이 이렇게 밝은 것으로 나오는데 선생님은 어떤가요?' 혹은 '우리는 이 필터로 관측했고, 저는 적색이동이 이런 수와 같다는 걸 알았는데 선생님은 어떤가요?'

그들은 자신들의 이메일에 폰즈와 플라이슈만이라고 서명했는데, 이 것은 1989년에 저온 핵융합을 '발견했지만', 오랜 악평에 시달리다 망각 속으로 사라진 두 물리학자 스탠리 폰즈Stanley Pons 와 마틴 플라이슈만 Martin Fleischmann 의 이름을 딴 것이었다. 스티븐 호킹 같은 사람은 중대한 실수를 해도 여전히 스티븐 호킹이다. 그러나 서른 살도 안 된 포스트닥 터 연구원이 중대한 실수를 한다면, 곧 잊히고 만다. 때로 리스가 답을 기 다릴 수 없을 때는, 슈미트의 집으로 전화가 걸려오곤 했다. 6개월 된 아 이를 돌보느라 잠을 이루지 못한 슈미트의 아내는 이렇게 말하곤 했다. "만약 애덤이 건 전화면, 대충 둘러대고 끊어요."

"여보세요, 애덤."(슈미트) "아." 잠시 머뭇거린다. "너무 일찍 걸었나 요?"(리스) "여긴 지금 새벽 4시라네."(슈미트) "아." 잠시 머뭇거린다. "그 런데, 뭐 좀 알아내셨어요?"(리스)

슈미트가 알아낸 것은 밤마다 똑같았다. 아직까지는 아무 문제가 없다 는 것이었다.

리스는 하버드 대학원생 시절, 커슈너가 마이클 터너와 앨런 구스를 연 구실 옆으로 데려와 리스에게 그의 연구에 대해 설명해보라고 했던 일이 떠올랐다. 리스는 그때 막 그 팀의 첫 번째 유형 Ia 초신성인 1995K를 허 블 다이어그램에 그려 넣은 참이었다. 그 초신성은 45도 직선의 '밝은' 쪽 에 놓여 있었지만, 그 위치는 중요하지 않았다. 그것은 그저 한 점에 불과 했으니까. 중요한 것은 실제로 도면에 그릴 한 점이 있었다는 것이었다.

그럼에도 터너는 그 점이 그 다이어그램의 '잘못된' 부분에 놓여 있음을 지적하지 않을 수 없었다.

'이렇게 창피할 수가.' 리스는 이렇게 생각했다. '내 연구실에 그렇게 많은 실력자들이 온 적도 없는데 실험도 제대로 못 하고 있다는 걸 보여 주는 꼴이 됐으니 원.'

그러나 2년이 지난 지금, 그는 문득 어쩌면 그 점의 위치가 어느 누가 알았던 것보다도 더 중요했을지 모른다는 생각이 들었다. 어쩌면 우주의 운명에 대한 답은 아주 첫 번째 초신성부터 그들 바로 앞에 있었는지도 몰랐다.

리스는 1998년 1월에 결혼했다. AAS 회의가 끝나는 주말이었다. 그의 예비 신부가 마지막 준비를 하려고 몇 주 전 버클리 집에서 코네티컷에 있는 그녀의 가족에게 갔을 때, 리스는 버클리 캠퍼스의 캠벨홀에 있는 연구실에 처박혀 그 결과들을 보고할 어떤 논문을 쓰기 시작했다. 만약 그 결과들이 옳다면.

캠퍼스는 방학 내내 텅 비어 있었다. 난방이 안 돼서 리스는 옷을 몇 겹씩 껴입어야 했다. 캘리포니아라도 12월은 꽤 쌀쌀해질 수 있기 때문이다. 그러나 그는 매일같이 꼭꼭 잠겨 있는 연구실 문들을 지나 불도 켜지지 않은 어두운 복도를 걸어가 일에 몰두했다. 12월 22일에, 그는 대강 윤곽을 잡고 초안을 쓰기 시작했다. 그 그룹에서 처음 나온 가나비치의 HST 논문은 짧은 보고서였다. 리스는 그다음 논문은, 과학자들이 즐겨 말하듯이, 《전쟁과 평화》 수준이 되어야 할 거라고 생각했다. 만약 무언가 놀라운 것을 주장하려고 한다면, 모든 연구를 보여주어야 하기 때문이다. 그다음 며칠간 그는 또 칠레에 있는 닉 선체프에게 연락해서 일부 광도 측정을 재검토해달라고 부탁했다. 그러나 그 결과에 편견이 안 생기도록 이유는 말하지 않았다. 어느 때인가 리스는 동료 하나를 자신의 연구실로 불러들였다.

역시 방학을 이용해 밀린 일들을 처리하던 알렉스 필리펜코 Alex Filippenko 는 평소처럼 환한 미소로 리스를 맞아주었다. 항상 행복할 수 있는 사람은 없었고, 필리펜코도 항상 행복하지는 않았다. 한때 SCP 팀의 멤버였고 입자물리학적 마인드를 갖고 있는 팀의 한 천문학자로서, 그는 아마도 어느 팀의 누구보다 더 격심하게 문화 충돌을 경험했지 않았나 싶다. 그는 중요한 논문마다 펄머터에게 제1저자 자격이 돌아가는 계급 구조가 마음에 들지 않았다. 필리펜코는 천문학학회에서 솔이 조직한 '이 초신성 조사'에 대해 들을 때마다, 자신이 사실 바로 그 공동연구의 일부임을 동료들에게 알려야만 했다. 그는 초신성 게임을 하는 친구들 – 커슈너, 리스, 슈미트, 선체프 – 이 힘을 합쳐 나름의 공동연구를 하는 모습을 지켜보았다.

필리펜코는 자신이 유형 Ia가 표준촛불이 되지 않을 가능성, 먼지, 광도측정과 분광학의 어려움에 대해서 – 커슈너가 외부자문단의 멤버로서 수년간 제기해온 모든 걱정들에 대해서 – SCP 팀의 동료들에게 경고해왔다고 그들에게 불평했다. 그는 버클리연구소의 물리학자들이 이런 걱정들을 초신성 천문학의 '다모클레스의 검 swords of Damocles'(한 올의 말총에 매달린 검 아래 앉은 다모클레스의 일화에서 나온 말로, 위기일발의 상황을 비유한다 – 옮긴이)이라기보다 '성가신 것'이나 '골칫거리' 정도로 여기는 것 같다고 한탄했다. 그는 SCP 팀의 공동연구에서 과소평가되고 무시받는다고 느꼈으며, 그들이 자신을 그저 망원경 시간을 따줄 수 있는 '명색뿐인 천문학자'로만 붙잡아두고 있는 게 아닌가 생각했다.

그러나 그의 모든 친구들은 어깨를 으쓱해 보이며 그가 팀에 있으면 좋겠지만, 그는 엄연히 다른 팀의 멤버라고 말하곤 했다.

1996년 초에 필리펜코는 SCP 팀에서 나왔다. 몇 달 뒤 그는 일종의 복수를 할 수 있었다. 리스가 하버드에서 박사학위 논문을 마쳤을 때, 펄머터가 그에게 다가와 LBNL의, 그리고 확대하면 SCP 팀의 어떤 자리를 제안했다. UC 버클리에서 언덕을 내려가면서 필리펜코는 밀러 특별연구원 Miller Fellowship – 그가 한때 젊은 포스트닥터 연구원으로서 차지한 바로 그 명예로운 지위 – 으로 반격했다.

리스는 너무 어렵게 생각할 필요가 없었다. 그는 친구와 천문학을 하게 될 것이다. 그는 이미 자신이 속한 어떤 팀에서 천문학을 하게 될 것이다. 그는 천문학을 하게 될 것이다.

반드시. 필리펜코에게 리스의 MLCS 방법은 다음 단계로 진행하기 전 천문학자가 알아야 하는 꼭 필요한, 즉 고안할 필요를 느낄 그런 종류의 도구였다. 그리고 이제 리스는 바로 그다음 단계가 어떤 결과로 이어졌는지 그에게 명백히 보여주고 싶었다.

리스는 책상에 있는 노트를 가리켰다. 그는 필리펜코에게 자신이 한 계산을 대충 훑어보게 하고, 그동안 슈미트와 주고받은 이메일들을 설명한 뒤 그 결과가 머릿속에서 떠나지 않는다고 털어놓았다. 필리펜코는 그 노트를 잠시 살펴보고는 상체를 일으켰다. 그가 고개를 가로젓고 있었다.

"이봐, 측정이 제대로 되었는지 확인해봐."

필리펜코가 말했다.

하지만 물론 측정은 제대로 되어 있었다.

1월 4일까지, 리스는 그 논문을 할 수 있는 데까지 마쳤다. 그리고 마지막 대조점검을 위해 슈미트에게 원고를 보낸 뒤 기다렸다.

"어이, 반갑다 람다!" 슈미트가 AAS 기자회견 날인 1월 8일에 그에게 이메일을 보냈다. 슈미트는 점검을 해보았지만 잘못된 게 전혀 없다는 걸 알았다. 그의 통계적 확신 수준도 리스와 똑같았다. 99.7퍼센트. 이제 그 팀의 나머지 멤버들에게 알릴 시간이었다.

피터 가나비치는 AAS 회의에 도착했을 때 이미 〈네이처〉 지에 실린 SCP 팀의 논문을 살펴보았다. 그는 2월 1일 〈천체물리학저널〉에 실릴 예정인 하이-z 팀의 HST 논문 제1저자로서, 확실히 SCP 팀의 훨씬 더 많은 최근 데이터를 직접 얻고 싶었을 것이다. 그러나 그는 자신의 팀이 이상한 결과를 얻었다는 사실도 알았다. 리스와 필리펜코가 기자회견 전에 그에게 그 비밀을 털어놓았기 때문이다. 그들은 그 결과를 비밀로 해달라는 부탁도 했다. 1월 9일, 가나비치는 그런 이상한 결과를 SCP 팀은 얼마나 가깝게 얻고 있는지 직접 확인하기 위해서 ASS 포스터 세션 회의를 방문했다.

가까웠다.

확실히 SCP 팀의 초신성들도 낮은 오메가 범위에 놓여 있었다. 우주의 운명은 영원히 팽창하는 것이었다. 시시하군.

그러나 우주상수는 어떨까? SCP 팀이 0이 아닌 람다의 증거를 주장할 수 있을까? 그들이 양의 람다를 방정식에 추가하지 않으면 우주가 음의 질량을 갖게 될 거라고, 그러니까 우주가 존재하지 않을 거라고 확실하게 말할 수 있을까?

가나비치가 이해할 수 있는 한 그렇지는 않았다. 초신성들을 나타내는 그래프 상의 점들 위아래에 있는 오차범위는 확실히 그러한 주장을 수용할 수 있었다. 상한의 일부와, 그 초신성들 자체의 일부가 0이 아닌 람다의 우주를 명시하는 상향 곡선 범위 안에 놓여 있었다. 그러나 일부는 그렇지 않았다. 가나비치는 SCP 팀이 아직은 명확한 무언가를, 결정적인 무언가를 주장할 준비가 되어 있지 않다고 결론 내렸다. 그는 동료들에게 하이-z 팀이 여전히 람다 게임 중이라고 알려주었다.

1월 10일, 리스는 결혼식 때문에 동쪽으로 날아갔다. 이틀 뒤 신혼여행 도중 잠시 하룻밤 머물기 위해 버클리로 돌아왔다. 그날 저녁에 그는 이메일을 체크했다. 읽지 않은 굵은 글씨의 메시지들이 모니터에 길게 이어졌다. 리스는 마우스를 스크롤했다. 여전히 길게 이어졌다. 그는 목록의 맨 끝에 도달하자 자기가 없는 동안 대화가 얼마나 오래 진행되었는지 보려고 시간 데이터를 살폈다.

그는 맨 밑에서 시작했다. 슈미트가 질문했다. "이 결과를 얼마나 확신합니까?"

커슈너가 답변했다. "자네는 마음으로는 이게 틀리다는 걸 알지만, 머리로는 상관하지 않으며 그저 관측 결과들을 보고하겠다고 말하는 것이군."

"다른 사람은 모르겠지만, 제 마음은 우주상수에 대해서는 전혀 말해주지 않습니다."

또 다른 팀 멤버가 그날 늦게 답변했다. 그들은 어떤 결과를 갖고 있었다. 그리고 어느 정도 확신도 하고 있었다. 그것이 결국 두 번째 질문을 낳았다. 그 결과를 출간하려면 꼭 믿어야 하는가?

커슈너는 나중에 철회해야만 하는 우주상수의 증거를 학계에 보고하는 위험을 무릅쓰고 싶지 않았다. "그건 네 개의 초신성을 기초로 할 때 '오메가가 반드시 1이어야만 한다'고 말한 뒤 한 개를 더 추가하면 '오메가가 반드시 0이어야 한다'고 말하는 것과 같네. 펄머터는 이미 그렇게 했었어. 그는 우리보다 1년 앞섰지만, 나는 우리가 그 전철을 밟고 싶지 않을 거라고 생각하네."

브루노 라이분구트도 바로 그날 독일에서 동의하는 이메일을 보냈다. "옳은 답을 얻을 거라고 확신하지 않는다면 논문을 쓰는 것은 아무런 의미가 없습니다."

칠레에서 마크 필립스도 동의했다. "보도자료와 일련의 APJ 레터/네이처 논문들은 그 주제에 일시적인 관심만 갖고 있는 대중이나 과학자들에게는 감명을 줄지 모르지만, 브루노의 말처럼 핵심적인 우주론계는 우리가 이 결과들을 확실히 옹호하지 않는 한 받아들이려고 하지 않을 겁니다."

그러나 슈미트는 동의하지 않았다. "나는 우주상수에 대해서도 불편하지만, 우리의 결과들이 틀렸다는 이유를 찾을 수 있을 때까지 그것들을 굳이 감춰야 한다고도 생각하지 않아요(그것 역시 과학을 하는 올바른 방법이 아니에요)."

올바른 방법이든 아니든 더 걱정되는 게 하나 있었다. 우선권이었다.

"물론 우리는 우리의 과학적 이상에 충실하기를 바라죠." 그 공동연구팀의 또 다른 멤버가 이렇게 썼다. "하지만 이것은 현실적 정치와 균형을 이루어야만 합니다."

"누가 알겠습니까?" 필리펜코가 썼다. "이게 옳은 답일지도 모르잖습니까. 그리고 나는 다른 그룹이 먼저 발표하는 걸 보고 싶지 않습니다." 그런데 그게 만약 틀린 답이라면? 또 다른 팀 멤버가 불리한 면은 없다고 주장했다. "만약 충분한 시간이 흐른 뒤에 우주상수가 존재하는 것으로 밝혀진다면 SCP 팀이 그걸 찾아냈다고 주장할 수 있을 겁니다. 만약 그렇지 않다면, 그들의 주장은 잊힐 테고 아무도 그들이 잘못했다고 비난하지 않을 겁니다."

SCP 팀보다 먼저 동일한 결론을 보고하는 것은 전혀 잃을 게 없는 계획이었다. 만약 하이-z 팀이 옳다면 그들은 우선권을 얻게 될 터였다. 그러나 그들이 틀린다고 해도 무사히 넘어갈 수 있을 것이다. 하이-z 팀이 이치에 맞는 논거를 갖고 있는데, 왜 그걸 주장하지 않는가?

왜 안 되겠는가? 리스는 그렇게 하지 않을 이유가 없다고 생각했다. 그는 키보드에 손을 올리고 전체 그룹에게 보낼 수 있는 답변을 쓰기 시작했다. 스크린에서 고개를 들었을 때, 그는 아내가 자신을 빤히 내려다보고 있다는 걸 알았다.

"결혼식 끝나고 신혼여행 가는 길에 당신이 이렇게 책상 앞에 앉아 열심히 이메일을 쓰고 있다는 게 도저히 믿어지지가 않네요."

아내가 새침하게 말했다.

"하지만 정말로 중요한 이메일이라서 말이오."

"하, 아무래도 이런 말은 언제나 듣게 될 것 같군요."

"아니, 아니, 그렇지 않을 거예요. 이건 정말로 중요한 거라서. 이게 바로 그거거든."

아내는 고개를 절레절레 흔들고는 방에서 나가버렸다. 리스는 다시 키보드에 손을 올리고 모든 질문들에 답하는 이메일을 썼다.

마음일까 머리일까?

"그 데이터에는 0이 아닌 우주상수가 필요합니다!" 그는 타이핑을 했

심부의
얼굴

243

다. "이러한 결과에는 마음이나 머리가 아니라 여러분의 눈으로 접근하십시오. 우리는 결국 관측자들이니까요!"

공표? 우선권? 현실적 정치?

"저는 토끼와 경주하는 거북이가 된 것 같습니다. 저는 매일같이 LBNL 친구들이 이리저리 뛰어다니는 것을 보지만 조용히 하면 몰래 다가갈 수 있다고 생각합니다. 헛….".

마지막으로 신속한 보도냐《전쟁과 평화》냐?

"저는 신속한 논문이냐 상세한 설명이냐에 관한 그룹의 딜레마에 답할 수 있을 것 같습니다…. 여러분 모두 그 데이터의 상세한 설명을 원한다고 했습니다. 그게 제가 해온 일이지요. 브라이언은 그 논문에 데이터를 추가하는 데 1주일이 걸릴 거라고 말했지만, 저는 그걸 이미 결혼식 전에 해두었습니다."

그는 '보내기' 버튼을 눌렀고, 다음 날 아침 그는 신혼여행을 위해(또한 켁 망원경 관측을 위해) 하와이로 떠났다.

우주의 대부분은…

펄머터는 AAS 회의를 준비하는 데 쏟아부은 여분의 노력에 대해 보상을 받았다. 언론 보도는 기자회견의 참석자들이 도달한 합의, 즉 우주의 운명에 주요하게 그리고 올바르게 초점을 맞추었다. 〈뉴욕타임스〉는 "새로운 데이터가 우주가 영원히 팽창할 것임을 암시하다"라는 헤드라인으로 그 소식을 일면에 실었다. SCP 팀의 지역 신문인 〈샌프란시스코 크로니클San Francisco Chronicle〉도 그 소식을 일면에 실었다. AAS 회의의 지역 신문인 〈워싱턴포스트〉는 그 소식을 A3면에 실었다. "우주가 영원히 계속 팽창할 거라고, 연구팀들이 말하다." 그러나 〈워싱턴포스트〉가 격찬의 대상으로 삼은 것은 SCP 팀이었다. "펄머터는 뜻밖의 커다란 표본으로 청중을 놀라게 했다"고 그 신문은 전했다. "가나비치 팀은 세 명이 참석했다." 그리고 그 후 3주일 뒤, 천문학계에는 훨씬 더 중요하게 〈사이언스〉 지에 어떤 기사가 실렸다.

그 기사의 저자인 천체물리학 박사 제임스 글랜츠 James Glanz 는 그곳이 시청이라도 되는 양 자신의 특종을 다루었다. 그는 지난 수년 동안 초신성 탐색에 대한 글을 써왔지만, 최근에 쓴 글에서 곧 어떤 발견이 이루어질 가능성을 언급했다. 10월 31일자 글에서 그는 두 팀 모두 우주가 영원히 팽창할 것이라는 결론, 즉 우주가 열려 있든 편평하든, 오메가가 1보다 작든 정확히 1이든 타당한 시나리오를 암시하는 논문들을 제출했다고 썼다. 그러나 그 뒤 그는 결코 끝나지 않는 그러한 팽창이 "아마도 대규모 척력들에 의해 촉진될 것"이라고 덧붙였다.

그는 계속해서 그 기사의 몇 구절을 통해 "그 결과들은 여전히 우주의 물질에, 우주상수에 의해 존재하는 등가 에너지를 더했을 때 편평한 우주가 될 수 있다는 일부 이론들이 맞을 가능성을 열어 놓고 있다"고 말했다. 1월 말의 기사에는 또한 "우주상수라 불리는, 빈 공간에 있는 양자역학적 미광"에 대한 언급도 있었지만, 이번에 글랜츠는 AAS에 대한 SCP 팀의 기여에 초점을 맞추었다.

그 결과들은 중력이 팽창을 멈추게 하기에는 팽창속도가 너무 더디게 늦추어졌다는 초기의 증거를 뒷받침할 뿐만 아니라, 무언가가 그 팽창을 가속시킨다는 것도 암시했다. 만약 그 결과들이 옳다면 "그것은 우주상수가 존재한다는 중요한 증거를 제시하는 것"이라고 펄머터는 말한다.

마이클 터너도 "그것은 굉장한 발견이 될 것"이라고 덧붙인다….

그달 초 미친 듯이 이메일을 주고받은 뒤 하이-z 공동연구팀은 초안을 교환하고, 수학을 탐구하고, 프로그램의 결함을 수정하고(슈미트와 리스가 몇 가지 문제를 놓치기는 했지만 중요한 것은 아니었다), 측광법과 분광학과 차트와 그래프와 표들을 조사했다. 모두가 그들의 사례를 과학적으로 증명하기 위한 목적이었다. 이제 그들에겐 또 하나의 걱정거리가 있었다. 글랜츠의 기사에는 40개 초신성에 대한 SCP 팀의 초기 분석 결과를 보여주는 그림까지 실려 있어, 마치 하이-z 팀 자신의 게임에서 SCP 팀이 하이-z 팀을 이기려 한다는 것을 암시하는 것처럼 보였다.

알렉스 필리펜코는 마리나 델레이 Marina del Rey에서 열린 UCLA 제3차 국제심포지엄에서, '우주에 있는 암흑물질의 출처와 탐지'에 관한 강연을 할 예정이었다. 하이-z 팀은 그 심포지엄보다 고작 2주 뒤에 그들의 논문을 제출할 것이다. 왜 기다리는가? 그는 물었다. 필리펜코는 UCLA 학회에서 그들의 발견을 발표할 수 있을 거라고 제안했다. "이번이 우리가 호기롭게 발표할 기회"라고 그는 말했다.

그러나 기다리는 게 어떤가? 그 팀의 다른 멤버들은 이렇게 주장했다. 그 논문은 곧 나올 것이었다. 과학이 스스로를 증명하게 하자.

그러나 필리펜코는 만약 SCP 팀이 AAS 발표가 암시하는 것만큼이나 어떤 발표를 주장할 상태에 가깝다면, 그러면 2주는 우선권을 확인시키는 데 결정적 차이를 만들지도 모른다고 반박했다. "결과를 계속 검토할 수는 있다." 그가 말했다. "하지만 어느 시점에는 용기를 내서 그 결과를 발표하고 '좋아, 여기에 이러이러한 불확실한 것들이 있다. 우리는 여기까지 왔다'라고 말해야 한다."

논의는 거기서 멈췄다. 그러나 그 뒤 UCLA 학회가 시작되기 며칠 전, 제임스 글랜츠가 필리펜코에게 전화를 걸었다. 필리펜코는 글랜츠가 실제보다 더 많이 알고 있는 척하는 노련한 기자의 속임수를 쓰는 건지 어떤지 몰랐지만, 그는 글랜츠와 대화한 내용을 말하기만 하면 하이-z 팀의 대다수를 설득할 수 있다고 생각했다. "글랜츠는 우리가 그 학회에 참석하든 참석하지 않든 이 이야기를 발표할 것이다." 필리펜코가 말했다. "그러니 참석하는 게 어떤가?" 그에게 증거를 주어라. 그에게 인용문을 주어라. 그에게 뉴스거리를 주어라.

발표를 하고, 그에게 그것에 대해서 먼저 말하라.

2월 22일, 필리펜코는 UCLA 학회에서 자리를 잡고 앉아 거슨 골드하버가 내놓는 SCP 팀의 최신 결과 발표를 들었다. 그 뒤 그는 솔 펄머터가 발표하는 SCP 팀의 최신 결과를 들었다. 필리펜코가 알 수 있는 한, 아무도 발견을 주장하지는 않았다. 그가 들은 거라곤 SCP 팀이 람다의 '증거'를 갖고 있다는 것뿐이었다.

그는 심호흡을 한 번 했다. 이제 그의 발표 차례였다. 필리펜코는 자리에서 일어나 잠시 멈춘 뒤 당신들은 결과를 가졌거나 갖지 않았거나 둘 중 하나라고 말했다. 그러나 하이-z 팀은 확실히 결과를 갖고 있었다.

유령은 실제였고, 우주의 대부분이 그것이었다.

두 번 찾아온
이빨요정

새로운 우주

마이클 터너는 데이비드 슈람의 자취를 쫓고 있었다. 그는 머리를 맑게 해주는 파란 하늘 아래에 있는, 이론가들의 여름 피서지인 애스펀 물리학 센터의 칠판과 피크닉 벤치들 사이에서 복도와 보도를 따라 걷고 있었다. 산을 한 번 바라보고 숨을 깊이 들이마시면 야외활동을 즐기는 슈람 같은 거구가 왜 1976년, 한눈에 이 장소와 사랑에 빠져서 애스펀을 제2의 고향으로 여기게 되었는지 금방 알 수 있을 것이다.

결국 그는 1992년부터 사망하기 직전까지 애스펀 센터의 이사장을 지냈다. 그러나 슈람은 이제 저세상으로 갔고, 터너는 스미스소니언에서 열린 '우주의 본질 논쟁'에서 짐 피블스와 반대 입장을 취하는 데 동의했다. 그러므로 애스펀 센터에서 피블스와 우연히 마주쳤을 때 그에게 묻고 싶은 게 있었다. 분명한 병참학적 이유 때문에 주최자들은 1998년 4월부터

10월까지 행사를 취소했다. 터너와 피블스는 새로운 주제가 필요했다.

터너가 물었다. "여전히 편평하지 않다고 주장할 생각인가요?"

피블스가 어깨를 으쓱해 보였다.

"짐, 논쟁에는 '예'나 '아니오'의 문제가 있기 마련이에요. 제 말이 틀리다면 고쳐주세요. 하지만 선생님과 데이브는 우주가 편평한지 여부를 놓고 논쟁하기로 되어 있었어요. 그는 편평하다고 했고 선생님은 편평하지 않다고 했지요." 터너가 질문을 다시 했다. 피블스는 정말로 우주가 편평하지 않다고 공공연히 주장하고 싶어 했을까?

"아니네."

터너는 그 대답에 놀라지 않았다. 두 이론가 모두 1998년 말에 편평하지 않은 우주를 옹호한다는 게, 1965년 말에 정상상태 우주론을 옹호하는 것과 같음을 알고 있었다. 펄머터가 SCP 팀의 초신성 40개의 베일을 벗긴 1월의 AAS 기자회견이 있고 몇 달 이내에, 그리고 필리펜코가 발표를 한 2월의 UCLA 학회가 있고 몇 주 이내에, 천문학자와 천체물리학자와 우주론자와 이론가들로 구성된 빅뱅학계에서 어떤 합의가 도출되었다. 즉 우주는 과거의 모습이 아니었다.

허블이 거리-속도 관계의 증거를 발견한 이후 천문학자들은 삼단논법을 따라왔다. 하나, 우주는 팽창한다. 둘, 우주는 중력을 통해 다른 물질을 끌어당기는 물질로 가득 차 있다. 그러므로 물질의 밀도는 팽창속도에 영향을 미칠 것이다. 그렇다면 팽창이 얼마나 느려지고 있을까? 이것이 바로 두 초신성 팀이 충실하게 답을 찾아 나선 물음이었고, 그들은 성공했다. 즉 팽창은 느려지지 않았다.

팽창은 느려지지 않았다. 두 팀이 관측한 우주는 먼 유형 Ia 초신성들이 이런저런 특정한 적색이동에서 보여야 할 밝기보다 더 밝은, 그러므로 더 가까운 그런 우주가 아니었다. 오히려 그 초신성들이 더 희미한, 그러므로 더 먼 우주였다. 그것은 상호 중력적 인력의 영향하에 작용하는 물질로 가득 찬 팽창하는 우주가 당연히 해야 할 일을 하는 우주가 아니었다. 그것은 그 반대의 일을 했다.

우주의 팽창은 가속되고 있었다.

제임스 글랜츠는 〈사이언스〉 2월 27일자에 그 이야기를 털어놓았다. 비록 10월과 1월에 실린 이전의 두 기사에서 양의 람다 가능성을 암시하기는 했지만, 그러한 결과는 수용하기가 어려워서 그는 학계가 그 가능성을 '대단히 회의적'으로 받아들인다고 생각했다. 그러나 두 팀 사이의 합의가 그러한 원동력을 변화시켰는지도 모른다. 심지어 필리펜코가 UCLA 학회에서 발표하기 전에도, 글랜츠는 하이−z 팀의 인용문들을 다루기 시작했었다. "솔직히 말해 나는 이 결과 때문에 대단히 들떠 있다." 커슈너는 이런 반응을 보였다. 애덤 리스는 '깜짝 놀랐다'고 표현했다. 단연 최고의 인용문은 브라이언 슈미트의 말이었다. "내 반응은 놀라움 반 두려움 반이다." 그는 자신의 감정을 상세히 설명했다. "놀라운 건 내가 이런 결과를 전혀 예상하지 못했기 때문이고, 두려운 건 나처럼 뜻밖의 일에 극히 회의적인 천문학자들 대부분이 그것을 믿지 않으리라는 걸 알기 때문이다."

〈사이언스〉가 글랜츠의 기사를 발표한 2월 27일이 저물 무렵, 리스는 CNN과 PBS에 출연했다(〈뉴스아워 NewsHour〉 인터뷰 기자: "일부 과학자들이 왜 이런 결론들에 대해 놀라움과 두려움으로 반응했습니까?"). 그다음 주에는 전 세계 잡지와 신문에 기사가 실렸고 〈뉴욕타임스〉의 1,600자 특집기사에서 절정을 이루었다("팀 리더인 슈미트 박사는 '내 반응은 놀라움 반 두려움 반'이라고 말했다").

버클리연구소의 SCP 팀도 놀라움과 두려움으로 반응했다. 놀라움은 자신들이 우주의 운명을 발견하는 데 성공했기 때문이었고, 두려움은 가속 자체가 모든 사람의 관심을 끌고 있는데다 하이-z 팀이 그 공로를 인정받고 있기 때문이었다. 펄머터가 어떤 연구소 보도자료에서 언급했듯이, 두 팀은 "놀라울 정도로 비상한 일치를 보였다."

"기본적으로는 그들이 우리의 결과가 옳음을 입증한 셈이다." 거슨 골드하버는 〈뉴욕타임스〉에 이렇게 말했다. "하지만 발표 게임에서는 그들이 선취점을 얻어낸 것이다."

"우주에서 가장 강력한 힘은 무엇일까?" 커슈너는 동일한 기사에서 이렇게 물었다. "그건 중력이 아니라 질투다."*

3월 초 하이-z 팀은 '가속하는 우주와 우주상수에 대한 초신성의 관측적 증거'를 〈천문학저널〉에 제출했다.** 그 논문이 심지어 공식적으로 받아들여지기 며칠 전인 5월 첫째 주에 페르미연구소는 두 초신성 팀의 결과에 대한 학회를 개최했다. 60여 명의 참석자들이 비공식으로 투표한 결과 40명이 그 증거를 기꺼이 받아들이는 것으로 드러났다.

학계에서 합의를 서두른 이유는 부분적으로 사회학적이었다. 어떤 과학적 결과에 대한 확증은 항상 필요하지만, 만약 오직 한 팀만 놀라운 결

---

*사실, 중력은 네 힘 가운데 가장 약하다. 원칙적으로는 가장 강한 핵력과 질투심을 비교해야겠지만 일반 대중에게는 생소할 수 있으므로 중력이라는 표현을 썼다.

**이것은 모욕이거나 혹은 적어도 농담이었다. 논문을 제출할 다른 선택으로는 〈천체물리학저널〉이 있었지만, 하이-z 팀은 자신들이 천문학을 하고 있음을 강조하고 싶어 했다.

과에 도달했다면 학계의 반응은 대단히 회의적이었을 것이다. 두 팀이 독립적으로 동일한 결론에 도달했다는 것은 주목할 만한 일이었다. 또 두 팀이 대체로 독립적인 데이터 세트(동일한 초신성은 매우 적었다)를 사용했다는 것도, 먼지 보정을 포함하는 몇 가지 독립적인 분석방법들에 의존했다는 것도, 그들이 예상한 것과 정반대인 어떤 결론에 도달했다는 것도 그랬다. 그러나 이런 모든 기준을 충족시키는데다 그동안 악명 높게 경쟁적이었던 두 팀이? "그들의 가장 간절한 바람은 다른 그룹과 다른 답을 얻는 것이었다"고 터너는 말했다.

합의를 서둘렀던 또 다른 이유는 부분적으로는 심미적이기도 했다. 1980년의 급팽창이 편평함과 지평선 문제를 해결했듯이, 1998년의 양의 람다가 우주를 다시 이해하게 해주었다. 터너의 말대로 "양의 람다는 모든 것을 꼭 들어맞게 했다!"

60을 기준으로 '잘못된' 쪽에 있는 허블상수 측정들이 가장 늙은 별들보다 더 젊은 우주를 암시했기 때문에 앨런 샌디지를 화나게 했을까? 문제는 해결되었다. 그렇게 젊은 우주에 비해 너무 발달한 것처럼 보이는 초은하단 필라멘트들의 대규모 구조들은 어떤가? 문제는 해결되었다. 우주가 '너무' 젊다는 시각은 팽창속도가 그 역사 내내 감속했거나, 혹은 적어도 안정적으로 유지되었다고 가정할 경우에만 옳은 것이었다.

시속 80킬로미터에서 100킬로미터로 가속하다가 지금에야 시속 105킬로미터에 도달한 자동차는, 이미 시속 105킬로미터로 달려왔거나 시속 110킬로미터에서 속도를 줄인 자동차보다 똑같은 거리를 주행하는데 더 많은 시간이 필요했을 것이다. 만약 브레이크를 밟아서 팽창이 감속한다면 '가까운' 과거에는 더 빨리 달리고 있었을 것이므로, 팽창이 일정했을 경우보다 현재에 도달하는 데 더 적은 시간이 걸릴 것이다. 그러나 오늘 액셀러레이터를 밟아서 점점 더 빨리 가속하는 팽창은 가까운 과거에는 덜 빠르게 달리고 있었을 것이므로 현재에 도달하는 데 더 많은 시간이 걸릴 것이다. 가속도 덕분에 우주의 나이는 우주에서 맨 처음에 만들어진 것보다 오래되고, 충분히 발달한 필라멘트들을 가질 정도로 오래된 범위인 대략 150억 년의 범위에 있는 것처럼 보였다.

그러나 초신성 결과들을 심미적으로 가장 만족스럽게 만든 것은 양의 람다 값이 존재한다는 게 아니라 그 값 자체였다.

1970년대 말의 로버트 디키나 짐 피블스 같은 사람이 균일한 CMB의 관측을 이해하려면 균질성과 등방성에 대한 이론적 설명이 필요했다. 그 뒤 급팽창이라는 설명을 갖게 되었다. 1980년대의 마이클 터너나 로키 콜브 같은 사람이 급팽창 이론을 효과 있게 만들려면 편평한 우주를 드러내는 관측을 원했을 것이다. 그 뒤 그는 그런 관측을 하게 되었다. 아니 아무튼 절반 정도는. COBE 위성은 급팽창이 옳으며 우주가 1의 오메가를 가져야만 한다고 암시했다. 그러나 수많은 다른 관측들은 우주 안에 있는 질량의 양이 임계밀도보다 작아서 오메가가 1보다 작아야 한다고 암시했다. 그것도 매우 의미심장하게 암시했다.

그러나 이제 람다가 그런 모순을 설명했다. 우주 안에 있는 물질의 양은 팽창을 멈추게 하기에는 충분하지 않지만, 우주 안에 있는 물질과 '에너지'의 양은 그러기에 충분했다. 아인슈타인에 따르면 물질과 에너지는 동등하므로 암흑물질의 형태든 보통물질regular matter의 형태든 질량은 임계밀도에 턱없이 모자랄지 모르지만, 가속을 일으키는 에너-람다-가 그 차이를 메울 수 있을 것이다. 40퍼센트 정도의 질량 밀도에 60퍼센트 정도의 에너지 밀도를 더하면 100퍼센트의 임계밀도, 즉 1의 람다가 되었다.

우주는 정말로 낮은 물질 밀도를 갖고 있었다.

우주는 편평했다.

"인정하게." 언젠가 짐 피블스가 브라이언 슈미트를 놀렸다. "자네도 자네가 무엇을 갖고 있는지 몰랐지 않나. 또 급팽창에 대해서 들어본 적도 없었고."

"급팽창!" 슈미트의 얼굴에 갑자기 화색이 돌았다. 그는 피블스에게 하버드에 있을 때 이론가 숀 캐럴Sean Carroll과 연구실을 같이 썼는데, 그때 캐럴이 〈우주상수〉라는 논문을 쓰고 있었다고 알려주었다. 그것은 람다가 어떻게 급팽창을 구제할 수 있는지 설명한 1998년 이전의 영향력 있는 논문들 가운데 하나였다. "앨런 구스가 1주일에 한 번씩 들르곤 했었죠!" 그가 우쭐해서 덧붙였다.

양의 람다가 너무나 많은 문제들을 해결했으므로 터너가 1998년에 애스펀에서 피블스에게 말을 걸었을 때, 그는 이미 자신이 논쟁하고 싶은 게 무엇인지 알고 있었다. '우주론이 해결되었을까?'

그것은 터너가 이미 마음속에 그리던 논쟁이었다. 그해 3월에 플로리다의 게인스빌Gainesville에서 열린 암흑물질 워크숍에서 그는 자신의 강연에 '우주론이 해결되었을까? 어쩌면'이라는 제목을 붙였다. 다음 달에 일본의 교토에서 열린 어떤 학회에서 그는 그 제목에서 수식어를 빼고 더 간단하게 '우주론이 해결되었을까?'로 표현했다. 두 논문 모두 출간되었을 때는 요약 부분에 "요즘처럼 우주론이 흥미진진해지는 때는 없다!"라는 똑같은 문장이 들어가 있었다. 스미스소니언 논쟁에서 그는 발표 내용

에서 느낌표를 떼어 제목에다 갖다 붙였다. '우주론이 해결되었을까? 아마도!'

피블스라면 우주론이 '해결된 게 아닐 수도 있다'는 의견들도 다루어야 했겠지만, 그에게는 큰 문제가 되지 않았다. 제대로 확정되지 않은 주제를 확신하는 것이 비과학적이라는 점에서 그는 어느 한쪽 편을 열정적으로 주장하는 성격이 아니었다. 그가 열정적으로 주장하는 것은 사실관계가 밝혀지지 않은 상황에서는 너무 열정적이어서는 안 된다는 정도일 것이다. 그는 성격상 단지 해결되지 않은 문제들에 확신을 갖는 게 비과학적이라는 이유만으로, 특정한 쪽에 열렬히 찬성론을 펴는 사람도 아니었다. 만약 무언가에 열렬한 감정을 느낀다 해도, 사실들이 부재할 때는 너무 열렬히 생각해서는 안 된다는 게 그의 주장이었다.

피블스가 급팽창의 편평한 우주 예측을 람다 논거의 기초로 삼은 지도 14년이 흘렀다. 그러나 그는 여전히 학계가 급팽창을 받아들이는 건 시기상조이며, 심지어는 '불쾌하다'고까지 생각했다. 물리학과 관련하여 그는 물리학자를 고전주의자와 낭만주의자로 나누었다. 고전주의자들은 창의력이 풍부했지만 규칙을 따랐던 반면, 낭만주의자들은 규칙을 존중했지만 직관을 따랐다. 낭만주의자들은 손을 흔들어 균질하고 등방인 우주를 만들어냈다. 이후 운이 좋을 때는 그들의 가정과 예측을 검증할 관측이 이루어졌다. 고전주의자는 팽창하는 우주를 암시하는 관측을 한 뒤 그 결과들이 검증해낼 배경복사의 온도를 예측했다. 그 뒤 또다시 낭만주의자들의 차례가 되자 그들은 손을 흔들어 급팽창과 암흑물질, 그리고 이제 '사라진 에너지'에 호소했다. 이 에너지는 어떤 고전주의자가 고안해야 했던, 양의 람다에 해당하고 팽창을 가속시킨 우주 안의 물질이다. 짐 피블스는 자신을 고전주의자로 여기길 좋아했다.

그러나 마이클 터너는 짐 피블스를 '반은 열광자이고, 반은 심술쟁이'라고 생각했다.

그 논쟁은 워싱턴 내셔널몰에 있는 국립자연사박물관에서 10월의 어느 축축한 일요일 오후에 있었다. 장소는 천문학자 허버 커티스Heber Curtis와 할로 섀플리Harlow Shapley가 1920년에 은하수가 전체 우주인지 아니면 그 바깥에 다른 '섬우주들'이 존재하는지를 놓고 '논쟁을 벌인' 바로 베어드 오디토리움Baird Auditorium이었다. 성운의 적색이동을 보여주는 베스토 슬라이퍼의 분광학이 나온 지 채 10년도 되지 않은 때였다. 아인슈타인의 우주론이 나온 지는 고작 3년밖에 되지 않았고, 람다 삽입 덕분에 그의 우주론은 여전히 정적인 우주에 적용되었다. 성운들이 별개의 섬우주들이며, 거리와 속도 그래프에 그려보면 그것들이 후퇴하는 것처럼 보인다는 허블의 발견이 이루어진 건 그 뒤 10년이 지나서였다. 그리고 그 발견과 함께 람다는 명백히 사라졌다. 그러나 이제 70년이 흐른 뒤 람다가 다시 돌아왔다. 강당으로 들어가는 청중은 'Λ'라는 기호가 쓰인 배지를 받았다. 그들은 그 기호를 보고 어리둥절해했지만 그런 당혹감이 오래가지는 않았다.

앞선 논쟁처럼, 1998년의 논쟁은 어떤 것도 해결하지 못할 것이었다. 그 목적은 견문을 넓히고 즐기는 것이었다. 그리고 피블스가 터너의 수많은 강연에 참석한 경험으로 미루어 짐작했을 흥행적 수완의 측면에서 보면, 그 논쟁은 시작도 하기 전에 끝나버렸다. 터너가 청중의 관심을 끌기 위해 해야 한 것은 고작 미술가 키스 해링Keith Haring 작품의 춤추는 실루엣 같은, 컬러 OHP 하나를 보여준 것뿐이었다.

우주론은 흥미진진하다!… 적어도 향후 20년 동안은
강력한 기초: 뜨거운 빅뱅 모형
연구비에 깊은 뿌리를 둔 대담한 아이디어들.
물리학: 급팽창 + 차가운 암흑물질 Cold Dark Matter, CDM
데이터의 홍수

(그리고 터너가 피블스를 기죽이려고 한 일은 고작 '정밀한 우주론'을 들먹이는 것뿐이었다.)

4시간 뒤 청중이 떠날 때, 부슬부슬 내리던 이슬비가 아마 머리 위에서 춤추는 느낌표처럼 느껴졌을 것이다. 그러나 '우주론이 해결되었을까?'라는 물음은 터너 자신이 인정하는 바에 의하면 '터무니없었다.' 논쟁이 끝났을 때 그가 고백했듯이 그는 '일부러 선동적'이었다. 논쟁에는 가부가 분명한 문제가 필요하겠지만, 터너는 '그렇다'고 대답할 수 없었고 피블스는 '아니다'라고 답했다간 어리석어 보일 게 뻔했다.

어떤 면에서 그들이 무대에서 한 역할은 각자의 개성에는 맞았지만, 거의 부당할 정도로 뒤바뀌어 있었다. 터너는 이렇게 주장했다. "저는 우리가 결국엔 1998년을 1964년만큼이나 중요한 우주론의 전환점으로 여기게 될 거라고 믿습니다." 여기서 1964년이란 윌슨과 펜지어스가 우연히 피블스가 예측한 온도에서 CMB를 발견한 해였다. 그는 우주론의 가장 기본적인 수들, 즉 샌디지가 늘 입에 달고 살던 두 수에다 급팽창이 도입한 세 번째 수를 확립하는 데 진보가 있었다고 언급했다. 천문학자들은 60년대 중반에 어떤 허블상수로 의견을 모았다. 그들은 0.4 정도의 질량 밀도에 동의했다. 그리고 그렇게 부족해 보이는 양에도 불구하고, 그들은 전체밀도와 임계밀도 사이의 비, 즉 물질 – 에너지 밀도와 우주의 붕괴를 막는 데 필요한 밀도의 비를 최대 1까지 끌어올리는 관측 증거를 발견했다.

그럼에도 터너는 양의 람다 값이 해결하지 못하는 문제가 하나 있다고 고백했다. 우주론은 새로운 삼단논법을 갖고 있었다. 하나, 팽창하는 우주는 중력을 통해 서로를 끌어당기는 물질로 가득 차 있다. 둘, 팽창은 가속한다. 그러므로 암흑이든 아니든 물질 이외의 무언가가 중력의 영향을 압도해야 했다. 그렇다면 그게 무엇일까?

우주론이 해결되었을까? 전혀 아니다!

가속하는 우주

천문학자들에게, 람다는 그저 어떤 방정식에 있는 하나의 기호인 속임수에 불과했다. 그것은 0일 수도 있고 0이 아닐 수도 있었다. 그러나 우주론에 대한 유형 Ia 초신성의 유용성을 확신하는 사람은, 그리고 결과 검토에 만족하는 사람은 그 값을 받아들였다. 브라이언 슈미트는 급팽창 이론에 대한 양의 람다의 함축적 의미들을 알고 있었지만, 예컨대 애덤 리스는 그렇지 않았다. 리스는 컴퓨터 프로그램을 통해 양의 람다로 균형을 잡아주지 않는 한 우주가 음의 질량을 갖게 됨을 알고 나서 며칠 뒤, 우주 상수가 해결할 모든 문제들에 대해 알고 행복해하지 않을 수 없었다.

그러나 입자물리학자들에게는 양의 람다가 어떤 문제도 해결하지 못했다. 그것은 오히려 문제를 만들었다.

입자물리학적 견지에서 보면 람다는 그저 숫자가 아니었다. 그것은 공간의 특성이었다. 그리고 공간은 입자물리학에서 텅 비어 있는 게 아니었다. 그것은 가상 입자들이 순식간에 생겨났다 사라지는 양자 서커스였다.

실험들이 입증해주었듯이, 그러한 입자들은 존재할 뿐 아니라 에너지도 갖고 있었다. 그리고 에너지는 일반상대성이론에서 중력과 상호작용한다. 중력과 상호작용하는 에너지를 가지는 양자 입자들은 물리학자들이 네덜란드의 물리학자 헨드릭 카시미르Hendrik Casimir의 이름을 따서 카시미르 효과라 부르는 것을 일으켰다.

평행한 판형 전도체 두 개를 점점 더 가까이 가져가면 진공에너지의 증가를 측정할 수 있을 거라고, 카시미르는 1948년에 제안했다. 그 이후 수많은 실험들이 그의 예측과 일치하는 것으로 드러났다. 수학자 스티븐 풀링Stephen Fulling이 언급했듯이 "양자이론과 일반상대성이론이 겹치는 분야를 연구하는 사람은 누구라도 경외와 존경의 어조로 이 사실을 지적하지 않을 수 없다."

따라서 양의 에너지 자체는 놀라운 게 아니었다. 그리고 이론가들은 심지어 두 가지 형태의 진공에너지를 마음속에 품고 있었다. 아니 아무튼 그들에게는 두 개의 이름이었다. 진공에너지의 한 가지 형태는 공간과 시간에 걸쳐 일정할 것이므로, 그들은 그것을 우주상수라고 불렀다. 또 다른 형태는 공간과 시간에 걸쳐 변할 것이므로, 그들은 그것을 제5원(고대 그리스 물리학에서 다섯 번째 원소)이라고 불렀다. 천문학자들이 거의 호환하여 사용하는 '람다'와 '우주상수'라는 용어가 같다고 생각하지 않게 하기 위해, 터너는 다른 용어들을 시험하기 시작했다. 그는 1998년 5월에 페르미연구소 학회에서 '재미있는 에너지Funny energy'라는 말을 시험해보았지만, 그 용어는 받아들여지지 않았다. 그러나 그다음에 시도한 것이 그대로 용어가 되었는데, 바로 일부러 '암흑물질'을 흉내 내어 만든 '암흑에너지dark energy'였다.

그러나 우주 안에 양의 에너지 밀도가 존재한다는 초신성의 결과는, 양자역학이 천문학자들이 측정한 0.6이나 0.7보다 더 큰 값을 예측했다는 문제가 있었다. 훨씬 더 큰 값. 10^{120}배나 훨씬 더 큰 값. 그 값은 1,000,000,000,000,000,000,000,000,000,000,000,000,000,000,000,000,0 00,000,000,000,000,000,000,000,000,000,000,000,000,000,000,000,00 0,000,000,000배나 더 큰 값이었다. 농담도 있듯이, 그것은 심지어 우주론적으로 보아서도 너무나 큰 불일치였다. 에너지 밀도의 값이 10^{120} 정도로 터무니없게 크다면 우주가 엄청나게 큰 거리로 늘어나므로 얼굴과 코끝 사이가 멀어져서 터너의 말마따나 '자기 코끝도 볼 수 없을' 것이다. 물론 그랬다면 코끝 비유와는 관계없이 우주라는 것이 지금 아예 존재하지 않았을 것이다.

그렇게 높은 밀도는 빅뱅이 있고 처음 100,000,000,000,000,000,000,00 0,000,000,000,000,000,000분의 1초 뒤에 CMB를 3K 미만으로 냉각시켰을 것이다. 따라서 10^{120}의 값을 갖는 에너지 밀도와 0.7의 값을 갖는 에너지 밀도 사이에서 선택의 기로에 서자, 대부분의 입자물리학자들은 이렇게 가정했을 것이다. 즉 그 결과를 모든 사람이 항상 아무 불평 없이 기꺼이 가정한 $\Lambda = 0$으로 만들려고 누군가가 언젠가는 수학을 조작하거나, 입자들이 어떻게 딱 알맞은 비율로 서로를 소멸시키는지 알아낼 거라고 가정한 것이다.

회의론자들은 이런 말을 인용하곤 했다. "이빨요정 tooth fairy – 암흑물질을 뜻한다 – 에게는 소원을 오직 한 번만 빌지만, 이제 또다시 이빨요정 – 암흑에너지를 뜻한다 – 에게 의존하지 않을 수 없다." 어떤 부적절한 수식어가, 아니 적어도 학계의 상투어인 주전원 epicycle (140년경 프톨레마이오스가 천구 상에서 행성들의 역행과 순행을 설명하기 위해 제창한 행성의 운동 궤도-옮긴이)이 불가피했다. 천문학자들과 그들의 급팽창 이론을 가능하게 한 사람들도 하늘의 운동에 해당하는 수학을 만들기 위해 필사적으로 노력한 고대인들과 그들의 측정처럼 그저 외형을 구현한 걸까?

혹자는 현대의 선례들을 인용할 수도 있을 것이다. 19세기 과학자들은 물을 가로지르는 파동처럼 공간을 가로질러 전파하는 빛의 파동 현상이 우주 연못의 존재를 추론하지 않는 한 이치에 맞지 않음을 알았다. 나중에 켈빈 경 Lord Kelvin이 된 스코틀랜드의 물리학자 윌리엄 톰슨 William Thomson 은 이 '에테르'를 묘사할 방정식을 찾으려고 애쓰면서 일생을 보냈다. 1896년 글래스고대학교에 봉직 50주년을 기념하는 행사에서 그는 한 친구에게 "나는 1846년 11월 28일 이후 전자기 이론을 생각하면 단 한순간도 평화롭거나 행복한 적이 없었다"고 썼다. 그는 아인슈타인이 절대 공간의 필요를 없애고 에테르를 '불필요한' 것으로 만듦으로써 특수상대성 이론을 확립한 2년 후인 1907년에 사망했다.

미래 세대들은 현대 우주론 전체를 간접적인 증거로부터 추론을 이끌어내는 데 한계가 있음을 드러낸 유사한 교훈으로 볼까? 은하들의 운동은 우리가 암흑물질의 존재를 추론하지 않는 한 이치에 맞지 않았다. 초신성의 광도는 우리가 암흑에너지의 존재를 추론하지 않는 한 이치에 맞지 않았다. 추론은 강력한 도구일 수 있다. 사과가 땅으로 떨어지면 우리는 중력을 추론한다. 그러나 추론은 또한 불완전한 도구일 수 있다. 중력은…?

암흑물질은…?

암흑에너지는…?

천문학자들은 암흑에너지를 확인할 수 없었지만, 일부 이론가들은 그게 무엇인지 알고 있었다. 즉 그것은 지나친 추론이었다. 양의 람다가 많은 문제들을 해결한다고 해서 그게 존재한다는 의미는 아니었다.

"자네 같은 관측 천문학자들은 켁과 허블 망원경의 소중한 시간을 낭비하는 거야." 1998년에 한 이론가는 알렉스 필리펜코에게 이렇게 따끔하게 지적했다. "왜냐하면 자네의 결과가 틀린 게 분명하기 때문이지. 우리는 0이 아닌 아주 작은 – 람다가 10^{120}이 아니라 임계밀도의 0.6이나 0.7과 같다는 의미에서 아주 작은 – 진공에너지와 양립할 수 있는 이론을 갖고 있지 않을뿐더러, 아마 이것과 양립할 수 있는 이론은 존재하지도 않을 거야."

"이것 봐, 이건 관측 결과야." 필리펜코가 반박했다. "나는 그저 망원경으로 보이는 것만을 알 뿐이라고. 자네는 나보다 훨씬 더 똑똑해. 하지만 추가 관측을 하면, 우리는 이걸 확인하게 될 거야. 아니면 우리가 틀렸다는 걸 알게 되든가. 어떤 컴퓨터 프로그램에서 '2+2=5'이기 때문이 아니라 어떤 알 수 없는 이유 때문에 말이야."

다시 말해 양의 람다가 어떤 문제를 만든다고 해서 그게 존재하지 않는다는 의미는 아니었다.

결국 사회학 – 두 강력한 라이벌이 독립적으로 동일한 놀라운 결과에 도달했다는 사실 – 으로는 회의론을 바꾸거나, 혹은 그 문제라면 신중한 천문학자들에게 그들이 바보짓을 하지 않았음을 적절하게 납득시키기에 충분하지 않을 것이다. 심미학적인 부분 – 그 결과가 문제들을 해결하는지 아니면 문제들을 만드는지 – 도 그러기는 마찬가지일 것이다. 심지어 1998년의 경우에는 〈사이언스〉 지의 '올해의 획기적인 발견'으로 선정되는 영예를 안을 자격조차도 없었다. 필리펜코의 요지는 오직 과학만이, 오직 추가 관측만이 양의 람다 값을 검증할 수 있다는 말이었다.

그리고 천문학자들은 과학자들이 그러한 환경에서 하는 일을 했다. 즉 그들은 그 효과가 존재하지 않음을 입증하는 일에 착수했다. 원거리 초신성들이 실제보다 더 희미해 보이게 할 수 있는 어떤 문제들을 그들이 간과한 걸까? 두 가지 가능성이 즉시 떠올랐다.

하나는 색다른 종류의 먼지였다. 천문학자들은 은하 안에 있는 보통 먼지가 빛을 더 붉게 만든다는 것을 알고 있었고, 그 먼지를 보정하는 방법도 알고 있었다. 다 리스 덕분이었다. 먼지 보정 방법인 컬러 광도곡선 모양MLCS에 대한 그의 논문은 1999년에 트럼플러 상Trumpler Award을 수상했다. 그것은 천문학에 특별히 중요한 최신 박사학위 논문을 표창하는 상이었다. 그러나 이제 천문학자들은 회색 먼지의 가능성을 언급하면서 그게 은하들 사이에 존재한다고 단정했다.

'아무도 은하에서 회색 먼지를 본 적이 없었어.' 리스는 생각했다. '하지만 우주상수를 본 사람도 없는 걸 뭐.'

혹은 만약 이상하게 희미한 모습을 한 원거리 초신성들이, 우주가 더 젊고 덜 복잡했던 과거에는 초신성들이 달랐기 때문이었다면 어떻게 될까? 만약 유형 Ia 초신성의 성질이 우주가 태어난 뒤로 변했으며, 비교적 가까운 초신성들이 생성되는 방법이 먼 초신성들이 생성되는 방법과 달랐다면 어떻게 될까? 어쩌면 더 먼 초신성들이 더 간단한 성분들로 구성되기 때문에 본질적으로 더 희미해서 더 멀리 있다는 착각을 일으키는지도 몰랐다.

알아낼 방법이 하나 있었다. 만약 초신성 증거의 해석이 옳다면, 우리는 암흑에너지가 물질보다 우세한 어떤 시간에 살고 있는 것이었다. 암흑에너지의 반중력적 힘은 물질의 중력적 힘과의 줄다리기에서 이기고 있었다. 그런 경우 우주의 팽창은 가속할 것이고, 두 팀이 알아낸 것처럼 원거리 초신성들은 우리 예상보다 더 희미하게 보일 것이다.

그러나 더 초기에는 우주가 더 작았을 테고 따라서 더 조밀했을 것이다. 더 이른 시기일수록 우주는 더 작고 더 조밀해진다. 그리고 우주가 조밀할수록 물질의 누적된 중력적 영향은 더 커진다. 만약 천문학자들이 우주를 충분히 멀리까지─충분히 먼 과거까지─볼 수 있다면, 암흑물질이 우세한 시기에 도달할 것이다. 그 시점에서는 암흑물질의 중력적 영향이 암흑에너지의 반중력적 힘과의 줄다리기에서 이기고 있었을 것이다. 팽창은 감속할 테고, 그러므로 그 시기의 초신성들은 우리 예상보다 더 밝아 보일 것이다.

잿빛 먼지 층을 뚫고 보이는 초신성이나 초기 우주에 좀 더 간단한 원소들로 만들어진 초신성들을 이야기하는 게 아니다. 그런 초신성들은 우리가 더 멀리 보면 볼수록 점점 더 희미해 보일 것이다.

두 시나리오─암흑에너지 대 회색 먼지나 변하는 성분─를 식별하려면 훨씬 더 일찍, 훨씬 더 먼 과거에 폭발했을 정도로 먼 초신성을 관측해야 한다. 우주의 팽창이 '전환되기' 전, 즉 에너지가 아니라 물질이 줄다리기에서 이긴 과거에 우주가 감속에서 가속으로 전이하기 전 폭발한 초신성이 필요하다. 그런 초신성은 아마 '실제'보다 더 밝을 것이다. 그것을 허블 다이어그램에 그리면─저 바깥에, 칼란─토롤로의 가까운 초신성들 훨씬 너머에, 두 팀이 발견한 높은 적색이동 초신성들 너머에─하이-z 팀과 SCP 팀이 그래프로 그린 45도 직선에서 약간 위쪽으로 벗어난 것이 마치 우주처럼 '전환'되어서 아래쪽으로 기울어질 것이다.

그리고 그게 만약 그렇게 되지 않는다면, 암흑에너지를 다시 생각해야 한다.

그러나 지상망원경들은 우주를 그렇게 멀리 볼 수 없을 것이다. HST는 가능한데, 심지어 그렇게 먼 거리에서도 초신성을 발견할 수 있을 것이다. 1997년 12월 23일부터 27일까지, 론 길리랜드 Ron Gilliland 와 마크 필립스는 HST를 이용해서 바로 그렇게 할 수 있음을, 즉 우주의 가장 초기의 초신성들을 탐지할 수 있음을 입증하려고 애썼다. 그 탐색을 위해서 그들은 익숙하고 심지어 유명하기까지 한 하늘의 작은 영역인 허블 딥필드 Hubble Deep Field 를 선택했다.

2년 전인 1995년에 HST는 우주의 가장 먼 영상을 만들었다. HST는 열흘 동안 팔을 뻗으면 닿는 길이에 있는 모래 한 알 크기의 하늘에 구멍 하나를 뚫고, 광자를 흡수해 우주를 점점 더 깊숙이 보았다. 즉 점점 더 먼 과거를 보았다. 결국 허블 딥필드는 약 3,000개의 은하를 포함했는데, 일부 은하들은 희미한 청색을 띠며 우주에 나타난 최초의 은하들에 속했다. 길리랜드와 필립스는 HST에 반복적으로 가서 초신성 사냥꾼들이 1930년대 이후 해온 일을 하고 싶었다. 바로 앞선 영상들을 현재 영상과 비교해서 무엇이 변했는지 알아보는 일이었다. 1997년의 은하들 가운데 어느 것이라도 2년 전에는 없던 광점, 즉 초신성을 포함할까?

두 은하가 그런 광점을 포함했다. 두 광점은 SN 1997ff와 SN 1997fg라는 명칭을 얻었다. 길리랜드와 필립스는 추적 관측 없이는 광도곡선을 그릴 광도를 측정할 수가 없었다. 그러나 그들은 HST를 이용하면 지상망원경으로는 도달할 수 없는 거리에서 초신성들을 발견할 수 있다는 의견을 개진했다.

그러나 천문학자들이 암흑에너지를 검증하기 위해서 꼭 해야 하는 일이 있었다. 즉 여러 개의 참고 영상을 만들고, 가장 먼 초신성을 발견하기를 바라며 몇 주 뒤에 똑같은 영역으로 돌아오는 일은 할 수 없을 터였다. 그렇게 하려면 몇 주나 몇 달 앞서 추적 관측을 위한 시간을 확보해두어야 하기 때문이다. 그렇게 하는 게 HST 시간을 낭비하지 않는다고 장담할 수는 없었다.

그럼에도 저 두 초신성 SN 1977ff와 SN 1997fg은 애덤 리스의 뇌리에서 떠나지 않았다. 그는 그 생각을 멈출 수가 없었다. 여전히 하이-z 공동 연구팀의 멤버였던 2001년까지, 애덤 리스는 STScI의 책임과학자였으므로, HST의 결과와 가능성들이 항상 마음에 걸렸다. 그 초신성들은 암흑에너지 우주론 모형의 가속 이전 감속 시기, 즉 팽창이 암흑에너지의 지배적인 영향을 받아 가속한다기보다 여전히 암흑물질의 지배적인 영향을 받아 감속할 때를 시험하기에 충분한 거리에 있었다. 만약 길리랜드와 필립스가 SN 1997ff나 SN 1997fg에 대한 추적 연구를 할 수만 있었다면, 천문학은 이미 암흑에너지를 시험할 수 있었을 거라고 리스는 생각했다.

2001년 초, 리스는 그 문제를 재구성할 수 있음을 깨달았다.

만약 저 초신성들 가운데 하나가 추적되었다면 어떻게 될까? 길리랜드와 필립스가 일부러 관측한 게 아니라, 어떤 다른 관측 동안 HST가 우연히 관측했다면?

따라서 그는 자신의 연구실 컴퓨터로 HST 검색 페이지를 불러냈다. 그리고 그 좌표들을 입력했다. 적경: 12h36m44s.11. 적위: +62o12′44″.8. 그는 SN 1997ff와 SN 1997fg가 밝아졌다 희미해지는 시기에 해당할 날짜들인 1997년 12월 27일부터 1998년 4월 1일을 요청했다.

리스는 자신이 바라는 것을 찾게 될 가능성이 매우 희박함을 알고 있었다. HST는 많은 공간을 관측했다. 그것이 어떤 특정한 시기의 시간 동안 깊숙한 공간의 어떤 특정한 점을 관측할 가능성이 얼마나 될까?

"그렇게 운 좋은 사람은 없어." 그는 혼잣말로 중얼거렸다.

그러나 애덤 리스는 그렇게 운이 좋았다.

1997년 초 우주왕복선의 우주비행사들은 근적외선 카메라와 다중대상분광기 Near Infrared Camera and Multi–Object Spectrometer, NICMOS를 포함하는 두어 가지 장비를 HST에 추가했다. NICMOS는 적외선으로 관측함으로써 특히 빛이 심하게 적색이동되어서 우리 지역 우주에 도달할 무렵엔 전자기 스펙트럼의 가시광선 영역을 벗어난 먼 천체들에 민감했다. NICMOS 팀은 자신들이 쉽게 확인할 수 있는 특징들이 있는 특별히 먼 지역 우주에 이 장비를 시험해보기로 결정했다. 그곳은 바로 허블 딥필드였다.

관측 프로그램은 1월 19일 무렵에야 시작되었지만, 카메라는 그동안 약간의 시험 영상들을 찍었다. 그리고 거기에 1997ff가 있었다. 그것은 12월 26일, 1월 2일, 1월 6일에 NICMOS 시험 관측의 HST 집적 데이터 안에 있었다. 일단 NICMOS가 실제로 데이터를 얻기 시작하자, 1997ff가 프레임마다 가장자리에 나타났다. 때로 그것은 가장자리를 벗어나기도 했다. 그러나 대개는 거기에 있었다. 리스는 SN 1977ff를 조사하고, 적색이동을 통해 그게 102억 년 전쯤, 즉 우주의 팽창이 감속에서 가속으로 바뀌었을 시기보다 훨씬 더 일찍 폭발했다는 증거를 확립하면서 2001년 초를 보냈다. 만약 정말로 우주가 감속에서 가속으로 바뀌었다면 말이다. 만약 정말로 암흑에너지가 존재한다면 말이다.

매년 봄 STScI는 어떤 심포지엄을 주최했다. 과거의 한 심포지엄 주제는 허블 딥필드였다. 또 다른 주제는 항성 진화였다. 2001년의 주제는 우연히 '암흑 우주: 물질, 에너지, 그리고 중력'이었다. 그것은 전 세계 100여 명의 천문학자들이 모순처럼 보이는 그들의 임무에 대해서 곰곰이 생각해볼 기회였다. 그 임무란 심포지엄의 주최자이자 천체물리학자 마리오 리비오 Mario Livio가 '보이지 않는 것의 천문학'이라고 부른 것이다.

STScI는 볼티모어 존스홉킨스대학교 캠퍼스의 외딴 귀퉁이 구불구불한 길에 있는 낮고 현대적인 건물에 자리했다.* NASA에 소속된 연구소임을 감안하면 그 건물은 다소 수수했다. 건물은 마치 나무 아래로 들어갈 수 있도록 고개를 숙이고 있는 것처럼 보였다. 건물 뒤에는 1층 강당문을 나서면 시냇물이 내려다보이는 전면 유리가 있었다. 여기에는 수백 명이 가속기 트랙 주변을 걸은 뒤 바비큐 파티가 이어지는 페르미연구소 스타일의 야외축제는 없었다. 와인과 치즈 혹은 종종 과다한 카페인 정도가 STScI 모임에서 얻을 수 있는 최대의 즐거움이었다.

이 무렵, 가장 열렬한 암흑에너지 회의론자들조차도 남극대륙 외곽과 칠레 아타카마 Atacama 사막에서 발사된 일련의 기구 실험들을 통해 그 발견들을 수용했다. 기구들은 300킬로미터 상공까지 떠올라 바깥쪽 우주의 하복부를 스치고 지나갔으며, 바로 그 지점에서 탑재된 검출기들이 CMB를 조사했다. 그 목적은 하늘의 여러 지점들 사이의 온도 차이에 대한 COBE 위성의 측정들을 개선하는 것이었다. 만약 1도보다 작은 각도로

---

*이전에 방문했을 때 그 지역의 한 호텔에 투숙하면서 나는 그 데스크 직원에게 HST의 본부를 어디서 찾을 수 있는지 물었다. 그는 주임에게 물어보려고 뒷방으로 들어갔다가 카운터로 다시 돌아왔다. "HST는 - 그가 잠시 말을 멈추고는 손가락으로 가리켰다 - 저 위에 있습니다."

떨어진 두 지점에서의 온도차가 최대치로 나온다면 우주는 열려 있었다. 만약 1도 이상이라면 우주는 닫혀 있었다. 그리고 1도쯤이라면 우주는 편평했다. 지금까지는 그 평결이 모두 편평했다.

그러나 우주가 편평해 보인다고 말하는 게 우주의 팽창이 가속한다고 말하는 것과 같지는 않다. 1의 오메가에서 0.3의 질량 밀도를 빼면 0.7의 람다라는 식으로 뺄셈에 의한 논거에 의존할 수는 없을 것이다. 그런 수학은 1998년 이전에 존재한 역설을 보여줄 뿐이었다. 즉 COBE 위성을 통해서 보면 명백히 편평한 우주였지만 다른 관측들을 통해서 보면 명백히 열린 우주였다. 기구 실험들은 COBE 위성의 편평한 우주를 훨씬 더 흥미롭게 만들어서, 편평한 우주가 급속도로 우주론적 정설이 되어간다고 말해도 과언이 아니었다. 그러나 가속이라고? 특히 입자물리학자에게는 그 결과가 여전히 이해가 되지 않았다. 그리고 여전히 대안을 찾게끔 했다.

참석한 관측자들 가운데에는 암흑물질의 역사적 개관으로 그 학회를 연 베라 루빈도 있었다. 아니, 암흑물질이라는 아이디어의 역사적 개관이라고 하는 게 옳겠다. 왜냐하면 그녀가 지적했듯이 암흑물질이 무엇인지 알 때까지는 그 역사를 진정으로 알 수 없기 때문이다. 그녀는 1980년, 10년 안에 암흑물질이 발견될 거라고 예측했던 일을 떠올렸고, 영국의 천문학자 마틴 리스Martin Rees가 똑같은 예측을 하는 걸 보고 즐거웠다고 회고했다. 그녀는 프리츠 츠비키가 우주론의 현재 상태에 대해서 무엇이라고 말했을지 안다고 주장했다. "주전원!"

참석한 이론가들 가운데에는 마이클 터너도 있었다. 그는 모여 있는 사람들에게 '불합리한 충일'을 탐닉하고 '정밀한 우주론'의 시대를 환영하라고 권고했다. 10^{120} 문제에 대해서 불평하는 동료 이론가에게 터너는 격

노한 반응을 보였다. "한동안은 좀 여유를 가질 수 없겠나?"

솔 펄머터도 그 자리에 참석해서 초신성에만 전념하는 우주망원경의 가능성들을 거리낌 없이 말했으며, 20여 명의 다른 참석자들도 그 자리에서 자신들의 장래 연구 프로젝트를 홍보하고 최신 관측들을 보고했으며 암흑에너지의 정체에 대한 터무니없는 가능성들을 가정했다. 그러나 대체로 모든 사람은 마리오 리비오가 그 심포지엄을 요약하는 강연을 위해 OHP에 써둔 문제에 답하기 위해 학회에 참석했다. '가속하는 우주 - 우리가 그것을 믿어야 할까?'

애덤 리스가 그 학회의 주인공이 된 까닭이 바로 그것이었다.

그는 4일간의 학회 중 세 번째 날에 있었던 자신의 발표를 스트립쇼로 만들어버렸다. 그는 발표에 짜릿한 자극을 곁들이기 위해 무언가를 해야만 했다. 강당에 있는 모든 사람이 그가 대단한 무언가를 발표하리라는 것을 알고 있었기 때문이다. 이틀 전 그 심포지엄의 첫째 날 리스는 자신의 발견을 발표하기 위해 워싱턴에서 열린 NASA 기자회견에 참석했다. 하루 전에는 그 발표가 전 세계 다른 신문들뿐 아니라 〈뉴욕타임스〉 일면을 장식했다. 그럼에도, 지금이야말로 그가 동료 우주론자들로 하여금 이 새로운 증거를 직접 검토하게 할 절호의 기회였다.

그는 OHP를 사용할 예정이었다. 처음에는 그 대부분을 덮어둔 채 자신이 무엇을 보여주려고 하는지 설명했다. 그것은 SCP 팀과 하이-z 팀 양쪽의 초신성 허블 다이어그램, 즉 적색이동 밝기였다. 이 경우에는 점들이 개별적인 초신성이 아니라 유사한 적색이동에 있는 초신성들의 평균을 나타냈다.

리스는 OHP에 처음 세 개의 점을 보여주었다. 그 점들은 칼란 - 토롤로 조사에서 발췌한 가까운 초신성들의 평균이었다.

그 뒤 오른쪽으로 움직이면서 다음 세 점이 나타났다. 그 점들은 SCP 팀과 하이-z 팀이 탐색한 원거리 초신성들의 평균이었다.

그 점들은 이제는 친숙해진 양상으로 직선에서 완만하게 벗어나 어두운 쪽을 향해서 위로 올라가고 있었다. 리스는 여섯 개의 점으로 우주를 가로질러 수억 광년에서 10억 광년으로, 그 뒤 20억, 30억, 40억 광년까지 청중을 데려갔다. 이제 그는 SN 1997ff를 나타내는 점을 갖고 있다고 말했다. 그는 그 초신성의 적색이동이 약 1.7이라고 결정했다. 그건 약 110억 광년의 거리로 당시까지는 가장 먼 초신성이었다.

무엇을 보게 될지 알면서도 그 강당 안에 있던 100여 명의 천문학자들은 안절부절못했다. 앉은 자리에서 몸을 들썩이며 이리저리 움직였다. 상체를 앞으로 숙이기도 하고, 뒤로 물러나 앉기도 하고, 팔짱을 끼기도 했다.

드디어 SN 1997ff이 나왔다.

숨죽임.

부드러운 상향 곡선이 사라졌다. 그 자리에는 대신 뚜렷한 하향 축이 있었다. 그 초신성은 그 거리에서 예상되는 밝기보다 두 배나 밝았다. 우주는 확실히 전환되어 있었다.

리스가 계속해서 그 결과가 색다른 회색 먼지의 가설적 효과들이나 초신성들의 성질 변화를 99.99퍼센트 이상의 신뢰 수준으로 배제했다고 설명하는 동안, 그 증거가 그의 뒤에 있는 스크린 상에 모습을 드러내기 시작했다. 청중은 스크린에서 눈을 뗄 수가 없었다. 보이지 않는 것을 연구하는 천문학자들에게, 그것은 볼 만한 것이었다.

CHAPTER
ОИ

눈에 보이는
것보다 적다

밤비노의
저주

암흑물질을 발견하다

"난 그냥 잠시 이걸 지켜봐야겠어."

"웃긴 소리가 나서?"

"그게 뒷걸음질을 쳐서?"

"그게 뒷걸음질 쳤어?"

"그게 뒷걸음질 쳤잖아."

"그게 뒷걸음질 쳤네." 잠시 머뭇거림. "그건 불가능해."

두 대학원생이 새끼손가락 크기의 굴대 – 지하 4미터까지 연장되는 구리 원통 안에서 기어들을 돌리는 장치 – 를 뚫어지게 응시했다. 그 굴대는 회전했다. 아니 작게 똑딱거리는 소리를 내면서 시계방향으로 '나아갔다.' 시계 반대 방향으로 나아가는 게 불가능했지만, 첫 번째 학생이 그걸 두 눈으로 직접 본 것이다. 이제 그는 그걸 다시 지켜보아야 했다.

그는 호주머니 속에 두 손을 찔러 넣었다. 그러곤 다시 호주머니에서 두 손을 빼고 팔짱을 끼었다. 다음엔 한 손을 콘크리트 기둥에 기대었다. 그러곤 회전의자를 잡아채서는 한쪽 무릎을 의자 위에 올렸다. 그는 굴대에서 눈을 떼지 않았다. 또 다른 인턴이 옆으로 지나가다가 그들에게 뭐 하느냐고 묻더니 역시 응시 시합에 가세했다.

눈을 가장 먼저 깜박거린 건 굴대였다. 10분 뒤 굴대가 다시 뒷걸음질친 것이다.

세 학생은 팀의 다른 멤버들이 에어컨 앞에 옹기종기 모여 있는 초라한 오두막 안으로 당당하게 걸어갔다. 그들이 들어가자 오두막 안이 꽉 찼다. 총 여덟 명이었다. 첫 번째 대학원생이 그 프로젝트의 리더들 가운데 하나인 레스 로젠버그Les Rosenberg에게 그의 발견을 보고했다. 덥수룩한 수염에 대머리인 로젠버그가 씁쓸한 미소를 지었다.

"그건 불가능해." 그가 시큰둥하게 말했다.

"그건 그저 소프트웨어에 불과해." 그 팀의 또 다른 멤버가 데스크톱 컴퓨터에서 고개도 들지 않고 말했다.

그럼에도 로젠버그는 자신이 직접 보아야만 했다. 머지않아 네 명의 물리학자는 호주머니에 손을 찔러 넣은 채 그 굴대를 뚫어지게 응시했다.

똑딱, 똑딱, 똑딱, 똑딱, 똑딱, 똑딱, 똑딱.

2007년 여름의 어느 날 오후 샌프란시스코 만 인근에서 동쪽으로 65킬로미터 정도 떨어진 캘리포니아 사막의 양철지붕 격납고에서 암흑물질 탐색은 그렇게 이루어졌다. 이곳은 공식적으로 로런스 리버모어 국립연구소 건물 436동이었지만 흔히 '헛간'이라고 불렸다. 그 실험은 최첨단이었지만, 당시에는 작업대 수준에 더 가까웠다. 인턴들은 콘크리트 바닥에

펼쳐 놓은 청사진들을 이용하여 작업했고, 와이어 절단기와 렌치, 드릴비트와 망치 그리고 쇠톱을 요리조리 사용했다. 탁자와 금속 선반들은 빗물 자국들과 움푹움푹 팬 자국들과 얇은 조각들과 엎지른 흔적들로 지저분하기 이를 데 없었다.

헛간 입구의 화이트보드에 적힌 '할 일' 목록에는 1부터 8까지 숫자가 매겨져 있었지만, 8번에는 '무한대'라고 적혀 있었다. 점심 식사 후, 소프트웨어 담당자가 소프트웨어의 결함을 수정했다. 이제 할 일은 무한대 빼기 하나가 되었다. 그 실험을 시작한 지는 거의 20년이 되었고 – 이런 실험은 두 번째였다 – 앞으로 10년 정도는 더 해야 했다. 그러나 결국 그 실험이 완성된 뒤에는 세상이 암흑물질의 두 가지 주요 후보들 가운데 하나가 실제로 존재하는지의 여부를 알게 될 터였다.

베라 루빈과, 1970년대에 은하의 운동을 측정한 그녀의 동료들이 '사라진 질량'의 증거에 대한 의견을 모아 우주론자들에게 그 정체에 의문을 갖게 하고 있을 때, 마침 발전 중이던 입자물리학계가 우연히 가능한 답 하나를 생각해냈다. 그것은 '우리를 구성하는 물질이 아니었다.' 그것은 원자를 구성하는 물질, 즉 우주의 첫 순간부터 친근한 물질을 만들고 다시 만들어온, 집합적으로 중입자baryon라고 불리는 양성자와 중성자가 아니었다. 대신 우주의 첫 순간부터 남겨졌을 뿐 계속해서 만들어지는 않은, 자신이나 다른 어떤 물질과도 상호작용하지 않은 다른 물질이었다. 그저 풍부히 존재하는 것만으로 우주를 짓누르고 있지만 다른 일은 별로 하지 않는 물질이었다. 1970년대에 이론가들은 입자물리학의 표준 모형이 갖는 일부 문제들을 해결하기 위한 노력으로 이런 가설 입자들을 대량으로 만들어냈다. 그러나 그러한 입자들이 가질 성질들을 살펴보던 그들은 특히 두 가지 입자가 우주에서 '사라진' 물질의 양을 정확히 메울 만큼의 비율로 존재함을 발견했다.

하나는 '헛간'의 물리학자들이 발견하기를 바라던 액시온axion이었다. 만약 그게 존재한다면 그것은 1세제곱센티미터당 수조 개 정도로 존재했고, 바로 지금 우리 몸을 통해 수백조 개가 빠져나가고 있을 터였다. 물리학자들은 입자들이 고체처럼 보이는 물체를 통과한다는 개념에 익숙하다. 중성미자neutrino는 또 다른 입자와 접촉하지 않고 1광년 길이의 납을 통과할 수 있다. 그러나 초중성입자neutralino 같은 유망한 암흑물질 후보의 경우에서와 마찬가지로, 문제는 액시온을 찾아내는 일이었다.

카를 반 비버Karl van Bibber는 40세의 나이에도 여전히 천재성을 발휘하던 1989년에 액시온을 추적하기 시작했다. 3년 뒤 그는 로젠버그를 고용해서 액시온 암흑물질 실험Axion Dark Matter Experiment, ADMX에 합류시켰다. 로젠버그는 반 비버가 스탠퍼드에 있을 당시 '확실한 천재'이자 '세계 정상급 실험가'라고 생각한 제자였다. 코네티컷에서 자란 반 비버는 1918년 이후 월드시리즈 챔피언이 된 적 없는 보스턴 레드삭스Boston Red Sox라는 유명한 팀의 팬이었다. 그는 1919~1920년 오프시즌 때 레드삭스가 베이브 루스Babe Ruth를 뉴욕 양키스New York Yankees에 팔아넘긴 일이 어떻게 그 구단을 저주했는지에 대해서 들으며 어린 시절을 보냈다.

레드삭스가 2004년 월드시리즈에 가자, 결국 반 비버의 열성이 전염되고 말았다. 이미 MIT의 교수로 수년간을 보내면서 레드삭스에 호감이 있던 로젠버그는 동료들과 함께 레드삭스를 응원했다. 리버모어에 있는 반 비버의 데스크톱 컴퓨터 화면 보호기는 레드삭스의 2004년 월드시리즈 승리를 대서특필한 '고스트 버스터스!Ghost Busters!' '승리를 믿어라!' '2090

년에 만나자!' 같은 신문 헤드라인 모음이었다. 반 비버와 로젠버그 모두 레드삭스 팬이었던 게 액시온을 사냥하는 데 좋은 훈련이 되었음을 오래 전에 인정했다.

액시온 포착의 희망을 갖기 위해 그들은 어떤 신호를 1와트의 수조의 수조 분의 1, 즉 1,000,000,000,000,000,000,000,000분의 1근처에서 어떤 '강도'로 추적할 전파 수신기를 만들어야만 했다. 그것은 2002년 파이어 니어^{Pioneer} 10호 우주선이 지구에서 110억 킬로미터 떨어져 태양계에서 충분히 벗어나 있었을 때 마지막으로 전송한 신호보다 크기가 3차수나 더 희미했다. 그러나 파이어니어 10호의 경우, 과학자들은 적어도 그 신호의 진동수는 알고 있었다. 그들은 전파 다이얼을 어디로 돌릴지 알고 있었다.

카를 반 비버는 그런 고급 정보를 갖고 있지 못했다. 그러나 그는 다른 암흑물질 사냥꾼보다 나은 한 가지 이점이 있었다. 즉 그가 찾는 걸 발견 하기만 한다면 단번에 알아볼 거라는 점이었다.

암흑물질의 정체

만약 '암흑'이 '볼 수 없음'을 의미한다면 암흑인 무언가를 어떻게 볼 까? 즉 볼 수 없는 무언가를 어떻게 볼수 있을까?

보지 못한다. 그 물음을 다시 생각해보라.

수천 년 동안 천문학자들은 하늘에서 빛을 조사하는 방법으로 우주의 작용을 이해하려고 애써왔다. 그 뒤 갈릴레오를 시작으로, 그들은 하늘에 서 육안으로는 볼 수 없지만 망원경으로는 볼 수 있는 더 많은 빛을 찾을 수 있었다. 20세기 중반 무렵, 그들은 '빛'을 더욱 폭넓게 이해하면서 망원경으로 전자기 스펙트럼의 가시영역 너머-전파, 적외선 복사, X선 등-를 관측했다. 암흑물질의 증거를 받아들인 뒤, 천문학자들은 '조사한다'는 말을 더욱 폭넓게 이해할 필요가 있음을 깨달았다. 이제 우주의 작용을 이해하고 싶다면 더 폭넓은 의미로 조사하는 방법을, 어떻게든 탐색하는 방법을, 어떤 방식으로든 접촉하는 방법을 터득해야 했다. 그렇지 않다면, 그들은 고대 천문학자들이 오감을 확대해줄 장비가 없을 때 할 수밖에 없던 일을, 외형을 구현하고 생각하고 이론화하는 일을 해야만 할 것이다.

그리고 암흑물질은 모두 이론적이었다. 처음부터 그것에 대한 증거는 간접적이었다. 그것이 존재함을 '아는' 까닭은 우리가 볼 수 있는 물질에 그것이 영향을 미치는 방식 때문이었다. 그것이 무엇인가에 대한 분명한 대답도 크게 다르지 않았다. 우리가 볼 수 있는 물질은, 굉장히 멀거나 본질적으로 희미하지 않다면, 평소 관측 방법을 피하지 못할 것이다. '오컴의 면도날'은 모르는 물질이 아니라 이미 알고 있는 물질-중입자로 만들어진 물질-로 이루어진 어떤 우주를 주장했다. 어쩌면 베라 루빈이 즐겨 농담했듯이, 암흑물질은 '차가운 행성, 죽은 별, 벽돌, 혹은 야구방망이'인지도 몰랐다.

1986년 프린스턴의 보단 패친스키Bohdan Paczynski는 만약 우리가 볼 수 없는 무거운 천체들이 우리 은하의 헤일로 안에 정말로 존재한다면-천문학자들은 은하수의 암흑물질 대부분이 그곳에 있다고 생각했다-중력렌즈gravitational lensing 효과라 불리는 기술을 통해 그 존재를 인지할 수 있을 것이라고 제안했다. 1936년에, 아인슈타인은 전경의 별이 배경의 별에 일종의 렌즈 같은 역할을 할 수 있을 거라고 제안했다. 전경 별의 중력적 질량이 공간과, 배경 별에서 오는 빛의 궤적을 휘게 할 것이므로 배경별이 우리의 시선에서는 전경 별의 '뒤'에 있다 해도, 우리는 여전히 그것을 볼 수 있었다. "물론 이런 현상을 직접 관측할 가망은 없다"고 아인슈타인은 어떤 논문에서 썼다. 그는 그 저널의 편집자에게 자신의 논문에 관해서 "그것은 일고의 가치도 없다"고 은밀히 털어놓았다.

그러나 아인슈타인은 작게 생각하고 있었다. 그는 여전히 웬만큼 성장한 우주에 열중했다. 그러나 그 우주는 더는 우리 은하 안에 있는 별들로만 가득 차 있지 않았다. 그것은 은하들로 가득 차 있었다. 아인슈타인이 그 주제에 관한 짧은 논문을 출간하고 몇 달 뒤, 프리츠 츠비키는 전경의 별이라기보다 전경의 은하가 중력렌즈 역할을 할 수 있을 거라고 지적했다. 그리고 은하는 수십억 개의 별과 맞먹는 질량을 갖고 있기 때문에 "중력렌즈 역할을 하는 성운들이 발견될 가능성이 실질적으로 확실해진다."

1979년에 천문학자들이 어떤 은하의 중력적 개입 덕분에, 같은 퀘이사의 두 가지 영상을 찾으면서 그 예측이 맞는 것으로 드러났다. 전하결합소자^{CCD} 기술과 슈퍼컴퓨터를 이용하면 아인슈타인이 설명했다가 간과해버린 작은 규모에서의 중력렌즈 효과를 탐지할 수 있을지 모른다고 패친스키는 생각했다. 패친스키는 우리 시선에서 볼 때 우리 은하의 헤일로 안에 있는 암흑물질 – 무겁고 작은 헤일로 천체 Massive Compact Halo Object, MACHO – 이 이웃 은하에 있는 어떤 별 앞으로 지나간다면, 그 암흑 전경 천체의 중력적 효과 때문에 배경 천체에서 오는 빛이 더 밝게 보일 거라고 추론했다. 1993년에 대마젤란운에 있는 별 수백만 개의 밝기를 추적한 뒤, 그런 사건을 세 개 관측했다고 두 팀이 보고했다. 천문학에서는 인상적인 일이지만, 중입자로 만들어진 어둡고 무거운 천체들로 가득 찬 은하수 헤일로를 암시하는 발견율은 아니었다.

이번에도 문제는 관측할 수 없는 물질이 아니라 관측적 효과, 즉 중력인지도 몰랐다. 1981년에, 이스라엘 레호보트에 있는 바이츠만연구소의 모르데헤이 밀그롬이 '수정된 뉴턴역학Modified Newtonian Dynamics, MOND'에 도달했다. 그는 이 수학 공식이 어떤 미스터리 물질의 존재뿐 아니라 은하들의 속도곡선도 더 잘 묘사할 거라고 주장했으나, 은하단들을 썩 잘 묘사하지는 못했다.

그러나 설사 그 공식이 묘사에 성공했다 해도, 이미 물리학자들은 우리가 알고 있는 물질이나 수정된 중력보다는 덜 분명해 보이지만 다소 역설적이게도 더 설득력 있는 암흑물질의 해법을 인지하고 있었다. 그것은 우리가 모르는 물질이었다.

안쪽 우주/바깥쪽 우주 연구의 일환으로서, 데이비드 슈람뿐 아니라 그의 학생들도 중수소deuterium(핵 안에 중성자를 하나 가지는 수소의 동위원소)가 별에서 만들어지지는 않고 (다른 원소들처럼) 오로지 파괴될 수만 있음을 발견했다. 그러므로 오늘날 우주 안에 있는 모든 중수소는 가장 초기의 우주에 존재했어야 하며, 현재의 양이 기껏해야 최초의 양이라고 결론내릴 수 있을 것이다.

계산을 더 해보면 바로 그 최대량의 중수소가 초기 이후에도 계속 살아남기 위해서는 초기 우주에 중입자의 밀도가 어느 정도였어야 하는지 알아낼 수 있을 것이다. 중입자의 밀도가 클수록, 중수소의 생존율은 더 가파르게 떨어진다. 적어도 이렇게 많은 중수소가 초기 우주에 존재하기 위해서는, 중입자 물질의 밀도가 기껏해야 어떤 일정한 양이었을 게 틀림없다. 그러므로 이런 분석은 중입자 물질의 밀도에 대한 상한선을 드러냈다(슈람과 터너는 중수소를 중입자의 양을 재는 척도라는 뜻으로 '바리오미터 baryometer(중입자계)'라고 불렀다).

유사한 추론과 계산으로 중입자 물질에 대한 하한선에도 도달할 수 있을 것이다. 헬륨-3(양성자 두 개 더하기 중성자 한 개)은 별에서 파괴되지는 않고 오직 만들어질 수만 있으므로 현재의 양이 적어도 최초의 양이라고 결론내릴 수 있다. 그 뒤 저 최대량의 헬륨-3이 살아남기 위해서 초기 우주에 중입자의 밀도가 얼마였어야 하는지 계산할 수 있고, 그 양으로부터 중입자 물질의 밀도에 대한 하한선에 도달할 수 있을 것이다.

입자물리학을 이용해서 우주 안에 있는 중입자 물질 밀도의 상한선과 하한선을 정함으로써, 슈람과 다른 사람들은 중입자 물질에 대해 약 0.1의 오메가로 의견이 모아졌다.

그러나 저 양은 비중입자 물질에 대해서는 아무것도 말해주지 않았다.* 곧 다른 규모에서 우주의 '무게를 재는' 관측들이 나름의 수-0.2 범위에 있고 아마도 더 높은 오메가-로 모아지기 시작했다. 그런 불일치-0.1 중입자 물질 대 0.2 총 물질-만으로도 은하들의 헤일로에 있거나 은하단들을 가득 채우고 있는 블랙홀과 야구방망이들보다 더 많은 게 존재한다는 증거를 제공했다. 우주에는 반드시 비중입자 물질이 있어야 했다. 그리고 빅뱅 모형에서 그러한 물질은 딱 한 장소에서만 나올 수 있었다. 양성자, 중성자, 광자를 비롯하여 우주 안에 있는 그 밖의 모든 것이 나온 바로 그곳인 원시 플라스마primordial plasma였다.

*그러므로 물질 총량에 대한 오메가 값에 대해서도 아무것도 말해주지 않았다. 따라서 만약 편평하고 오메가가 1인 급팽창한 우주를 원한다면, 임계밀도에 대한 중입자 물질의 비율로 0.1이라는 수가 특별히 문제되지는 않았다. 임계밀도에 대한 총 밀도-중입자 물질과 비중입자 물질-에 대한 비는 여전히 1과 같거나 1보다 훨씬 클 수 있다.

입자물리학자들은 이 입자들이 무엇인지는 몰랐지만, 우주가 태어난 이후 우주를 통해 유출된 모든 다른 입자들처럼 그것들도 빠르거나 느려야만 함을 알고 있었다. 매우 가볍고 광속에 가까운 속도 – 상대론적 속도 – 로 움직이는 입자들은 뜨거운 암흑물질로 불렸다. 더 무겁고 따라서 더 느려서 은하에 들러붙어 별과 가스와 같은 속도로 움직이는 입자들은 차가운 암흑물질CDM로 불렸다. 그리고 그러한 두 가지 해석은 중대한 시험에 부속되었다.

1980년대 초에는 천문학자들이 이른바 창조의 씨앗–우리가 현재 우주에서 보는 구조들이 될 중력적 모임의 장–에 해당할 배경복사의 원시 파동을 아직 탐지하지 못했다. 그렇다 해도 이론가들은 만약 그러한 파동들이 정말로 존재한다면, 뜨겁고 차가운 두 모형의 암흑물질이 그 파동에 다른 방식으로 영향을 미쳐서 결국 정반대되는 두 개의 우주 진화 시나리오를 낳았을 것임을 알았다.

상대론적 속도로 움직이는 입자들인 뜨거운 암흑물질은 태초의 구조들을 큰 공간으로 밀어내며 뭉개버린다. 마치 도로에 분필로 그려 놓은 그림이 폭우에 지워지듯이 말이다. 그런 광대한 지역 주위로 모여드는 물질로 가득 찬 우주에서는 더 큰 구조들이 먼저 만들어졌을 것이다. 이런 막대한 물질 덩어리들은 그 뒤 시간이 흐르면서 우리가 오늘날 보는 조각들인 은하들로 쪼개져야만 했을 것이다. 그 우주는 복잡한 것에서 간단한 것으로 변하는 하향식 역사를 경험했을 것이다.

광속보다 아주 작은 속도로 움직이는 입자들인 CDM은 원시 파동들을 훨씬 더 미묘하게 흩어 놓아서 진화에 훨씬 더 느리게 영향을 미쳤을 것이다. 그런 우주의 구조는 조각 은하들로 시작해서 점점 더 큰 구조로 나아갔을 것이다. 그 우주는 간단한 것에서 복잡한 것으로 변하는 상향식 역사를 거쳤을 것이다.

은하수가 국부 초은하단의 일부라거나 초은하단들이 거대 공동들을 사이에 두고 떨어져 있음을 암시하는 1980년대 초의 관측들은 CDM 모형을 뒷받침하기에 충분했다. 그러므로 1980년대 중반쯤에는 대부분의 이론가들이 뜨거운 암흑물질 모형을 버렸다. 그 뒤 천문학자들은 적색이동을 이용해 우주의 3차원 지도를 만들기 시작했고, 1980년대 말에 하버드 – 스미스소니언 천체물리학센터가 극적으로 은하들의 '거대 장벽'을 찾아내기에 이르렀다. 1997년부터 2002년까지, 3.9미터 앵글로 – 오스트레일리아 망원경을 이용하는 '2도 필드 은하 적색이동 탐사Two–degree–Field Galaxy Redshift Survey, 2dFGRS'를 통해 22만 1,000개 은하의 지도가 완성되었다. 2000년에 시작된 슬론 디지털 전천탐사Sloan Digital Sky Survey는 뉴멕시코에 있는 아파치 포인트 천문대Apache Point Observatory의 2.5미터 망원경을 이용해서 90만 개 은하의 지도를 만들었다.

그러한 조사들을 비롯한 다른 여러 조사에서 천문학자들은 우주를 더 멀리 볼수록, 그러므로 더 먼 과거를 볼수록 덜 복잡한 광경을 본다는 것을 알았다. 그것은 현재에 더 가까울수록 더 복잡한 광경을 본다는 것의 또 다른 말이었다. 은하들은 2에서 4의 적색이동에서, 즉 대략 90억 년에서 120억 년 전에 먼저 형성되었다. 그 뒤 그러한 은하들이 모여서 1미만의 적색이동에서, 즉 대략 60억 년 미만 전에 은하단을 이루었다. 그리고 이제 오늘날(우주적 의미에서), 그러한 은하단들이 모여서 초은하단을 이루고 있다. 물질은 먼저 작은 구조로 모였고, 이후 그러한 작은 구조들이 계속 모여들었다. 우주는 확실히 이론적인 CDM 모형과 일치하는, 간단한 것에서 복잡한 것으로 변하는 상향식 역사를 갖고 있는 것 같았다.

그럼에도 그러한 조사들이 측량한 것은 광원이었다. 광원은 은하가 어디에 있는지를 보여주어 과학자들로 하여금 암흑물질이 있는 곳을 추론하게끔 했다. 2006년에는 우주진화탐사Cosmic Evolution Survey, COSMOS를 통해 암흑물질 자체의 지도가 드러났다. 그 조사는 두 은하나 은하단들이 일렬로 늘어서 있는 575개의 허블우주망원경HTS 영상 사례들을 연구했다. MACHO 조사들이 사용해온 마이크로렌즈 효과 기술처럼, 약한 중력렌즈 효과도 더 먼 광원에서 오는 빛을 왜곡시키는 전경의 질량 농도에 의존했다. 그러나 마이크로렌즈 효과와 달리 약한 중력렌즈 효과는 천체들이 다른 천체 앞으로 지나갈 때 개별적인 사건들을 기록하는 게 아니라, 사실상 서로에 대해 정지해 있는 천체들 사이의 지속적인 관계를 기록했다. 전경 천체의 빛은 천문학자들에게 거기에 얼마나 많은 질량이 있는 것처럼 보이는지를 말해주었다. 배경 천체에 대한 중력렌즈 효과는 전경 질량이 얼마나 많이 있는지를 말해주었다. 두 양 사이의 차이가 암흑물질이었다.

COSMOS 지도는 보름달 지름의 아홉 배 되는 하늘 지역을 망라할 뿐 아니라 3차원이었다. 그것은 깊이를 보여주었다. 도로들만 보여주는 지도와, 그 도로들이 횡단하는 언덕과 계곡들까지 보여주는 지도 사이의 차이 같았다. 그리고 공간을 더 깊숙이 본다는 것은 과거를 본다는 것을 의미하기 때문에, COSMOS 지도는 그런 언덕과 계곡들이 어떻게 그런 모습을 갖게 되었는지, 즉 암흑물질이 어떻게 진화했는지를 보여주었다. 그 팀이 이 접근 방식에 붙인 명칭인 이 '우주고고학cosmopaleontology'에 따르면, 암흑물질이 먼저 자체 붕괴한 다음 저 붕괴 중심들이 은하와 은하단들로 자라났다. 이번에도 상향식의 CDM 공식과 일치하는 모습이다.

  암흑물질의 존재에 대한 가장 드라마틱하고 가장 유명한 간접적 증거는 집합적으로 총알은하단Bullet Cluster으로 알려진 두 은하단의 충돌을 보여주는 2006년의 사진이었다. 그 충돌을 x-선과 중력렌즈 효과를 통해 관측하는 방법으로, 당시 애리조나대학교에 있던 더글러스 클라우Douglas Clowe는 보이는 가스와 보이지 않는 질량을 분리했다. 두 은하단의 보이는 (x-선으로) 가스는 원자들이 고유의 행동 방식을 보이는-중력적으로 서로를 끌어당겨 모이는-충돌의 중심에 모여 있었다. 한편 보이지 않는 질량(중력렌즈 효과로 탐지할 수 있는)은 충돌의 양쪽 측면에서 발생하는 것 같았다. 그것은 마치 두 은하단의 암흑물질을 실은 유개화차가 유령처럼 우주 열차의 잔해 속으로 돌진해 들어가고 있는 것 같았다.

  그 사진은 전 세계에 보도되었고, 총알은하단은 암흑물질과 동의어가 되었다. 영상의 노출을 쉽게 인지할 수 있도록 필터를 이용해 색깔을 입힌 것은 도움이 되었다. NASA는, 보이는 가스는 핑크빛 붉은 색으로, 보이지 않는 질량은 파란 색으로 연출했다. 보도자료의 헤드라인 역시 도움이 되었다. "NASA가 암흑물질의 직접적인 증거를 발견하다."

  그러나 그것은 전혀 사실이 아니었다. '증거'라는 말의 모호한 사용은 그렇다 치더라도 '직접적인'은 논쟁의 여지가 있었다. 이는 보도자료를 쓰는 동안 철저히 분석되었다. 문제는 천문학자들이 한 세대가 다 지나도록 우주에는 암흑물질이 중입자 물질(보통물질)보다 훨씬 더 많다고 말해왔다는 점이다. 지금 실험에서 말하는 것도 역시 같은 내용일 뿐이다. "'직접적으로'라는 말은 사실이 아니에요." 클라우는 시인했다. "진정으로 암흑물질을 직접 탐지했다고 할 수 있으려면 그에 해당하는 입자를 찾아내야 하는 거죠."

그렇다면 입자를 어떻게 포착할 수 있을까? 마이클 터너가 즐겨 말했듯이 "병 속에 넣어 '보여달라'고 우기는 사람에게 갖다 줄 수 있는" 증거를 어떻게 포착할 수 있을까? 그러려면 우선 무엇을 찾아야 하는지 혹은 무엇을 '조사해야' 하는지 알아야 할 것이다.

1970년대 말 무렵, 이론가들은 우주에 있는 네 힘 가운데 세 힘 – 전자기력, 약한 상호작용(혹은 약한 핵력), 강한 상호작용(혹은 강한 핵력) – 사이의 관계를 설명하는 표준 입자물리학 모형의 구축을 완성했다. 그 입자들 자체는 보손boson과 페르미온fermion – 각각 동일한 양자 공간을 점유할 수 있는 것과 점유할 수 없는 것들 – 이라는 두 유형으로 나타났다. 일부 이론가들은 보손과 페르미온 사이의 '초대칭supersymmetry'을 제안했다. 즉 보손마다 한 개의 페르미온 짝을 가지고, 페르미온도 한 개의 보손 짝을 가질 것이다. 예컨대 광자photon는 광미자photino 초파트너superpartner를 가지고, 게이지 보손guage boson은 게이지노guagino를 가지며, 글루온gluon은 글루이노gluino를 가진다. 그리고 중성미자는 초중성입자를 가진다.

초중성입자는 – 심지어 액시온이나 MACHO보다도 전에 – 매력적인 암흑물질 후보였음이 드러났다. 이론가들은 계산을 통해 이 초중성입자들이 현재의 우주까지 얼마나 많이 살아남았는지 예측했고, 초중성입자의 질량을 예측했다. 이제 저 두 수를 더하자 그 답이 암흑물질 양의 가장 좋은 어림값과 거의 일치했다. 심미적으로 물리학자들은 초중성입자가 특별한 목적을 위해서 만들어진 임시 입자가 아니라는 게 마음에 들었다. 아무도 암흑물질 문제를 해결하기 위해 그걸 만들어내지 않았다. 초중성입자는 그저 존재했고, 그게 마침 암흑물질과 관련된 것은 보너스였다.

관측자의 입장에서 볼 때 초중성입자의 문제는 그게 오직 약한 힘을 통해서만 상호작용한다는 것이었다. 그러므로 마이클 터너는 이러한 암흑물질 후보군에 '약하게 상호작용하는 무거운 입자Weakly Interactive Massive Particle, WIMP'라는 이름을 붙였다.* WIMP는 전자기력을 통해 상호작용하지 않을 것이므로 우리는 어떤 파장으로도 그것을 볼 수 없을 것이다. 또한 강한 핵력을 통해서도 상호작용하지 않을 것이므로 원자핵과도 거의 상호작용하지 않을 것이다. 그러나 여기서 중요한 말은 '거의'이다.

암흑물질 탐정이 비집고 들어갈 수 있는 여지를 제공한 게 바로 이 특별한 예외였다. 그 예외 덕분에 그들은 우리의 감각으로는 얻을 수 없을 증거를, 우리의 감각으로 얻을 수 '있을' 증거로 변환할 수 있었다. 그들은 여전히 WIMP 자체는 볼 수 없겠지만, 이론적으로는 WIMP – 핵 상호작용의 두 가지 잔존효과는 볼 수 있을 터였다. 하나는 불안정해진 핵에서 나오는 미세한 양의 열일 테고 다른 하나는 떨어져 나온 전자들의 전기 전하가 될 것이다. 그러한 잔존효과들 가운데 어떤 것도 본질적으로는 초중성입자를 확인하기에 충분하지 않을 터였다. 그러나 어떤 한 사건에서 나타나는 두 효과의 조합은 그 입자의 독특한 특성이 될 것이다.

그러나 이러한 효과들을 '찾기' 위해서, 과학자들은 천문학에는 새로운 또 다른 종류의 '망원경'을 이용해야 할 것이다. 그것은 바로 실험실이었다.

1980년대 말에 입자천체물리학센터의 첫 프로그램들 가운데 하나는 (초신성 우주론 프로젝트SCP가 될 실험과 함께) 이러한 종류의 탐색 노력인 '극저온 암흑물질 탐색Cryogenic Dark Matter Search, CDMS'였다. 탐색 대상 원자

*이 머리글자가 먼저 나왔고, 여기서 MACHO가 나오게 되었다.

들 – 이 경우에는 제라늄 – 을 안정화시키기 위해서 검출기는 절대영도보다 화씨 0.07도 높은 온도를 유지해야만 했다. 그리고 우주 선과 다른 방해하는 보통 입자들을 차단하기 위해 검출기는 보호되어야만 했다.

CDMS 프로젝트는 입자천체물리학센터 소장인 버나드 새둘렛의 지휘하에 스탠퍼드 캠퍼스의 지하 20미터에서 처음 시작되었다. 문제는 핑ping – 제라늄 원자핵과의 상호작용을 보여주는 근거 – 을 얻는 게 아니었다. 검출기에는 핑들이 있었다. 그 깊이는 우주 선을 차단하기에는 충분했지만 전자의 무거운 형태 같은 뮤온muon(중간자)을 차단하기에는 불충분했다. 뮤온은 21미터의 암석을 관통해 검출기에 부딪혀서, 초중성입자와 유사하지만 안타깝게도 초중성입자가 아닌 신호를 남기는 중성자를 만들었다. 문제는 올바른 핑을 얻는 것이었다.

지하로 내려가는 것 말고는 달리 갈 곳이 없었다. 2003년, 그 뒤에 나온 검출기 CDMS II는 북부 미네소타의 폐철광산에 있는 800미터 두께의 암석 밑에서 작동하기 시작했다. 그 무렵 CDMS는 유사한 검출기 세대에 영감을 주었지만 CDMS의 고비용, 큰 규모, 긴 데이터 용량 때문에 연구자들은 더 저렴하고 더 신속한 방법들을 고안해냈다. 2세대 검출기들의 대부분은 희稀가스noble gases인 아르곤agron과 네온neon과 제논xenon에 의존했다. 이 가스들은 사용가능한 액체 형태로 바꾸기 위해 절대영도 가까이까지 냉각시킬 필요가 없는데다, 비용도 훨씬 더 저렴했기 때문이다. 2007년에 이탈리아 그란 사소Gran Sasso의 지하 연구소에서 작동하는 15킬로그램의 액체 제논 수조인 XENON 10 실험은 CDMS II가 도달할 수 있었던 것보다 훨씬 더 높은 수준의 민감도로 결과들을 내놓아 실용적인 라이벌로서의 입지를 확립했다.

지난 1992년에는 새둘렛이 한 기자에게 "우리가 거의 가까이 있는 것 같다"고 자랑을 늘어놓았다. 16년이 흐르고 대학원생과 포스트닥터 연구원들이 수없이 바뀌고 두 세대의 검출기가 나온 뒤, 12명의 CDMS 팀 멤버로 구성된 그룹이 그의 집에 모여 그동안 수집한 데이터의 '블라인드' 분석을 기다렸다. 그들이 해온 최근 연구가 정량화할 수 있는 결과로 만들어질지 알아보는 테스트였다. 그들의 계산에 따르면 이전 해에 걸쳐 CDMS II 입자검출기는 보통물질에서 떨어져나온 아원자입자들로부터 겨우 한두 차례의 '타격'만 기록되어야 했다. 그들은 더 적은 수의 타격을 볼수록 WIMP 위상 공간 – 크기와 질량의 모든 타당한 조합을 보여주는 그래프 – 의 어떤 구획을 더 확실하게 제거할 수 있을 것이다. 개척자들의 전선 개척지처럼, 그 그래프의 구획을 제거해나갈 때마다 탐구할 지역은 점점 더 좁아졌다. 정확히 자정이 되자, 그들은 새둘렛의 거실에 있는 컴퓨터 주위에 모여 데이터를 '열고' 결과가 나타나기를 기다렸다.

0이었다.

환성이 터져나왔다. 그해 말에 암흑물질에 관한 UCLA 심포지엄에서 한 팀 멤버가 전 세계에서 온 100여 명의 동료들 앞에 서서 파워포인트를 통해 무탐지 non-detection라는 뜻밖의 결과를 재현했을 때도 똑같은 갈채를 받았다. CDMS II가 다시 주도권을 잡는 바람에, XENON 10 팀의 어떤 멤버는 조금 뒤에 파워포인트 발표를 하다 말고 "아무래도 이 그래프는 45분 차이로 무용지물이 되어버린 것 같다"며 한숨을 지었다.

심지어 0의 결과까지도 축하의 이유가 되었다는 것은 WIMP 문제가 얼마나 어려운지를 보여주었다. 그날 늦게, 팀 리더들 가운데 하나는 엘리베이터에 타면서 자기 팀의 연구에 대한 축하인사를 정중하게 받았다.

엘리베이터 문이 닫히는 사이 그가 살짝 덧붙였다. "물론 탐지를 했다면 더 좋았겠지요."

19개월 뒤 그는 소원성취를 했다. 다음번의 CDMS II 블라인드 실험이 마지막이었다. 그때까지 그 실험의 중심부 – 각각 여섯 개의 검출기로 이루어진 다섯 개의 타워 – 는 SuperCDMS라는 업그레이드된 검출기를 위해 치울 예정이었다. 그 팀은 마지막 데이터 '상자를 열었을' 때, 상당히 똑같은 결과인 전무 全無 상태를 예상했다. 그러나 그들은 두 개의 '무언가'를 얻었다. 하나는 2007년 8월 5일에서, 또 하나는 2007년 10월 27일에서였다.

이번에도 0의 결과가 나왔다면 결정적 기여를 해서 미래의 실험들이 조사할 위상 공간을 한 개 더 배제했을 것이다. 그러나 두 개의 탐지는 입자물리학적 연옥이 되었다. 통계적으로 둘이라는 수는 다섯 개의 사건이었다면 정당화했을 '발견'은 고사하고, 심지어 '증거'를 주장하기에도 충분하지 않았다. 만약 두 사건 모두가 우주 선이나 광산 내부의 복사 같은 배경 잡음에 기인한다면, 운이 좋지 않은 것이다. 만약 두 사건 모두가 정말로 '그 신호의 언저리'이고, XENON 100(CDMS II가 그 상자를 열었을 때 이미 가동 중이던 XENON 10의 후속 검출기) 같은 경쟁하는 공동연구가 통계적으로 만족스러운 수의 사건들을 보고 그 발견을 주장한다면… 그래도 여전히 운이 좋지 않은 것이었다. 한 졸업생은 0의 결과를 얻지 않은 것에 실망해서 '우리가 완전히 주도했을 텐데!'라며 아쉬워했다.

"우리는 사실 무언가를 발견하는 게임 중이다." 조디 쿨리는 그에게 이렇게 상기시켜야만 했다. 그 실험의 데이터 분석 코디네이터인 그녀는 5년 반 전에 스탠퍼드에서 포스트닥터 연구원으로 그 공동연구에 합류했

고, 두 달 전에 서던 메소디스트대학교 조교수로 채용되었다. 버나드 새
둘렛의 기준으로 보면 그녀는 암흑물질 게임에 새로 들어온 사람이었다.
그러나 또한 아무것도 보지 못한 것을 축하하는 데 질렸을 정도로 베테
랑이기도 했다.

그럼에도 그녀는 실망감을 표시한 대학원생이 의미하는 바를 알고 있
었다. 어떤 점에서 총 두 번의 탐지는 '최악의 시나리오'라고 쿨리는 혼잣
말로 중얼거렸다(그 대학원생에게가 아니라).

공동연구팀은 그다음 몇 주를 그 결과의 데이터를 검증하면서 보냈다.
그 탐지들이 산란 복사가 도달할 가능성이 적은 검출기의 내부였나? 그렇
다. 탐지가 장비들이 순조롭게 작동하고 있는 시간 동안 이루어졌나? 그
렇다. 두 탐지가 동시에 이루어졌나? 즉 믿기 어려운 WIMP의 이중 탐지
였나? 아니다. 두 탐지가 동일한 검출기에서 일어났나? 아니다. 결국 그
팀은 그 결과를 50번 이상 점검했고, 두 탐지 모두 모든 시험을 통과했다.

결과들의 질은 확고했다. 문제가 된 것은 양이었다. 그 공동연구팀이
검출한 사건 수는 그들이 본 것을 확신하기엔 충분하지 못했다.

그럼에도 그들은 무언가를 보았다. 그 사실만으로도 0의 결과가 있었
을 경우보다 그 결과를 학계에 보고할 가치는 충분했다. 공동연구팀은 어
떤 성과가 있든 그 결과에 대한 논문을 출간했겠지만, 이 두 번의 무언가
는 학계와 더 솔직한 대화를 나누어볼 가치가 있었다. 공동연구팀은 공동
연구를 하는 다른 기관들에서 열리는 더 작은 세미나뿐 아니라, 다음 달
에 페르미연구소와 스탠퍼드에서 동시에 발표할 일정을 잡았다. 암흑물
질은 확실히 사람들의 관심을 끌기에 충분한 강연 주제였다.

그들은 전혀 몰랐다.

며칠 안에 그 결과에 대한 소문이 블로그 세계의 입자물리학 부분을 주도했다. '암흑물질이 발견되었나?' '암흑물질이 마침내 지구 상에서 검출되었나?' '소문으로는 최초의 암흑물질 입자가 발견되었다는데!' '¿ Se ha descubierto la materia oscura en el CDMS?' 'Patrani po supersymetricke skryte hmot?' 'みんな大好き (か, どうかは分かりませんが) dark matter を? 出したという報告が出ています.'

그 팀은 하루 동안 모든 세션의 일정을 잡음으로써, 자신들도 모르게 과학에서 이전과 이후의 순간이 있는 것 같은 인상을 주었음을 깨달았다. 그러나 사실 그런 건 없었다. 기껏해야 어떤 다른 실험이 그들의 결과를 보강해서 나중에 생각해보니 오늘의 발표가 향후의 탐지를 암시한 것이었음을 알게 될 때까지는 전혀 모르는 그런 순간의 전후 같은 것만 있을 뿐이었다. 그들은 기대감을 떨어뜨리기를 바라며 페르미연구소와 스탠퍼드 발표를 하루 '앞당겨' 더 가벼운 세션들과 떼어 놓았다.

그러나 이미 너무 늦고 말았다. 그들이 만약 정말로 0의 결과를 발표한다면 "목요일의 강연자들은 성난 군중에게 사지가 갈기갈기 찢기고, 그들의 뼈는 학부생들에게 던져질 것이다"라고 한 블로거는 썼다. 그 말에 대해 어떤 사람이 '익명'으로 동일한 웹사이트의 댓글란에 "무성한 소문들과 무관하게 내가 매우 유명한 한 물리학자로부터 들은 바로는, CDMS가 사실 암흑물질을 발견했음을 내일 발표할 예정이라고 한다"라는 댓글을 올렸다. 〈디스커버 Discover〉지는 블로그를 통해서 만원사례를 이룬 쿨리의 발표를 생중계하기도 했는데, 그 발표는 이런 말로 시작되었다. "저는 그들이 0, 1, 3, 아니면 4개의 신호를 발견했다고 직접 들었습니다."

하지만 전혀 아니었다.

"그 수는 두 개다!!!!"

혹은 쿨리가 조심스럽게 설명한 것처럼 "이 실험의 결과들은 WIMP 상호작용에 대한 중대한 증거로 해석될 수는 없지만, 우리는 어느 쪽 사건도 신호로서 무시할 수 없다." 그들의 결과는 탐지가 아니었다. 그것은 0의 결과도 아니었다. 그러니까 이도 저도 아닌 결론인 셈인데, 조디 쿨리와 버나드 새둘렛과 일부 대학원생들이 이미 어려운 경험을 통해 배운 교훈을 이런 일에 관심을 갖는 사람들에게 말해준 것뿐이었다. 암흑물질에 대한 고민은 정말 실망스러울 수 있다는 사실을 말이다.

액시온 암흑물질 실험

"난 액시온과 사랑에 빠졌어!"

레스 로젠버그는 그 사실을 누가 알든 상관하지 않았다. 갑자기 그런 기분이 들자, 그는 세상에 자신의 사랑을 알리는 게 두렵지 않았다. 언뜻 보면 스타트랙에 나오는 레너드 니모이 Leonard Nimoy 와 약간 닮았고, 체격이 좋아서 계단이 있을 때는 절대 엘리베이터를 타는 일이 없는 카를 반 비버는 다소 더 분별 있었다. 그는 액시온과의 관계에 대해 언급할 때면 항상 '홀딱 반했다'는 표현을 썼다. 레드삭스처럼 ― 그리고 WIMP와 달리 ― 액시온도 맹목적인 헌신과 약자 동일시 같은 걸 불러일으키는 것 같았다.

초중성입자와 암흑물질이 수학적으로 자연스럽게 일치했기 때문에 ― 초기 조건들 후까지 살아남았을 초중성입자들의 수에 초중성입자의 예측된 질량을 곱하면 현재 암흑물질 밀도의 가장 좋은 어림값과 같아진다. 초중성입자는 항상 물리학자들이 가장 선호하는 후보였다. 그러나 초중성입자가 탐지되지 않을수록, 학계는 기꺼이 대안들을 생각했다. 액시온은 꼭 들어맞지는 않았지만 그래도 좋은 후보였다.

WIMP처럼 액시온도 표준 모형에는 적합하지 않은 가설적 입자였다. 1964년에 물리학자들은 자연에서 일종의 대칭 위반 – 부분적으로, 만약 입자와 반입자가 자리를 바꾼다면 물리학 법칙들이 적용되지 않는다는 것 – 을 발견했다. 1975년에 물리학자 프랭크 윌첵과 스티븐 와인버그 Steven Weinberg는 독립적으로 어떤 특징들을 갖는 입자가 그 문제를 해결할 수 있음을 깨달았다. 윌첵은 한때 "내가 이 입자를 세탁 세제 이름을 따 액시온이라고 부른 것은 그게 마치 입자처럼 들리고 귀에 쏙 들어오는 재미있는 이름인데다, 이 특별한 입자가 축의 axial 흐름*과 관련된 어떤 문제를 해결했기 때문이었다"라고 설명했다.

그러나 WIMP와 달리 액시온은 무거운 입자가 아니었다. 초중성입자는 양성자 질량의 50~500배이지만, 액시온은 양성자 질량의 1,836분의 1인 전자 질량의 10^{12}분의 1이 될 것이다. 만약 액시온이 존재한다면 그것은 전자보다 1조 배나 가벼워서 중입자 물질과 상호작용 혹은 결합할 가능성이, 반 비버의 말대로 '거의 0에 가까울' 것이다. 그러나 1983년에 물리학자 피에르 시키비 Pierre Sikivie는 액시온이 초중성입자와 달리 물질과 결합할 수는 없지만 자기력과 상호작용할 수는 있음을 깨달았다. 충분히 강력한 자기장 하에서는 액시온이 광자로 붕괴될 수 있을 것이다. 그리고 검출기가 탐지할 수 있는 게 바로 그것이다.

1989년에 반 비버는 롱아일랜드의 브룩헤이븐 Brookhaven 국립연구소에서 열리는 어떤 회의에 참석했는데, 그곳에서 로체스터대학교의 에이드

*수직 축 주위로 움직이는 흐름.

리언 멜리시노스Adrian Melissinos는 20여 명의 물리학자들에게 그러한 검출기 제작에 참가할 의향이 있는지 물었다. 그는 테이블 주위를 돌아다녔다. "의향이 있어요, 없어요?" 반 비버는 참가하고 싶었다. 멜리시노스가 과학자들의 여론조사를 마쳤을 때, 반 비버는 멜리시노스가 막상 자신의 의견은 표명하지 않았음을 지적했다. 그는 원할까 원하지 않을까?

"이건 너무 힘든 일입니다." 멜리시노스가 입을 열었다. "이런 일은 당신처럼 젊은 친구들이 하는 겁니다."

그렇게 해서 반 비버는 자신이 활동할 수 있는 시간보다 더 오래 걸릴 수도 있는 어떤 실험을 지휘하게 되었다. ADMX는 고자기공명 공동highly magnetized resonant cavity이었다. 만약 액시온이 그 안으로 들어간다면, 자기력과 상호작용해서 광자로 분해될 것이다. 만약 액시온이 광자로 분해되면, 다시 그 공동의 외피를 통해 나오지 못할 것이다. 대신 그것들은 내부에 남아 벽으로 튀면서 희미한 마이크로파 신호를 방출할 것이다. 그 신호가 바로 ADMX가 탐지할 수 있는 것이었다. 다시 말해서 ADMX는 전파 수신기였던 셈이다.

1997년 무렵 반 비버와 로젠버그는 어떤 원형prototype을 가동시켰다. 그 다음 해에 그들은 시키비의 강한 자석, 공진 - 공동resonant-cavity 액시온 실험을 실제로 할 수 있음을 학계에 알리는 논문 한 편을 출간했다. 그들은 1998년에 그 원형의 성공이 학계를 놀라게 했다고 생각했다. 그것은 아무튼 학계를 어리둥절하게 했다. 허리 높이의 구리 원통인 그 장비는 여전히 그 '헛간'의 한 귀퉁이에 놓여 있었다. 한때 리버모어의 홍보부가 방문객 센터에 그것을 전시하는 문제로 반 비버에게 연락을 취해서는 그에게 사진 한 장을 보내달라고 부탁했다. 사진을 보냈지만 그 뒤로 홍보부는 감감무소식이었다.

　그러나 그것은 여전히 그에게 아름다운 존재였다. 어렸을 때 카를 반 비버는 〈위니 윙클Winnie Winkle〉 만화 시리즈를 그린 아버지 맥스처럼 만화가가 되고 싶었다. 그러나 카를의 그림들이 불온했으므로 부모님은 그가 정서적으로 불안하다고 생각했고, 마침내 그가 색맹임을 알게 되었다. 그래도 그의 아버지는 카를이 직업을 선택하는 데 영향을 주었다. 어느 날 그는 맨해튼에서 어떤 과학교재를 집으로 가져왔고, 당시 10대 초반이던 카를은 그 책이 너덜너덜해질 때까지 실험을 반복했다. 그는 뭐랄까 '홀딱 반해' 있었다.

　반 비버에게 ADMX는 그런 실험 하나를 변형한 저에너지 물리학이었다. 그 실험은 10~15명 정도의 친구들이 함께 했는데, 그 가운데 여섯은 사실상 무거운 것을 들어 올리는 일을 했다. 충돌기 물리학collider physics에서, 수천 명의 학생들은 학위 과정 내내 결코 만질 수 없을지도 모르는 어떤 실험 프로그램을 짜면서 보낼 수도 있었다. 반 비버는 그들을 '대포 밥Canon fodder'이라고 불렀다. 그러나 여기 헛간에서는 사람들이 여름 내내 티셔츠에 반바지를 입고 지내면서도 푹푹 찌는 찜통더위에 대해 불평할 수 있었다(한때 그들은 그저 재미삼아 온도계를 사다리에 한 단씩 올려보았는데 가로장을 하나 건너 뜰 때마다 온도가 1도씩 올라가 마침내 최고 48℃에 달했다). 그리고 그렇게 일하는 동안, 그들도 반 비버처럼 우주마이크로파배경CMB 정도의 미약한 신호를 포착할 수 있는 검출기를 개발하는 일에 매료되었다.

　ADMX는 진정한 의미에서 사랑의 노동이었다. 반 비버는 액시온을 다룸으로써 경력에 큰 위험을 초래할 수도 있다는 게 무척 마음에 들었다.

그는 로젠버그도 그런 위험을 무릅쓸 수 있는 '광적 기질' 같은 걸 갖고 있는 사람이라는 게 무척 마음에 들었다(로젠버그는 반 비버를 액시온들의 믹 재거Mick Jagger라고 불렀다. 말하자면 그는 록밴드 롤링 스톤스Rolling Stones의 리더이자 브랜드의 세일즈맨이었다. 그리고 2006년에 로젠버그와 반 비버는 심지어 롤링 스톤스의 표지까지 만들었다. 아니 적어도 〈피직스 투데이〉에 실을 ADMX에 관한 주요 기사를 썼다). 반 비버는 자신의 공동연구팀이 기본적으로 세계에서 액시온을 찾고 있는 유일한 팀이라는 게 무척 마음에 들었다. 그는 그 실험의 연간 비용이 한때 전 세계에서 진행 중이던 WIMP 실험 2, 30개에 드는 1억 달러의 1, 2퍼센트밖에 되지 않는다는 게 무척 마음에 들었다.

그러나 무엇보다도 반 비버는 액시온 신호가 측정할 수 없을 정도로 희미할 거라는 게 무척 마음에 들었다. 그것은 그가 역설적으로 보이는 어떤 일을 하고 있음을 의미했다. '거시적 양자역학.' 그는 만약 액시온이 존재한다면, 그 장비가 그것을 탐지하리라는 게 무척 마음에 들었다. 진동수를 미리 알지는 못할 것이므로, 마이크로파 스펙트럼의 탐색은 대단히 조직적이어야 할 것이다. 그러나 II 단계가 끝나면 - I 단계는 2004년에 끝났다 - 그는 액시온의 존재 여부를 알게 될 것이다.

반 비버는 WIMP 사냥꾼들이 부러워할 수 있는 게 바로 그런 확신임을 인지했다. 그들 가운데 하나가 시카고대학교에 있는 그의 친구였다. 후안 콜랴Juan Collar는 1990년대에 초중성입자 탐색에 합류한 세대의 일부였다. 그때 이후 그는 CDMS 원형을 포기했다. 페르미연구소의 300미터 지하 터널에서 진행 중인 그의 실험의 머리글자인 시카고 지하 입자물리학연구소Chicago Observatory for Underground Particle Physics, COUPP는 의미심장했다. 'p'

는 쿠데타를 뜻하는 'coup'에서처럼 묶음이었다. 칼라는 상상의 적에게 주먹을 흔들어대면서 "그게 그 시스템에 멋진 일격을 가한다는 뜻을 내포한다"고 말하곤 했다. 여기서 그 시스템이란 전체 극저온 접근 방식이었다.

COUPP는 기술적 진보라기보다 더 이른 물리학 시대로의 후퇴라고 할 수 있는 거품 상자였다. 이 상자는 끓는점 이상으로 가열된 무거운 액체로 가득 차 있고 카메라가 장착되어 있었다. 다른 암흑물질 실험들과 달리, COUPP 팀은 실제의 시각적 결과인 거품을 보는 스릴을 경험할 것이다. 그리고 그들은 정말로 거품을 얻었다. 이번에도 뮤온이었다. 콜랴는 1990년대에 WIMP를 찾아서 암흑물질을 발견하는 경쟁에서 이길 거라고 확신하는 등 낙관적으로 출발한 입자물리학자들이 적절한 거품을 보고, 적절한 소리를 들을 만큼 오래 붙어 있을지 걱정스러웠다. 그는 의구심이 들었다. 때로 학회에서 콜랴와 더는 천재적 기질을 발휘하지 못하는 40대에 들어선 그의 동료들은 학회 때 호텔 바에 모여 '달을 보며 울부짖었다.' 때로 그는 시카고의 아래층 실험실로 들어가 WIMP와 전혀 무관한 검출기를 만지작거리곤 했다. 그걸 반응기 옆에 두어야 실제로 그 신호를 보게 될 거라면서 말이다.

콜랴는 자기 세대의 연구자들에 대해서 언급할 때, "존재할 수도 있고 존재하지 않을 수도 있고 항상 부정적인 결과를 얻게 되는 입자를 찾는 것은 만만치 않은 일이다"라고 말하곤 했다. 요컨대 어떤 실험에서 부정적인 결과를 얻었다고 해서 초중성입자가 존재하지 않는다는 의미는 아니었다. 그것은 그저 이론가들이 충분히 열심히 생각하지 않았거나 관측자들이 충분히 깊이 들여다보지 않았음을 의미할 뿐이다.

콜랴는 그와 다른 연구자들이 초중성입자가 존재하기를 바라는 범위를 보여주는 어떤 그래프를 연구실 벽에 계속 붙여두었지만, 때로 그 얇은 종이 밑에 있는 텅 빈 벽을 보고 있는 자신을 발견하곤 했다. '만약 초중성입자가 저 밑에 있다면, 우리는 조용히 물러나 대지의 여신을 섬겨야 할 거야.' 그는 이렇게 생각하곤 했다. '이 입자들은 아마도 존재하겠지만, 우리는 그것을 보지 못할 테고 우리의 아들들도 그것들을 보지 못할 테고 그들의 아들들도 그것들을 보지 못하겠지.' 그 뒤 그는 캘리포니아 사막에 있는 그의 친구에 대해 생각하곤 했다. "카를은 자신이 그 일을 해내리라는 걸 알고 있어, 젠장." 콜랴는 혼잣말로 중얼거렸다.

그러나 콜랴보다 한 세대 선배인 반 비버는 다른 종류의 좌절을 경험했다. 수년 동안 그와 동료 암흑물질 사냥꾼들은 암흑물질을 찾을 때에만 우주를 소유할 수 있을 거라고 생각했다. 1998년 이후, 그들은 자신들이 우주의 4분의 1쯤 소유하고 있다는 걸 깨달았다. 나쁘지 않았지만 반 비버는 그게 '격심한 강등 같다'고 생각했다.

그럼에도 그는 여전히 사랑에 빠져서 결혼을 갈망하는 사람이 그렇듯이, 낙관적이었다. 그는 50대 중반이 되었는데 ADMX가 또다시 10년이 걸려 모든 게 결국 헛수고로 끝나버리고, 그게 자신의 경력을 마감하는 실험이 될지도 모른다는 – 그가 직업 인생의 후반을 이렇게 저렇게 액시온을 찾으며 보낼지도 모른다는 – 생각이 들었을 때도, 그 일이 여전히 추구할 가치가 있을 거라고 생각했다. 그는 물론 자신의 실험이 암흑물질을 탐지하는 실험이 되길 바랐다. 그러나 그가 옛 친구이자 오랜 동료인 레스 로젠버그와 대화를 나누었을 때, 두 사람은 레드삭스가 월드시리즈를 이긴 뒤에는 야구가 결코 똑같지 않다는 사실을 인정해야만 했다.

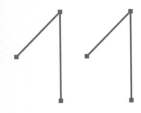

괴물

암흑에너지의 본질은 무엇인가

그들은 자신들이 어디로 가고 있는지 알고 있었다. 아니 적어도 어디로 가기를 바라는지는 알고 있었으며, 대충 올바른 방향으로 들어섰다는 것은 상당히 확신했다. 이따금 바람이 잦아들어 순백의 베일이 벗겨지면 멀리서 암흑 영역의 뚜렷한 실루엣을 얼핏 보게 될 것이다. 그러나 그 뒤 바람이 다시 거세져 백색이 온몸을 휘감으면, 남극 망원경 South Pole Telescope, SPT의 하계 대원은 이제 과학을 사실상 지구의 끝까지 나아가게 한 임무인 암흑에너지 탐색을 다시 시작하기를 바라며 고개를 숙이고 털 달린 후드를 뒤집어쓴 채 실험실로 이어지는 금속 계단을 올라갈 것이다.

'이 행성에서 가장 온화한 환경에 온 것을 환영합니다.' UC 버클리의 천체물리학자이자 남극 체류에는 도가 튼 윌리엄 L. 홀저펠William L. Holzapfel은 이런 식으로 말하곤 했는데, 그 이유가 단지 최근 들어 화이트아웃 whiteout(극지에서 천지가 온통 백색이 되어 방향감이 없어지는 상태 - 옮긴이)이 드물고 날씨가 온화해졌기 때문만은 아니었다. 그 주의 다른 날들 - 남반구의 초여름이자 남극에서 태양이 계속 뜨는 6개월간의 중반으로 치닫고 있는 크리스마스와 새해 사이의 주 - 에는 화씨 기온이 겨우 한 자릿수의 영하도 되지 않았다(그리고 어느 날은 심지어 0도를 깨고 그 날짜로는 최고 기록을 세우기도 했다).

바람은 대체로 잔잔했다. 홀저펠은 일상적으로 아문센-스콧 기지 Amundsen–Scott Station(사실상 금속 장대로 명시된 남극에서 눈덩이를 던져 닿을 만한 거리에 있다)에서 망원경까지 청바지에 러닝슈즈를 신고 걸어갔다. 어느 날 오후에는 실험실 내부가 너무 더워져서 대원들이 열기를 식히려고 문을 열어 놓아야 하기도 했다. 그리고 잊지 않고 수영복을 가져오는, 홀저펠을 포함한 250명 남짓한 남극 대원들에게 새해 전야에는 늘 하던 야외 사우나도 그 어느 때보다 상쾌했다.

그럼에도 천문학자의 관점에서 태양이 뜨지 않는 기간, 즉 남반구의 가을과 겨울인 3월부터 9월까지이며 온도가 화씨 -100도까지 떨어지는 기간에는 남극이 '온화'해지지 않는다.

6개월이라는 긴 시간 동안, 남극의 망원경들은 끊임없이 하늘을 관측하고 그 자료를 북반구로 전송하는데, 남극의 관측환경은 천문학적으로 볼 때 대단히 우수하다. 대기는 희박하다. 남극은 해발고도가 2.8킬로미터가 넘는다(그중 아래 2.7킬로미터가 얼음이다). 대기는 또 일출과 일몰의 가열과 냉각 효과가 없는 덕분에 안정적이다. 그리고 그 지역은 해가 뜨지 않는 기간 동안 화이트아웃이 일어나지도 않는다. 남극은 최대풍속이 시속 88킬로미터로 지구 상 어떤 기상 관측지보다도 낮다.* 그러나 SPT

가 수행하는 종류의 천문학에 가장 중요한 것은, 공기가 놀라울 정도로 건조하다는 것이다.

전문적으로 말해서, 남극은 사막 기후다. 강설은 드물다(남극에 존재하는 눈은 남극대륙 주위에서 수백만 년 동안 바람에 불려온 게 쌓인 것이다). 남극에서는 손이 트면 낫는 데 몇 주일이 걸릴 수 있고 땀이 날 걱정도 없다. 수분의 수준이 굉장히 낮아서 가장 추운 시기의 어느 때 대기에 있는 모든 수증기를 모아서 압축시킨다 해도 그 두께가 0.25밀리미터도 되지 않을 것이다. 마이크로파나 서브밀리미터 파장 범위를 연구하는 천문학자들, 예를 들어 홀저펠 같은 CMB 연구자들에게는 수증기가 적을수록 좋다. 심지어 소량의 대기 수분이라도 서브밀리미터 파장 신호들을 흡수할 수 있으므로 CMB 광자들이 망원경에 도달하지도 못할 것이다. 수증기는 또한 나름의 서브밀리미터submillimemter 파장 신호를 방출하므로 관측자들은 대기 중의 습기에서 나온 신호를 우주에서 오는 신호로 착각할 수 있었다.

홀저펠에게 SPT는 그저 남극에 있는 일련의 CMB 검출기의 최신형에 불과했다. 1980년대 말과 1990년대 초 버클리의 젊은 대학원생이던 시절에 홀저펠은 CMB의 표준 컴퓨터 시뮬레이션들을 보면서 '참 그럴싸한 이야기'라고 생각하곤 했다. 그 시뮬레이션들은 빅뱅이론이 옳을 경우 존재해야만 하는 온도를 보여주었다. 그것들은 급팽창이 옳을 경우 존재해야 하는 요동들을 보여주었다. 홀저펠에게는 이러한 시뮬레이션들이 목표였다. 충분히 고감도의 장비를 갖추게 되면 미래의 데이터가 근

---

*반대로 고도가 남극보다 900미터 낮은 뉴햄프셔 워싱턴 산의 최대 풍속 기록은 시속 372킬로미터로, 지표면에서 측정된 최고 기록이다.

사해질 거라는 희망을 품을 수 있는 이상이라고나 할까.

그 뒤 우주배경탐사COBE 위성이 나왔다.

'놀랍군.' 홀저펠은 생각했다. 근사값은 잊어라. 시뮬레이션들과의 일치는 적어도 (매우) 좁은 오차 범위 안에서 정확했다. CMB는 어떤 이야기를 갖고 있을 뿐 아니라, 홀저펠이 결국 그 이야기에 한마디를 보태게 되었다. 남극에서 이루어진 일련의 CMB 조사에서, 이상적인 시뮬레이션들과 실제 데이터들 사이의 일치는 과학자들이 우주를 파괴시키지 않고는 어떤 변수를 바로잡을 수 없을 정도까지 좋아지게 되었다. CMB 시뮬레이션에서는 암흑물질의 밀도를 아주 살짝만 조정해도, 더 이상 데이터와 일치하지 않았다. 암흑물질은 그대로 두고 대신 암흑에너지를 조정해도 시뮬레이션이 데이터에서 벗어났다. 중입자 밀도나 우주의 팽창속도로 똑같이 해도 똑같은 일이 벌어졌다.

어떤 면에서 SPT는 CMB 연구를 한 번 더 한 것이었다. 21세기의 처음 몇 년 동안 있었던 수십 가지 다른 암흑에너지 실험들처럼, SPT도 우주가 시간에 따라 어떻게 변해왔는지를, CMB에 있는 저 씨앗들로부터 우리가 오늘날 보는 것으로의 구조 변화를 연구해왔다. 그러나 이번에 홀저펠이 말하고 싶었던 이야기는 우주의 과거가 어떤 모습이었으며, 그게 오늘날의 모습으로 어떻게 변해왔는지만이 아니었다. 대신 SPT는 미래를 '보게' 될 터였다. 사실 홀저펠이 우주 이야기를 쓰는 데 기여하고 싶었던 부분은 결말이었다.

우주의 운명? 또다시? SCP 팀과 하이−z 팀이 1998년에 그 질문을 해결하지 않았던가?

반드시 그렇지는 않다. 우주는 사실 그들이 생각한 것만큼 간단하지가 않았다.

보이지 않는 것을 보기 위하여

심지어 1998년 9월에 〈천체물리학저널〉에 제출되어 다음 해 6월에 출간된 SCP 팀의 가속도 논문인 〈높은 적색이동을 하는 42개 초신성에서 얻은 오메가와 람다의 측정값〉이 내부 수정과 동료 검토를 거치는 동안에도, 솔 펄머터는 이 초신성 게임의 다음 단계에 대해 생각하고 있었다. 어떻게 해야 가장 높은 적색이동에서 가장 많은 수의 초신성을 얻을 수 있을까? 분명한 답은 우주망원경이었다. HST의 시야는 그러한 프로젝트에 필요한 정도의 하늘을 포착하기에 너무 작았다. 그리고 HST의 시간 확보는 항상 아슬아슬한 계획이었다. 자신의 위성 망원경을 갖는 게 더 좋았다. 따라서 버클리연구소의 전통에 맞게, 펄머터와 동료들과 에너지국DOE은 그런 망원경을 건립하는 데 동의했다.

그들은 다음 수년에 걸쳐 설계를 했고, 버클리 위의 언덕에 있는 거대한 격납고 안에서 판지 모형들을 만들었다. 그리고 기술이 개선되자 설계들을 재조정하고 모형들을 개조했다. 그들은 그럴듯한 안내책자를 출간하고 낙관적인 보도자료를 만들었다. 두어 차례 최종 승인이 눈앞에 있다고 생각했다. 그러나 만약 초신성 가속도 탐사선Supernova Acceleration Probe, SNAP이 사실상 지상에서 이륙하려면, 반드시 NASA의 도움을 받아야 했다. NASA는 그 탐사선 발사로 가장 많은 이득을 얻게 될 과학자들의 독선적인 발언만 믿고 선뜻 6억 달러의 우주 임무에 동의하려 들지 않을 것이었다.

2004년에 NASA는 그 프로젝트의 실행 가능성을 결정하기 위해 과학

결정 팀Science Definition Team을 소집했다. DOE 지지자이자 NASA 지지자가 의장을 맡을 것이다. NASA는 COBE 위성의 베테랑이자 윌킨슨 마이크로파 비등방 탐사선Wilkinson Microwave Anisotropy Probe, WMAP의 주요 연구자인 찰스 L. 베넷Charles L. Bennett을 초청했다. 이 위성은 COBE의 후속 위성으로, 2002년에 사망한 디키의 전 열광팬인 데이비드 윌킨슨의 이름을 따서 명명된 것이다.

"하지만 난 암흑에너지에 대해서 아무것도 모릅니다!" 베넷이 이의를 제기했다.

그가 들은 답변은 '더할 나위 없이 좋다'는 것이었다. 그는 배경지식이 전혀 없는 상태에서 암흑에너지 전문가들과 만나 기본적인 질문들을 할 것이다.

첫 회의에서 베넷은 이렇게 물었다. "이게 마지막 암흑에너지 임무가 될까요? 이 임무를 실행하면, 여러분에게 필요하거나 배울 수 있는 모든 것을 배우게 되나요? 아니면 이게 그저 첫 임무여서 나중에 또 다른 임무를 수행해야 하나요?" 암흑에너지에 대해 조금 알고 있는 사람이라면 확실히 한 번의 임무로 암흑에너지 전부를 배우지는 못할 것을 알기 때문인지, 아니면 베넷이 어렴풋이 느꼈듯이 SNAP 팀의 어떤 멤버도 그런 물음을 해본 적이 없었기 때문인지 침묵이 흘렀다. 그는 결단을 내릴 수가 없었다.

결국 그는 NASA에게 '진지한 경쟁'을 시키라고 조언했다. 학계에 그걸 공개하고, 다른 접근방법이 어떤 게 있는지 알아보라고 했다. "우주는 투기사업을 하는 곳이 아닙니다." 그는 이렇게 말했다.

2005년에 베넷은 NASA를 떠나 존스홉킨스로 갔다. 거기서 그는 애덤 리스의 연구실 바로 옆 연구실을 사용했다. 베넷은 리스에게 펄머터가 초신성에 대해 '너무 일찍 얼어'버렸을지 모른다는 생각을 했다고 말했다. 1999년에는 그런 방법을 선택한 것이 이해되었지만, 그가 과학결정 팀의 공동의장을 맡았을 때 알았듯이 그때 이후 다른 방법들이 계속 나왔다. "칠판을 지우고 처음부터 시작해봅시다." 그가 리스에게 말했다. 그들은 다른 공동연구자들을 영입했고, 팀 이름을 ADEPT라 지었다. 그것은 고등 암흑에너지 물리학 망원경 Advanced Dark Energy Physics Telescope의 머리글자로, 천문학의 무모하고 변덕스러운 이미지를 암시했다. 또한 그 공동연구자들 자신도 몰랐기 때문에 그 위성이 사용할 방법을 전혀 포함하지 않은 이름이었다.

그러나 그 경쟁은 암흑에너지 천문학이 어떻게 변하고 있는지를 나타내기도 했다. 그것은 새로운 시대로 진입해 있었다. 칼턴 페니패커는 초기의 원거리 초신성 탐색을 영화 〈시에라마드레의 보물〉에 비유했고, 그가 비록 그 영화 마지막까지 살아남지는 못했지만, 그의 사금은 정말로 골드러시의 원인이 되었다. 펄머터와 리스는 여전히 살아서 광산을 캐고 있지만, 그들에겐 많은 경쟁자들―점점 더 좋은 장비를 갖춘 더 많은 탐광자들―이 있었다.

1999년 가을에 국립연구의회 National Research Council는 과학이 '천문학과 물리학이 만나는 지점에서' 무엇을 성취할 수 있는지―4반세기 전에 데이비드 슈람의 비전을 옹호하는 주제―에 대한 연구를 시작했다. 마이클 터너가 그 위원회의 위원장을 맡았고, 그는 〈쿼크를 우주와 연결하기: 새로운 세기를 위한 과학 물음 11가지 Connecting Quarks with the Cosmos: Eleven Science Questions for the New Century〉라는 연구를 슈람에게 헌정했다. 첫 번째 물음은

'암흑물질이 무엇인가?'였다. 그러나 두 번째 물음은 '암흑에너지의 본질은 무엇인가?'였다.

그것의 '본질.' 그것이 무엇인가가 아니라 그것이 무엇과 같은가, 그것이 무슨 일을 하는가, 그것이 어떻게 행동하는가다. 암흑물질 천문학자들처럼, 암흑에너지 천문학자들도 역설적인 물음에 직면해야 했다. 볼 수 없는 것을 어떻게 볼 것인가? 그리고 암흑물질 천문학자들처럼, 그들도 어떤 방식으로 '접촉한다'를 포함하도록, '본다'는 것의 이해를 확장해야 했다. 그러나 그렇게 하면서 먼 훗날 초중성입자를 포착하고 핑 소리를 듣거나 액시온을 광자로 전환시킬 가능성에 만족할 수는 없었다. 암흑에너지가 입자가 되지는 않을 것이었다. 목적은 그것을 탐지하는 게 아니라 그것을 정의하는 것이었다.

특히 천문학자들은 그게 정말로 공간과 시간에 따라 변하지 않는 우주상수인지, 아니면 공간과 시간에 따라 변하는 제5원인지 알고 싶어 했다. 그게 만약 변하지 않는다면, 우주가 팽창하여 물질의 밀도가 감소하면서, 암흑에너지의 영향이 점점 더 커져서 점점 더 빠른 가속을 일으켜서, 우주는 정말로 빅칠로 넘어가게 될 터였다. 그게 만약 공간과 시간에 따라 변한다면, 그것은 물리학에 알려져 있지 않은 어떤 종류의 역학적 장일 것이므로, 먼 미래에는 우주의 팽창을 가속시키거나 감속시킬 수 있을 것이다. 마이클 터너는 2001년에 "암흑에너지가 있는 우주에서는 기하학과 밀도 사이의 연결이 끊어진다"고 썼다. 〈쿼크를 우주와 연결하기〉의 과학 물음들 조사에서 '암흑에너지의 본질은 무엇인가?'라는 물음의 우선순위가 '암흑물질이 무엇인가?' 다음으로 매겨져 있을지 모른다. 어쩌면 그 위원회가 2002년 1월에 그 목록을 완성했을 때 그 주제가 여전히 그렇게 새로운 게 아니었다면 아마도 첫 번째 물음이 되었을 것이다. 그러나 그것은 그 보고서가 말한 대로 '가장 성가신 문제'였다.

그러한 고민 때문에 NASA와 국립과학재단^{NSF}과 DOE는 특별 위원회를 꾸렸다. 이번에 그 위원회의 위원장을 맡은 사람은 예전에 터너와 피자를 나눠 먹던 친구인 콜브였다. 2006년에 그 협의의 결과를 발표한 암흑에너지 특별 조사단^{Dark Energy Task Force}은 암흑에너지의 본질을 조사하기 위한 네 가지 방법을 추천했다.

하나는 오랫동안 의지해온 유형 Ia 초신성이었다. 스털링 콜게이트가 뉴멕시코 사막에서 원거리 초신성 탐색에 실패하고, 루이스 알바레스가 리처드 멀러에게 도전장을 내밀면서 콜게이트가 실패한 곳에서 성공할 수 있는지 알아본 이후 30년이 흐른 뒤, 천문학자들은 산꼭대기에서 내려왔다. 1990년대부터 두 초신성 팀은 망원경의 통제실에서 대부분의 연구를 해왔다. 예컨대 하와이 빅아일랜드의 휴화산인 마우나케아에서, 천문학자들은 3,900미터 고도 때문에 머리가 멍한 상태로 컴퓨터 앞에 앉아 있곤 했다. 그러나 1990년대 말 무렵엔, 똑같은 망원경들을 사용하는 천문학자들이 사실 근처 와이메아 상업지구의 어떤 연구실 건물에 있는 3,300미터 더 낮은 통제실에 앉아 있었다. 수년 뒤 그들은 볼티모어나 버클리나 케임브리지나 라세레나나 파리에 있는 자신의 연구실로 이동했다.

2007년 봄에, 버클리연구소의 가까운 초신성 공장^{Nearby Supernova Factory} 팀의 주요 연구자는 집에서 낙상해 두 발목이 모두 부러지는 바람에 어느 날 밤의 관측을 하지 못하게 되었다. 그는 자신의 집 거실에 있는 적포도주 빛 가죽 안락의자에 앉아 노트북을 열고 마우나케아에 있는 하와이대학교의 2.2미터 망원경을 모니터했다. 그는 한 손으로는 강아지를 쓰

다듬고 또 한 손으로는 키보드를 조작하면서 분광학적 추적을 위해 초신성들의 목록을 조사했다. 그리고 '이 녀석들 가운데 어느 것을 보존해야 하고 어느 것을 버려야 할까?'라고 자문하면서 저녁시간을 보냈다.

초신성은 굉장히 많았지만, 시간이 너무 없었다.

공항에서 노트북으로 일하지 않는 사람이 누가 있는가? 무선통신 장치가 없는 사람이 누가 있는가? 침대에 누워 옆 사람에게 이메일을 보내지 않는 사람이 누가 있는가? 그러나 원거리 초신성의 발견이 유례없는 스릴이 되는 시대에 살고 있다면, 노트북으로 12개나 17개의 초신성을 발견하는 게 당연히 받아들여야 하는 일은 아니었다.

아니 노트북이건 아니건 간에, 12개나 17개의 초신성 데이터를 얻는다는 건 대단한 일이다. 가까운 초신성 공장 팀은 1년 중 9개월 동안 매주 사흘 밤씩 관측해서 매년 150개나 200개 정도의 초신성을 발견할 계획이었고, 그 가운데 5, 60개가 유형 Ia가 될 터였다. 그리고 저 밖에는 초신성 탐색 팀이 이 팀만 있는 게 아니었다. 마우나케아에 있는 캐나다–프랑스–하와이 망원경을 이용하는 공동연구인 '초신성 유산 조사Supernova Legacy Survey'는 동일한 10년 동안 500개의 유형 Ia를 발견했다. 슬론 디지털 전천탐사–II 초신성 조사는 또 다른 500개의 초신성을 발견했다. 천체물리학센터의 초신성 그룹은 185개를, 릭 천문대의 초신성 조사는 약 800개를, 카네기 초신성 조사는 약 100개를 발견했다.

어떤 목적을 위해서는 양이 중요했다. 예컨대 가까운 초신성 공장 팀의 전제는 천문학자들이 초신성의 고유 밝기를 절대로 알지 못할 거라는 것이었다. 1990년대에 그 탐색을 수행하기 위해서, 그들은 초신성 표준화 방법을 고안했다. 그러나 그들은 자신들의 측정을 더 개선하기 위해서 원거리 초신성들이 어떤 성질을 가졌든 간에 그런 성질들과 비교할 다양한 기준들을 만들기 위해서라도 가까운 초신성이 많이 필요했다.

애덤 리스가 그러한 원거리 초신성 발견을 위한 연구팀을 운영하고 있었는데, 그 팀의 이름은 더 큰 값의 적색이동을 뜻하는 '하이어 Higher–z' 팀이었다. 2001년 암흑우주 회의에서 박수갈채를 받았던 SN 1997ff에 관한 그의 발표는 어느 순간에 우주가 '전환되었다'는, 즉 팽창이 감속에서 가속으로, 물질의 중력적 인력 때문에 느려지다가 암흑에너지의 반중력적 힘 때문에 가속되었다는 설득력 있는 증거를 제공했다. 리스는 초신성을 연구하기 위해 HST 사용 시간을 더 많이 신청했고, 2003년에 그의 팀은 우주가 약 50억 년 전에 전환되었다는 결정을 발표했다. 2004년과 2006년에 그의 팀은 심지어 90억 년 전에 암흑에너지가 물질과의 줄다리기에서 지고 있을 때도, 암흑에너지가 우주에 존재했다는 증거를 제시했다.

암흑에너지 특별 조사단이 추천한 또 다른 방법은 중입자 음향진동 baryon acoustic oscillation, BAO이었다. 1970년에 짐 피블스는 CMB가 만들어졌을 때, 우주의 섭동perturbation들이 원시 가스 사이로 흘러 43만 6,000광년의 간격마다 봉우리를 만드는 음파('음향진동')를 일으켰을 거라는 데 주목했다. 우주가 팽창하는 동안, 이러한 봉우리들 사이의 간격도 팽창했다. 오늘날 그 봉우리들은 4억 7,600만 광년씩 떨어져 있다. 그리고 은하들이 이러한 매우 큰 파동들의 봉우리에서 만들어지는 경향이 있기 때문에, 천문학자들은 다양한 시대에서 은하들의 분포를 측정하여 봉우리 간격이 시간에 따라 어떻게 변해왔는지를, 그리고 우주가 시간에 따라 얼마나 빨리 팽창해왔는지를 알 수 있었다.

유형 Ia 초신성들은 표준촛불 역할을 하는 반면, 봉우리들 사이의 간격은 표준 자 역할을 했다. 그러나 4억 7,600만 광년은 심지어 우주론으로 보아도 광대한 하늘이었다. 천문학자들이 그 '자'를 지도에 놓기 위해서는 전체 우주의 막대한 영역이 필요했다. 슬론 디지털 전천탐사가 46,748개 은하들의 위치를 지도로 만든 2005년까지는 기술적으로 불가능했다.

세 번째 방법은 전경에 놓인 은하단들의 중력적 영향 때문에 먼 은하들의 빛이 뒤틀리는 렌즈효과였다. 천문학자들은 이 방법을 이용해서 암흑물질의 질량을 '측정'해왔다. 다양한 거리에 있는 수백만 개 은하들의 모양을 결정하면 그 은하들과 우리 사이에 존재하는 은하단들의 질량 분포를 알 수 있기 때문이다. 1998년 이후, 그들은 우주가 진화하는 동안 은하단들의 수를 측정하기 위해 약한 렌즈효과를 이용하기 시작했다. 은하단의 형성 비율은 우주가 얼마나 빨리 팽창하고 있는지와, 다양한 시대에 암흑에너지의 효과들에 의존했다.

마지막 접근 방식은 홀저펠이 SPT에서 사용한 방식으로, 역시 은하단들을 이용했다. 그것은 선야예프–젤도비치 Sunyaev–Zel'dovich, SZ 효과라는 것을 탐지하려는 노력으로, 이 효과는 1960년대에 그 존재를 예측한 소련의 두 물리학자 이름을 딴 것이다. CMB 광자는 원시 화구에서 우리 쪽으로 여행하는 동안, 어떤 은하단의 뜨거운 가스와 상호작용하여 에너지가 상승할 것이다. 그리고 관측에 사용되는 망원경이 감지할 수 있는 주파수 너머로 옮겨갈 것이다. 그런 광자가 SPT에 도달해 초극저온(0.2K) 금도금 거미줄 한복판에 있는 현미경 온도계에 내려앉으면 CMB에 구멍이 난 것처럼 보일 것이다. 그 방법론에는 '볼 수 없는 것을 보려면 보이는 것을 볼 수 없게 만들어라'라는 선불교 같은 무언가가 있었다.

우주 이야기의 결말

"몹시 흥분되는걸!" 어느 날 오후 홀저펠이 SPT의 본부 역할을 하는 암흑 섹터연구소Dark Sector lab로 들어가면서 말했다. 조종 장치 앞에는 버클리의 예비 대학원생이 앉아 있었다. 그녀는 뜨개질을 하고 있었다. "조마조마해 죽겠어!" 홀저펠이 덧붙였다.

대학원생은 어깨를 으쓱해 보이곤 자기는 차라리 계기판과 거대한 조종간을 다루는 게 낫겠다고 말했다. 그러나 망원경은 더 이상 그런 방식으로 작동하지 않았다. "'시작'을 누르고 프로그램이 실행될 때까지 20분 정도 기다려요. 이런 식으로 하면 — 그녀가 뜨개질하던 걸 들어올렸다 — 과학도 하고 스웨터도 하나 얻지요."

1956년에 미국은 남극에 1년 내내 상주하게 되었고, NSF의 미국 남극 프로그램은 오래전 저 밑에서 일상생활부터 과학까지 모든 것을 했다. 그렇다고 남극이 여전히 남극이 아니라는 말은 아니었다. 1998년 남반구의 겨울 동안 의사인 제리 닐슨이 자신의 유방암을 진단하고 생검과 화학요법을 실시한 사례는 아마 지구 상 다른 어디에서도 일어날 수 없었을 것이다. 그 뒤 2000년 5월 12일에는 호주의 천체물리학자 로드니 막스가 갑자기 사망했다. 그러나 그의 시신은 몇 달 뒤 해가 떠오르고 나서야 비로소 부검을 위해 비행기에 실려 뉴질랜드로 갈 수 있었다. 부검 결과 사망 원인이 메탄올 중독인 것으로 드러나 남극에 있던 그의 동료들 가운데 하나가 완전범죄를 저질렀을 가능성을 제기했다.

그러나 대개 남극의 노동자들은 마치 영화 〈괴물 The Thing〉에 등장하는 광포한 외계 괴물과 싸우는 대원들이 직면한 것 같은 역경을 만나기라도 한 듯 생존투쟁을 냉소적으로 언급했다. 이 영화는 북극을 배경으로 한

1952년의 원작이 아니라, 1970년대 중반 이후 남극에서 과학 본부의 역할을 해온 아이코닉 지오데식 iconic geodesic 돔 내부에서 일어나는 일을 다룬 1982년 존 카펜터의 리메이크 작이다. 2008년 초, 새로운 기지가 공식적으로 개방되어 지오데식 돔(여전히 부분적으로 눈 위에서 보이는)을 대체했다. 그러나 이 새로운 기지는 황량한 전진기지라기보다는 작은 크루즈 선박과 유사했다. 그것은 개인 숙소에 200명을 수용할 수 있었으며, 2층으로 정렬된 현창들을 통해 황홀하게 수평선을 바라볼 수 있을 것이다.

이 새로운 기지는 눈이 수십 년 동안 쌓여 2층 높이까지 올라간 융기부 위에 자리 잡고 있었다. 문화시설은 최고급 피트니스 센터를 비롯하여 체육관, 24시간 카페테리아, 온실, 컴퓨터실, 동면이라도 할 수 있을 정도로 편안하고 깊숙한 소파들이 있는 TV 시청실, 그리고 통신위성들이 수평선 위에 있으면 하루에 9시간 정도 이용할 수 있는 인터넷까지 거의 모든 게 갖춰져 있었다. 공식적인 극지에서 새해 첫날 비치 타월 스타일의 수영복을 입고 포즈를 취한 사람들을 카페테리아 창문으로 내다보면서 어떤 정비사가 말했다. "이봐요, 여긴 거친 대륙이라는 말, 못 들었어요?"

〈크리에이처 컴포트 Creature Comforts〉(1989년에 제작된 영국의 유명한 동물 만화영화로, 동물들이 동물원 생활에 대해 어떻게 느끼는지를 코믹하게 그렸다-옮긴이)는 실존하는 동물의 존재를 전제로 하며, 정말로 확실한 이유가 없는 이상 그런 동물을 어떤 동물도 살 수 없는 환경에 처하게 하지는 않는다. 그러나 NSF는 그렇게 하고 있다고 생각했다. 사람들이 지구 상 다른 어디에서도 할 수 없는 과학을 하고 있다고. SPT에서 채 800미터도 떨어지지 않은 곳에서 진행 중인 아이스큐브 중성미자 검출기 IceCube Neutrino Detector 공사는 검출기들을 하늘 높이 향하게 하는 게 아니라 땅속을 향하게 함으로써 '망원경'을 재규정했다.

1평방킬로미터를 망라하는 그 검출기는 각각 60개의 센서를 갖고 있고 눈 밑으로 1.6킬로미터쯤 내려가는(육중한 열수熱水 드릴을 이용해서 통로의 눈을 치우고) 80여 개의 케이블로 이루어져 있었다. 센서들은 지구의 대기를 뚫고 들어와 이 행성 반대편에 있는 표면으로 나가며, 드문 경우이기는 하지만 극지 표면 밑에 있는 순수 얼음 원자를 강타하지 않는 한 어떤 다른 것과도 상호작용하지 않고 지각과 맨틀과 핵을 계속해서 통과할 수 있는 여러 가지 우주 입자들을 관측할 수 있을 것이다(그것은 암흑물질 실험이 아니었지만, 그러한 입자들 가운데 일부는 심지어 서로를 소멸시키는 두 암흑물질 입자들의 증거가 될 수도 있었다).

1991년에, NSF는 남극대륙 천체물리학연구센터Center for Astrophysical Research in Antarctica, CARA에서 시카고대학교와 공동연구를 시작했다. CARA의 목적은 남극에 밀리미터와 서브밀리미터 천문학의 영구기지 역할을 할 관측소 설립이었다. 그 관측소란 빛과 다른 전자기복사원들이 최소한으로 유지되고 기지에서 1.6킬로미터도 채 안 떨어진, 망원경 밀집 암흑 섹터를 말한다(지진학 연구를 위한 고요 섹터Quiet Sector와, 기후 프로젝트를 위한 청정공기 섹터Clean Air Sector도 멀리 떨어져 있지 않았다).

홀저펠은 거의 처음부터 CARA의 일부였다. 그는 1996년에 포스트닥터 연구원으로 시카고대학교에 들어갔다. 비록 1998년에 교수로 버클리에 돌아오기는 했지만, CARA와 특히 CARA의 소장이자 남극천문학 책임자인 존 칼스트롬John Carlstrom과 공동연구를 계속했다. 피츠버그에서 회계사와 교사의 아들로 자란 홀저펠은 자신도 전혀 이해가 되지 않는 이유들 때문에 과학을 좋아하게 되었다. 때로는 많은 고압 폭발물과 감전 사고들처럼 '매우 반사회적일 수 있는' 과학 때문이기도 했지만, 무전 수신기인 광석 라디오crystal radio를 만들거나 자신이 지구 반대편의 잡담을 듣고 있다는 도저히 믿기 힘든 조용하고 은밀한 과학 때문이기도 했다.

그 뒤 CARA의 일부로서 그는 우주 반대편에서 오는 속삭임들을 들어야만 했다. "매우 흥분되는군." 홀저펠은 몹시 들떠 항상 더 많은 관심을 모으려는 듯 다리를 꼬고 앉아 사이즈 16의 운동화를 신은 발을 흔들어대면서, 실험을 구상하고 장비들을 설계하고 가동시키고 CARA 망원경들의 데이터 분석을 도왔다. 1990년대 말에 시작한 그 실험들은 CARA의 절정에 달한 프로젝트인 '각도율 간섭기Degree Angular Scale Interferometer, DASI'를 통해 COBE의 측정들을 계절마다 개선시켰다.

처음에 DASI는 다른 것들과 전혀 다르지 않았다(대체로 말해서). 그것은 CMB에서 패턴들, 즉 온도와 요동을 탐색했고 결국은 찾아냈다. 2001년 4월, 칼스트롬은 DASI가 정말로 급팽창이 예측한 명백한 음파 패턴을 발견했다고 보고했다. 악보에 배음倍音이 있듯이, 우주 태초의 울음소리에도 세 개의 피크가 있어야 했다.

그러나 그다음 해에 DASI는 편광, 즉 광자가 물질에서 분리될 때의 방향을 조사했다. 그 온도와 요동들은 우주의 나이가 40만 년 되었을 때 물질이 어디에 있었는지를 말해주었다. 그리고 편광은 그 물질이 어떻게 움직이는지를 말해주었다. 또다시 새로운 우주론이 시험에 직면했다. DASI 팀은 파워포인트 발표에서 다음과 같이 말했다.

우리가 예상하는 신호 레벨에서 아무런 검출을 못한다면,
처음부터 다시 시작해야 함.

그것은 예측된 수준으로 존재했다. 놀라운 게 아니라 오히려 안도가 되었다.

그 뒤 윌킨슨 WMAP가 나왔다. 2003년에 WMAP가 첫 세트의 데이터를 공개했다. 그것은 우주의 DNA 같은 물질과 에너지의 온도 변화를 나타내는 뜨거운 붉은색과 차가운 파란색들이 부드럽게 요동치는 우주의 또 다른 아기 사진이었다. 시뮬레이션과 데이터가 일치했을까? 정확히 일치했다. 아니 더 정확했다(만약 그런 일이 가능하다면).

SPT도 배경 복사를 조사하고 있었다. 그러나 SPT의 임무는 그저 똑같은 일을 더 많이 하는 게 아니었다. 그것은 그저 빅뱅의 복사를 더 상세하게 기록해서 차세대 CMB 검출기가 맞춰야 할 오차범위를 점점 더 줄이는 게 아니었다. 그것은 CMB를 본래의 목적으로, 즉 우주를 편평하게 펼쳐 놓은 지도를 만들 목적으로 사용하지 않았다.

대신 SPT 천문학자들은 CMB를 하나의 수단, 즉 우주의 진화를 탐사할 적극적인 도구로 이용했다.

SPT 제작에는 우선 뉴질랜드의 크라이스트처치(남극대륙으로 들어가는 조약이 협정된 항구)까지, 그 뒤 그 대륙 주변에 있는 맥머도 기지까지, 당시엔 LC-130 수송기 한 대당 1만 파운드 정도의 비용으로 남극 자체까지 25회를 비행하여 260톤의 재료를 선적해야 했다. 그리고 남극에서 사용되는 기술 대부분이 독특하기 때문에, 규모의 경제라는 말이 이곳에서는 적용될 수가 없었다. 만약 어떤 대학원생이 제작 기간 동안 볼트를 조여야 한다면, 그냥 미리 조정된 도구를 움켜잡을 수 없었다. 우선 장갑을 벗고 손을 사용해서 1회전의 16분의 1이 얼마만큼인지 감지하는 것을 터득해야만 했다.

천문학자들은 더 좋은 관측 조건들을 위해서는 더 바깥 우주로 나가야 한다고 말하곤 했다. 그리고 홀저펠은 거기서 겨울을 지내는 사람들을 일종의 우주비행사로 생각했다. 해마다 대학원생이나 포스트닥터 연구원 두 명이 SPT에서의 남극 임무를 따냈다. 하루에 두 번, 1주일에 6일, 2월부터 11월까지, 두 명의 '동계 거주자'는 보온성이 뛰어난 속옷과 외출복으로, 양털과 플란넬과 이중 장갑과 세 겹 양말과 패딩 덧옷과 두툼한 붉은색 파카로 마치 쌍둥이 미슐랭 타이어 캐릭터처럼 보일 정도로 몸을 몇 겹으로 감쌌다.

그 뒤 그들은 SPT의 10미터 접시 실루엣을 찾아 어둠 속에서 하계 대원들과 똑같은 눈과 얼음 고원 맞은편으로 터벅터벅 걸어갔다. 대신 그들은 화이트아웃 사이로 망원경 접시를 찾아내는 게 아니라, 호주머니에 손을 찔러 넣은 채 뒷마당에서 관측할 때보다 망원경 접시가 더 많은 별들을 가로막고 있는 것으로 접시의 실루엣을 확인했다. SPT는 데이터를 수집하여 멀리 있는 연구자들의 데스크톱으로 보냈다. 두 명의 동계 거주자는 매일같이 마치 집에서 하듯 데이터로 작업하고 분석하며 보냈다. 그러나 그 망원경이 갑자기 고장 나서 노트북에 부착된 경보기가 울리기라도 하면, 그들은 문제가 무엇인지 알아내야만 했다. 그것도 빨리.

한때 해가 뜨지 않는 계절 동안 그랬던 것처럼, 그들은 장비가 강철을 대형 쇠망치로 때리는 것 같은 소리를 내기 시작한다면 어떻게 해야 하는지 알아야만 했다. 그럴 경우 밖으로 나가 접시형 안테나로 기어 올라간 뒤 베어링에 기름을 쳐야 했다. 혹은 대기가 너무 건조한 탓에 모든 윤활제가 증발해버려 작은 날개 하나가 부러질 수도 있고, 과열된 컴퓨터가 저절로 꺼져서 갑자기 시스템이 다운되었는데 아무도 원인을 몰라 망원경이 시간당 수천 달러 정도인 관측 시간을 잃게 될 수도 있다. 그리고 만약 동계 거주자들이 무엇이든 고장 난 것을 고칠 수 없다면, 그것은 그렇게 고장 난 상태로 놔둬야 할 것이다. 왜냐하면 2월부터 10월까지는 비행기가 남극으로 비행하지 않기 때문이다(엔진오일이 젤라틴화되기 때문이다).

홀저펠 같은 하계 대원들의 임무는 동계 거주자를 일컫는 '우주비행사들'이 6개월간의 '우주유영' 기간 동안 어떤 뜻밖의 일도 만나지 않도록 장비를 준비하는 것이었다. 1년에 한 번 하계 대원은 점검을 위해 SPT 검출기를 가지고 들어올 것이다. '들어온다'는 것은 망원경 밑에 있는 통제실로 갖고 들어온다는 뜻이다.

SPT는 러시아의 마트료시카 인형으로 생각할 수도 있다. 가장 바깥쪽에 있는 인형은 지상에서 오는 빛을 최대한 차단하기 위해 안테나를 에워싸고 있는 차폐물이다. 다음 것은 10미터 포물면 접시인 안테나. 접시안테나 위에는 붐대boom로 연결된 직사각형의 금속 컨테이너인 '리트랙터블 부트retractable boot'가 길쭉하게 달려 있다. 이 컨테이너 속에는 수신기 상자가 있고, 그 안의 수신기는 부경secondary mirror을 향해 열려 있는 창을 통해 CMB 광자들을 받는다. 부경에서 반사된 광자들은 마치 피자를 조각으로 잘라낸 모양인 여섯 개의 얇은 조각wafer으로 튀어나간다. 각 조각에는 160개의 볼로미터bolometer(방사 에너지를 측정하는 기구 – 옮긴이)가 있고, 이 볼로미터 각각에는 검출기가 있다. 검출기는 CMB 광자를 잡아내는 금도금의 거미줄 구조로 되어 있는데, 그 중심부에는 직경 30마이크론, 즉 머리카락 반 정도 두께의 초전도체 필름이 있다.

그 예비 대학원생이 뜨개질을 멈추고 키보드를 치기 시작했다. 가장 안쪽에 있는 인형들을 얻기 위해서, 그 팀은 먼저 안테나를 돌려서 수신기가 담겨 있는 컨테이너가 실험실 지붕 위로 오게 한 후, 컨테이너를 내려서 수신기 박스를 통제실 지붕에 있는 매칭 패널 위에 꼭 맞춰야만 했다. 통제실에서 하계 대원들은 천장을 열고 체인을 힘껏 돌려서 수신기를 꺼내고 통제실 바닥으로 내려놓았다. 그리고 저온 유지 장치가 실내온도로 데워질 때까지 30시간 정도 기다렸다가 장비를 꺼냈다. 바로 그 순간에, 남극의 베테랑 하나가 또 다른 사람에게 고개를 돌리고 물었다. "나사가 몇 개나 있는지 아나?"

"아뇨. 수백 개쯤 되겠죠. 슬픈 건 제가 그 나사들을 세 번이나 풀고 조이고 했다는 겁니다."

이제 그 망원경은 두 계절 동안 데이터를 얻고 있었다. 남쪽으로 향하기 직전, 홀저펠은 SZ 방법으로 우연히 발견한 세 개의 은하단을 보고하는 어떤 논문을 승인했다. 그 방법에서 CMB는 우주의 전경 진화에 대해서 일종의 역광 같은 것을 제공했다. CMB의 광자들이 우주를 여행하는 동안 어떻게 변화해왔는가는 연구자들에게 우주 자체가 어떻게 변해왔는지를 말해줄 것이다. 홀저펠과 동료들이 이 변화를 확인하는 방법으로 발견한 은하단들―그들의 목표는 1,000개다―은 다른 망원경들의 면밀한 조사를 거쳐 적색이동이 결정될 것이다.

천문학자들은 그런 은하들의 수(SZ 효과로 결정된)와 거리(적색이동으로 결정된)를 결합시켰을 때, 우주의 역사 내내 암흑에너지가 대규모 구조의 성장에 미치는 영향―암흑에너지를 정의하는 다른 방법들이 탐지하려고 애쓰는 암흑에너지와 중력 사이의 줄다리기―을 알아내고자 했다. 그리고 그러한 과거는 프롤로그였다. 은하단들이 우주의 역사에 걸쳐 어떻게 성장해왔는가를 통해 천문학자들은 미래에 저 줄다리기에서 어느 쪽이 이길지 예측할 수 있게 될 것이다.

은하단은 우주에서 중력적으로 묶여 있는 최대의 구조였다. 중력은 더 작은 구조들을 모아서 더 큰 구조를 만든다. 게다가 중력은 이제 암흑에너지와의 줄다리기에서 지고 있다. 따라서 은하단이 우주에서 가장 최근에 중력적으로 묶여서 만들어지는 구조일 거라고 생각하는 게 이치에 맞았다. 암흑에너지가 점점 더 큰 힘을 발휘하면서, 은하단은 또한 가장 마지막에 만들어지는 구조가 될 것이다.

홀저펠은 이런 은하단들을 '광산의 카나리아(광부들이 갱도에 들어가기 전, 유독가스에 민감한 카나리아를 먼저 들여보내 갱도의 상태를 확인한 일에서 비롯된 속담. 일종의 전조 현상을 뜻한다 – 옮긴이)'라는 속담으로 생각했다. 만약 암흑물질의 밀도나 암흑에너지의 성질이 변할 수 있다면, 그런 변화를 가장 먼저 반영하는 것은 은하단의 수가 될 것이다. SPT는 시간에 따른 그런 변화를 추적할 수 있을 것이다. 수십억 년 전에는 은하단이 얼마나 많이 존재했을까? 지금은 얼마나 많이 있을까? 그리고 그러한 수와 당신의 예측들–당신의 컴퓨터 시뮬레이션들–이 일치할 때까지 그 둘을 비교하라.

홀저펠은 이미 그게 어떻게 맞아떨어질지 감이 왔다. 그것은 초신성, BAO, 약한 렌즈효과 등, 바로 암흑에너지를 정의하는 모든 방법들이 수렴하는 우주상수였다. 데이터가 어떻게 나오든 따라야 하겠지만, 그걸 좋아할 필요는 없었다. 그는 다른 결말을 선호했다. 즉 우주가 붕괴했다가 다시 튀는 것이다. 이것은 재탄생을 언급하고 계절을 상기시키는 결말이다. 대신 우주의 이야기는 남극의 어느 방향에서나 볼 수 있는, 차갑고 텅 비고 끊임없는 결론 쪽으로, 은하단들이 우리가 더는 볼 수 없을 때까지 후퇴하는 결론 쪽으로 향하는 것처럼 보였다. 향후 수천억 년 뒤에는 그저 우리의 국부은하군인 하나의 은하단만 남겨져 다른 무언가가 저 밖에 존재한다는 사실도 알지 못하게 될 것이다.

많은 천문학자들처럼 홀저펠도 그 결과가 '우울하다'는 것을 알았다. 어떤 슬픈 이유가 있기 때문이 아니었다. 그는 이미 자신이 '실존주의적인 도전을 받았다고 생각했다. 그는 침울한 미래가 '그 후로도 행복하게 happily-ever-after'만큼이나 흥분될 수 있다는 러시아의 어떤 소설에 인생을 비유하는 데 대단히 만족했다. 그의 걱정은 더 전문적이었다. 그는 자신의 직업인 우주론이 소멸하는 걸로 끝나는 우주 이야기가 마음에 들지 않았다.

그렇다고 우주가 파멸적이지 않아야 한다고 말한 사람도 없었다.

결정을
내려야만 한다

누가 먼저 발표했나?

그들은 뭔가를 쓸 장소가 필요했다. 그것도 아주 빨리. 그 논의는 말로는 표현하지 못할 정도로까지 진전되어 있었다. 그들에게 필요한 것은 숫자와 부호, 그리고 획획 써내려갈 수 있는 수학 기호들이었다. 테이블에 앉아 있던 이론가들이 일어나 그 방에 하나밖에 없는 칠판에다 열심히 휘갈겨 쓰고 있는 몇 명의 다른 이론가들에 가세했다. 그럼에도 공간은 모두가 쓸 수 있을 만큼 충분했다. 사람들이 페리미터 이론물리학연구소에서 즐겨 말했듯이, 칠판은 '벽면 전체'였다. 연구실 칠판들도 벽면 전체였다. 복도의 칠판들도, 복도에서 떨어진 모퉁이의 칠판들도, 바깥마당에 있는 칠판들도 모두 벽면 전체였다. 카페에 있는 칠판은 바닥부터 천장까지 닿아서 방의 길이를 늘였다.

이론가들은 모두 카페 테이블에 등을 대고, 도시 공원의 수목 한계선

위로 해가 지는 광경이 보이는 창문 쪽으로 돌아앉았다. 그리고 상체를 앞으로 숙이고 벽면에 휘갈겨 써지는 알아보기 힘든 글자들을 뚫어지게 바라보면서 걱정스러운 몸짓을 하기도 하고 큰 소리로 오류를 정정하기도 했다. 그러나 새로운 그룹에겐 분필이 없었다. 문제될 건 없었다. 그들은 그저 상체를 칠판 앞으로 바짝 숙이고 손을 흔들며 손가락으로 허공에 호를 그렸다. 그들에겐 분필이 필요하지 않았다. 그들에겐 방정식이 있었다.

카페 맞은편에서 브라이언 슈미트가 지켜보고 있었다. "정말로 치열하게 싸우고들 있군." 그가 딱히 누구에게랄 것도 없이 말했다. 그 뒤 그가 휴대전화를 꺼내 사진을 찍었다.

슈미트는 원래 하이−z 팀의 리더로서 9년 전 물리학자들을 미로같이 복잡한 길로 보내 결국 이 칠판에 이르게 한, 암흑에너지 천문학자들 가운데 하나였다. 이제 그는 이론가들의 소굴로 들어가 있었다. 온타리오의 해밀턴 근처에 있는 맥매스터대학교에서 열린 4일간의 학회와 함께 암흑에너지에 관한 1주일의 회의가 시작되었을 때, 다른 천문학자 몇 명도 참석했다. 그러나 오늘은 그 장소가 북서쪽으로 70킬로미터 떨어진 온타리오 워털루의 페리미터연구소로 바뀌었으므로 참석자들 수가 상당히 줄어 있었다. "이제 남은 천문학자는 나밖에 없군요." 슈미트가 페리미터 행사의 주최자에게 이렇게 말하자 뜻밖의 대답이 돌아왔다. "아니, 혼자가 아니에요. 로키도 있잖아요?" 슈미트가 소리 내어 웃었다.

로키 콜브는 슈미트가 대단한 이론가인 것 못지않게 대단한 천문학자였지만, 슈미트는 하루 전날 있었던 강연에서 스스로를 골수 천문학자로 생각한다고 주장했다. 1990년대 중반 슈미트가 하이−z 팀의 결과들을 출간할 책임을 위임했을 때, 어떤 이론가가 그에게 '상태 방정식 equation of state'에 관한 논문을 포함시켜야 할 거라고 제안했다. 그러자 슈미트가 어깨를 으쓱해 보이더니 흔쾌히 '좋다'라고 말하고는 이전에 하버드에 있을 때 자신과 연구실을 함께 썼던 숀 캐럴에게 그 주제에 대한 조언을 부탁했다. 당시 슈미트는 '상태 방정식'이라는 용어가 무엇을 의미하는지도 몰랐다. 그러나 이제 이 주에 열린 학회(2007년 5월)뿐 아니라 모든 다른 암흑물질 학회에서 모든 사람이 논의하고 싶어 하는 건 그것밖에 없는 것 같았다.

우주론은 새로운 수를 갖고 있었다. 오메가가 질량 밀도를 수량화하는 것처럼, 상태 방정식은 에너지 밀도, 특히 에너지 밀도에 대한 압력의 비율을 수량화했다. 우주론자들은 그것을 ω로 표기했다. 어떤 우주상수는 ω가 정확히 −1임을 의미할 것이다. 그러나 아인슈타인의 람다는 주어진 공간의 부피가 단위 부피당 고유의 에너지량을 가져야 하며, 이 에너지가 우주를 가득 채우고 시간에 따라 일정하게 유지된다고 제안한다. −1이 아닌 ω는 제5원이었다. 그것은 다른 일을… 할 것이다.

그 발견을 한 지 10년이 되어가자, 암흑에너지 학회 수는 증가하기만 했다. 슈미트는 호주에 살았던 터라 어디를 가려면 지구 반 바퀴를 여행해야만 했다. 이틀 전날 밤에 저녁 식사를 할 때 그는 동료들에게 이렇게 농담했다. "1년 동안 내가 여행한 거리의 평균속도는 시속 70~80킬로미터라네." 그러나 장소는 거의 중요하지 않았다. 참석자들에게 그 학회들과 메시지는 놀라울 정도로 유사해지고 있었다. 동일한 합창단이 동일한 주제에 대한 변주곡을 전달하고 있는 셈이었다. 마이클 터너나 솔 펄머터는 여기서, 로키 콜브나 애덤 리스는 저기서, 그들 모두가 답을 찾고 있었지만 성과가 없었다. 그야말로 흉작이었다.

그래도 어떤 학회에 참석해야 한다면, 페리미터연구소에는 와인을 주문할 경우 바텐더가 와인 목록을 제시하는 대리석 바가 있었다. 슈미트는 찬성했다. 그는 1994년에 하이-z 공동연구팀의 조직을 도운 이후 13년이 흐른 뒤, 투지 넘치는 포스트닥터 연구원에서 포도원 주인으로 변신해 있었다. 페리미터연구소는 블랙베리BlackBerry 스마트폰을 만든 캐나다 통신기기 제조업체인 리서치 인 모션Research In Motion Limited, RIM의 창립자 마이크 라자리디스의 1조 달러 기부로 2000년에 문을 열었다.

주요 원칙은 많은 연구소들처럼, 이론가들에게 집중적으로 생각할 수 있는 장소를 제공하는 것이었다. 페리미터의 경우 그 차이는 자유가 즐거움에 부속된다는 것이었다. 그 건물은 전면유리와 노출된 콘크리트가 번갈아 나타났다. 관리자와 이론가들이 4층짜리 고대 로마식 건축물의 안뜰을 사이에 두고 떨어져 있었다. 이론가들은 카페에 들러 점심을 먹을 수도 있고, 혹은 연구실에서 룸서비스를 주문할 수도 있었다.

맥매스터에서 그 주의 초반은 평소처럼 100명 남짓한 참석자들이 앉아 있는 강당에서 잇달아 강연을 하는 학회 스타일 발표들로 진행되었다. 그러나 그 주의 페리미터 순서는 워크숍이 될 것이다. 강연 도중 자유롭게 의견을 개진할 수 있고, 더 작은 그룹으로 모여 자유롭게 토론할 수도 있으며, 복도와 모퉁이와 테라스, 그리고 블랙홀 카페에서 스낵과 커피와 음식을 놓고 대화를 나눌 수도 있는 형태 말이다. 페리미터에서의 첫날 저녁 식사 때, 천문학자 슈미트와 하이델베르크대학교의 이론가 크리스토프 웨테리히Christof Wetterich는 콜브가 그날 오후 맥매스터에서의 마지막 강연에서 구분했던 것에 대한 논의에 빠져들었다.

콜브는 그 강연을 우주모형에 대한 과학자들의 생각을 고찰하는 것으로 시작했다. 코페르니쿠스 시대의 천문학자들(반드시 코페르니쿠스 자신일 필요는 없다)에게 우주모형은 수학적 의미는 있지만 실재와는 무관한 어떤 세계에 대한 표현이었다. 우주의 중심에 태양이 있는지 지구가 있는지는 중요하지 않았다. 중요한 것은 어느 천체가 우주모형의 중심에 있는게 수학적으로 더 유용한가였다.

오늘날의 과학자에게는 그렇지 않았다. 지난 400년에 걸쳐 과학자들은 증거의 축적으로 지구 중심 모형과 태양 중심 모형 중 어느 모형이 더 옳은지를 말해줄 수 있음을 알게 되었다. 오늘날 천문학자들은 우주모형을 만드는 일을 '실재 자체'를 손에 넣으려는 시도로 여긴다고 콜브는 말했다. "우리는 정말로 암흑물질이 실재하며, 암흑에너지 또한 실재한다고 생각합니다." 만약 그것들이 어떻게든 존재하지 않는 것으로 드러난다고 해도 괜찮았다. 그러나 "우리가 시험해야만 하는 게 바로 그것입니다."

슈미트는 블랙홀 카페에 앉아 와인 한 모금을 마시고 풍미가 좋다고 말하고는 자신은 로키와 의견이 다르다고 반박했다. "실재란 없어요." 그가 웨테리히에게 말했다. "그저 예측만 있을 뿐이지요."

웨테리히는 자신은 로키와 의견이 같다고 말했다. 자신의 주장을 관철하기 위해, 그는 물 잔을 들어 올리고는 이렇게 말했다. "내가 만약 이걸 떨어뜨리면 테이블로 떨어지겠죠."

슈미트가 고개를 가로저었다. 그렇다, 역사 내내 모든 잔은 손을 놓으면 떨어졌음을 그는 인정했다. "그러나 한 번쯤은 그렇지 않을 수도 있지요. 당신은 그저 그게 그렇게 될 거라고 예측할 수 있을 뿐입니다. 아주 높은 신뢰 수준으로 말이지요." 그가 덧붙였다.

"난 그게 떨어질 거라고 믿어요." 웨테리히가 말했다.

슈미트가 어깨를 으쓱해 보였다. "난 그렇게 되지 않기를 바랍니다."

실재의 의미를 따지는 일은 철학자들에게 맡겨두는 게 최선인 것처럼 보일지 모르지만, 철학처럼 그것도 항상 물리학자들의 영역이었다. 고대인들은 '실재'를 손에 넣을 수 없다고 생각했으므로 외형을 구현하기로 결정했다. 일단 갈릴레오가 코페르니쿠스의 태양 중심 체제가 옳다는 경험적 증거를 제공하고, 뉴턴이 수학을 체계적으로 정리하자, 과학자들은 종이에 쓰인 방정식들이 근사한 실재 이상의 일을 할 수 있음을 이해했다. 즉 하늘에서 찾을 수 있다면, 종이에서도 포착할 수 있을 것이다. 이것이 바로 콜브가 주장하려던 요지다.

그 뒤 아인슈타인이 나와서 그런 과정을 역전시켰다. 만약 종이에 쓸 수 있다면, 하늘에서도 찾을 수 있을 것이다.* 만약 방정식이 서로에 대해 움직이는 두 관측자에게 시간이 다르게 지나간다거나 중력이 빛을 휘게 한다고 말해준다면, 그게 바로 자연이 하는 일이었다. 아인슈타인은 그러한 예측들을 검증해야만 함을 인지했다. "경험은 물론 수학적 구조물의 실제 효용성을 판단하는 유일한 기준이다." 이것이 웨테리히가 주장하려고 한 요지다. 만약 자연에서 어떤 예외가 발견된다면, 이론을 조정하거나 버릴 것이다. 그러나 아인슈타인은 자신의 경험을 통해, 웨테리히가 슈미트에게 주장하려고 한 요지를 주장해나갔다. "나는 고대인들이 꿈꾸었던 것처럼 순수하게 생각하면 실재를 이해할 수 있다고

---

*더 정확히 말해 아인슈타인은 이것이 물리학자들이 이미 따라왔던 논리라고 주장했다. 그들은 그저 몰랐거나, 아인슈타인의 초기 상황을 비롯한 어떤 경우에는, 그 사실을 인정하지 않으려 했을 뿐이다.

생각한다."

슈미트와 웨테리히는 그 논쟁의 결말을 지으려고 하지 않았다. 그 논쟁은 오래되었다. 그 논쟁은 끊임없었다. 그러나 슈미트에게는 그 논쟁이 개인적이기도 했다. 1998년에 그는 유리잔을 손에서 놓았고 그것은 위로 올라갔다.

그 발견이 아무리 대단했다고 해도, 인간의 반발은 때로 슈미트를 무겁게 짓눌렀다. 이번에도 그랬다. 그해 봄 맥매스터와 페리미터 학회 직전, 슈미트는 피터 & 패트리셔 그루버 재단-아마도 월스트리트의 부로 만들어진 자선단체-으로부터 그와 솔이 우주론 분야에서 50만 달러의 상금이 걸린 그해의 그루버 상을 받게 되었다는 말을 들었다. 그들이 이제 훌륭한 사람들과 어깨를 나란히 하게 된 것이다. 짐 피블스와 앨런 샌디지는 2000년에 최초의 우주론 그루버 상을 공동수상했다. 이 상을 받은 다른 수상자들로는 2002년에 베라 루빈을 비롯해서, 2004년에 앨런 구스와 안드레이 린데 등이 있었다. 2007년 상의 공동수상은 이해할 만했다. 과학계의 불문율에 따르면 브라이언 슈미트는 하이-z 팀의 거물이었다. 그러나 그 팀은 고의로 저 불문율을 바꾸려고 노력해왔고, 슈미트는 여전히 시도하고 있었다. 1주일 내내 그는 그 재단과 협상을 벌였고 애덤 리스가 하이-z 팀의 〈가속도의 발견〉 논문의 저자라는 이유로 그를 수상자 목록에 추가할 것을 요구했다.

거기에는 학문적 업적 이상의 뉘앙스가 있었다. 한때 펄머터가 어떤 학회에서 발표하는 동안, 닉 선체프가 로버트 커슈너에게 고개를 돌리고는 이렇게 속삭였다. "솔은 이 분야에 노벨상이 있다고 생각해요."

커슈너가 선체프를 흘끗 보았다. "있지!"*

그루버 상은 어떤 면에서 노벨상의 골든글로브였다. 전해인 2006년에 우주론의 그루버 상은 존 매더와 COBE 팀에게 돌아갔다. 그리고 몇 달 뒤 노벨 물리학상은 매더와 COBE 공동연구자인 조지 스무트에게 돌아갔다. 가속의 발견이 노벨상을 받을 가치가 있음은 큰 논란거리가 아니었다. 논란이 된 것은 그 발견을 누가 했는가였다. "솔이 노벨상을 받을 거야." 알렉스 필리펜코는 어깨를 으쓱하며 이렇게 말하곤 했다. "난 그저 노벨 위원회가 올바른 일을 해서 그 상을 브라이언과 애덤에게도 주기를 바랄 뿐이야. 그래야 공평한 일이 될 거야. 그렇지?" 이 마지막 말은 그에게 도전하는 사람이 있는 것처럼 들렸고, 어떤 의미에서는 정말로 그랬다.

두 팀은 그 발견이, 리스의 말대로, "공유할 수 있을 만큼 크고 훌륭하다"는 것을 오래전에 비공식적으로 동의했다. 일반적인 해석은 1998년 초에 두 팀이 독립적으로 동일한 놀라운 결론, 즉 우주의 팽창이 가속하는 것처럼 보인다는 결론에 도달했다는 것이었다. 2006년 6월에, 펄머터와 리스와 슈미트는 자신들이 천문학 분야에서 쇼 상을 받게 되었음을 알게 되었다. 그 상의 수상자는 2002년 홍콩 언론계의 거물인 런 런 쇼 경 Sir Run Run Shaw이 기부한 100만 달러의 상금을 받았다(짐 피블스도 2004년 여기서 처음 받았다). 지금까지는 좋았다. 그러나 그다음 달인 2006년 7월, 안토니오 펠트리넬리 국제 물리학과 수학과학 상이 펄머터… 오직 펄머터에게만 돌아갈 거라는 발표가 나왔다. 이 상은 갈릴레오 시대부터 시작

---

*아니 어쩌면 커슈너를 비롯한 일부 과학자들이 종종 즐겨 쓰듯이, '노오상'이라고 말했는지도 모른다. 명백히 과학도 중세의 미신을 그렇게 많이 멀리할 수는 없는 것 같다.

되어(수 세기의 중단에도 불구하고) 약 31만 5,000달러의 상금을 주는 상으로, 이탈리아 국립 린체아카데미, 혹은 스라소니 아카데미가 5년마다 한 번씩 수여한다.

하이-z 팀의 멤버들은 이 소식을 버클리연구소LBNL의 '홍보 기계'가 그 임무를 충실히 해냈다는 증거로 해석했다. 그들은 1992년에 조지 스무트가 공개 발표를 하기 전에 COBE 결과를 공표하지 않기로 한 약속을 어떻게 어겼는지 여전히 기억했다. 설상가상으로 매더가 그 프로젝트에 관한 어떤 책에서 썼듯이, LBNL의 보도자료는 "NASA에게 그저 내친 김에 말했을 뿐이며 조지 이외에 COBE 과학 연구그룹의 어떤 멤버도 언급하지 않았다." 이제 하이-z 팀의 멤버들은 LBNL의 홍보실이 솔에게 과잉 충성을 해서, 그를 필리펜코의 표현으로 "마치 신이자 가장 위대한 인물처럼 보이게" 만들까 봐 두려웠다. LBNL 홍보실은 어디에 있든 영향력 있는 사람은 누구에게나 SCP 팀이 1998년 1월 1일자 〈네이처〉 지나, 1998년 1월 8일에 열린 미국천문학회AAS 기자회견, 혹은 아마도 1998년 1월 9일의 AAS 포스터에서 우주의 가속 발견을 발표했다고 믿게 했다.

그러나 SCP 팀 멤버들은 오래전부터 하이-z 팀이 자신들을 믿지 않으려 한다고 생각했다. 2001년 두 팀 모두의 유일한 천문학자로서 필리펜코의 경험을 담은 글이 〈태평양 천문학회지Publications of the Astronomical Society of the Pacific〉에 실렸다. 다음 해에 로버트 커슈너는 자신의 개인적 이야기를 담아 《터무니없는 우주Extravagant Universe》라는 책으로 출간했다. 마이클 터너가 〈사이언스〉 지에 커슈너의 책에 대한 서평을 쓴 뒤, LBNL의 로버트 칸이 터너에게 이렇게 말했다. "글쎄, 하이-z 팀이 결과를 발표한 후 솔은 이것을 진정으로 이해하기 위해 우주 실험을 설계하기 시작했고, 커슈너는 회고록을 쓰기로 했다는 게 뭔가 이상해." 칸은 SCP를 커슈너의 염려로부터 방어하느라 애쓴 경험, 커슈너가 펄머터의 HST 계획을 추인하는 모습들을 생생히 기억하면서 여전히 끓어오르는 분노를 삭이지 못하고 말했다. 아니, SCP 공동연구팀의 어떤 멤버가 그 팀 전체의 반응을 요약해서 말했듯이 "하이-z 팀의 해명들은 미시시피 강의 다른 쪽을 인지하지 못하고 있다." 펄머터는 LBNL 홍보과에 그 발견의 선점 과정을 말해주는 자료를 수집해서 그게 가장 유용해질 날을 위해 보관해두라고 부탁했다.

그 발견의 10주기가 다가오면서 더 팽팽한 긴장감이 감돌았다. 그 기념일을 '축하'하는 어떤 우주론 학회에서, 거슨 골드하버는 1997년 가을에 자신이 만든 막대그래프를 중심으로 그 발견의 역사를 개관했다. "제가 이 날짜들을 언급하는 것은 그 발견 날짜가 어떤 중요성을 갖기 때문입니다." 그는 이렇게 말하고 펄머터가 그해 말에 한 세미나에 대해 언급했다. "이제 문제는 '누가 그 모든 걸 기억하는가?'입니다. 자, 솔의 강연은 비디오테이프에 녹화되었고 제가 그 비디오테이프를 갖고 있습니다."

그다음엔 리스가 나섰다. 그는 골드하버의 생일을 축하한다는 말로 발표를 시작했다. 골드하버는 고개를 끄덕여 청중의 갈채를 받았다. 그 뒤 리스는 1998년 1월에 그의 팀이 주고받은 이메일 일부를 보여주었다. 그리고 〈사이언스〉 지가 UCLA 회의에서 필리펜코의 강연에 대한 기사를 출간한 날에 〈맥닐-레러 뉴스아워 McNeil–Lehrer NewsHour〉에 실린 자신의 기사 내용 스크랩을 보여주었다.

다음 날 아침, 이번에는 펄머터 차례였다. 그는 과거에 초점을 맞출 계획이 없었다는 말로 시작했다. 그러나 1998년 1월 9일에 자신의 팀이, 그가 AAS 기자회견에 참석한 것을 다룬 〈샌프란시스코 크로니클〉의 일면 기사로 '〈맥닐 – 레러〉와 동등한' 순간을 가졌음을 입증하고 싶어 했다. 비록 그가 저 기간 동안 주고받은 이메일들을 갖고 있지는 않지만, 정말로 그들과 '동등한 순간'이 있었다. 그는 1997년 가을 그 팀이 한 회의와 관련한 간단한 메모들도 보여주었다.

"친애하는 솔에게", 밥 커슈너는 2007년 1월 12일자 편지를 이렇게 시작했다.

나는 사람들이 종종 1년의 마지막 날에 하듯이 2008년을 꿈같이 생각합니다.

이런 한가하고 바보 같은 행동의 일환으로, 나는 쇼 상 사이트에 들어가 보았습니다. 이 상이 대단한 것이라고 생각하며 우주의 가속이 인지되어서 매우 기쁘다는 말씀을 다시 한 번 드리고 싶습니다. 귀하는 자랑으로 여길 만한 일을 많이 했으며, 나는 애덤과 브라이언과 우리 나머지 연구자들이 해온 일에 대해서도 똑같이 자랑스럽게 느낍니다.

그러나 한 가지 나를 깜짝 놀라게 한 게 있었는데 나는 그 생각을 머릿속에서 떨쳐버릴 수가 없습니다. 내가 귀하에게 이렇게 편지를 쓰는 건 바로 그 때문입니다.

수년에 걸쳐 브라이언 슈미트는 커슈너가 1990년대 초에 열린 여러 학회에서 슈미트의 논문 작업을 홍보해준 것이 어떤 거물이 하는 일의 일부임을 깨달았다. 그들 두 사람이 공로 지정에 대한 의견이 얼마나 많이 다르든 간에 그것은 학계에 신참자의 업적에 대한 소문을 내는 것이었다.

이제 커슈너는 하이-z 팀의 업적에 관해서도 그와 유사한 일들을 흉내내어 SCP 팀을 지지하는 것 같은 내용에 이의를 제기하는 편지와 이메일들을 잡지와 신문에 뿌려댔다.

이 경우 그는 펄머터가 쇼 상 웹사이트에 올린 미니 자서전에 대해서, 특히 아래와 같은 내용에 이의를 제기했다. "우리는 AAS의 1998년 1월 학회에서 이 결과들을 발표했다. 우리 팀과 브라이언의 팀-쇼 상의 공동 수상자인 애덤 리스를 포함하는-모두 그해 초에 열린 여러 학회에서 일치하는 결과들을 독립적으로 발표했기 때문에, 그해 말쯤엔 과학계의 대부분이 이 놀라운 발견들을 받아들였다." 커슈너는 펄머터가 '발표하지 않았다' '발표하지 않았다' '발표하지 않았다', 그리고 추가로 1998년 1월에 가속에 대해서는 '어떤 발표도 하지 않았다'는 자신의 결론을 뒷받침하기 위해 장장 7장에 걸쳐, 1998년 1월 8일의 LBNL 보도자료는 물론 언론 기사와 책을 계속 인용하면서 빽빽이 써내려갔다.

커슈너는 펄머터에게서 답장을 받지 못하자, '귀하'에게 한 인사말과 언급들을 빼고 편지를 수정했다. 그리고 2007년 2월 27일에 그 편지를 자신의 하버드 웹사이트에 '암흑에너지의 발견에 대한 생각들'이라는 제목으로 올렸다.

"친애하는 밥에게", 펄머터가 마침내 2007년 6월 12일자로 답장을 했다.

학기가 끝났으니, 귀하가 우리의 1998년 AAS 과학 발표와 기자회견에 관해서 보낸 9쪽의 편지에 대해 말씀드리고자 합니다. 제가 앞서 보내드린 이메일에서 언급했듯이 저는 귀하의 편지를 받고 대단히 놀랐습니다. 사실 저는 전에 원래의 하이-z 팀 몇몇 멤버들에게 우리의 1월 발표를 하이−z 팀의 마리나 델레이 발표보다 '더 약하다'거나 '더 모호하다'고 언급하는 것을 중단해달라고 요청하는 이메일을 드렸어야 한다고 생각해왔습니다. 왜냐하면 이런 표현이 옳지 않다고 생각하기 때문입니다. 그러나 귀하의 이메일을 받기 전에 저는 우리가 1월 회의에서 '어떤' 실제적인 결과들도 제시한 적이 없다는 제언이 있었다는 말을 들어본 적이 없습니다(명백히 어느 그룹의 논문이 먼저 출간되었는가에 대해서는 의문의 여지가 없지만, 귀하는 여기서 제가 생각하기에 역사를 왜곡시키는 더 노골적인 주장을 하고 계신 게 분명합니다).

이 논쟁은 결국 '발표'라는 단어의 의미로 귀착하고 있었다. 한 달 뒤 펄머터의 편지에 대한 답변으로, 커슈너는 곧 그 문제를 중점적으로 다루었다. "귀하는 1998년 1월의 AAS 회의에서 가속하는 우주를 '발표'하셨습니까 하지 않으셨습니까? 귀하께서는 쇼 웹사이트의 자서전에서 '발표를 했다'고 주장하고 있습니다. 그것도 두 번씩이나. 귀하의 편지가 입증해야 하는 것이 바로 그것입니다. 귀하의 편지를 읽은 뒤, 저는 이것이 옳지 않음을 훨씬 더 확신합니다." 그리고 그는 계속해서 또다시 장장 7쪽에 걸쳐, 〈샌프란시스코 크로니클〉에 '우주는 점점 더 커지고 점점 더 빨라질 것이다 – 영원히'라는 제목의 글을 기고한다. 이를 통해 SCP 팀의 연구가 '팽창이 가속되기 시작'함을 '암시하는 것처럼 보인다'고 보고한 샤를 프티의 일면 기사를 포함하여, 펄머터가 자신의 6월 편지에 포함한 언급들에 대해 논박할 뿐 아니라 이전과 동일한 언론 기사 일부를 인용했다.*

이번에는 펄머터가 답변을 하지 않았다.

10주년 기념일 이전 기간 동안에는 팀 내에서도 긴장감이 점점 고조되었다. 심지어 펄머터와 농담을 주고받던 2007년에도, 커슈너는 일부 공동연구자들 사이에 불화를 심어놓았다. 애스펀 물리학센터에서 열린 '초신성과 가속하는 우주'라는 강연을 위해 커슈너는 '중요한 발전들의 연대표'를 발표했다. 하이-z 그룹을 여러 번 언급했으면서도 브라이언 슈미트에 대해서는 딱 한 마디만 했을 뿐이다. 게다가 그 한 마디조차도 커슈너가 '너무 많은 것을 자신의 공로로' 삼는다는 일부 팀 멤버들의 생각을 강화시키기만 할 뿐인, 거의 생략에 가까운 표현이었다.

SCP 팀도 이 제 살 깎아먹기를 면치 못했다. 거슨 골드하버는 자신의 발견 역사를 배부했다가 그가 그 발견을 자신의 것으로 주장한다고 느끼는 일부 SCP 공동연구자들의 불평들을 수용해서 수정을 거쳤다. 그러나 골드하버는 "우리 팀이 그것을 먼저 발견했고, 나는 우리 팀을 위해 그것을 발견했다"며 은밀히 자신의 이야기를 고수했다.

10주기 준비의 일환으로, 리스의 홈그라운드인 우주망원경과학연구소STScI가 언론의 날media day을 후원했다. 펄머터는 그 행사를 위해 서부 해안에서 날아갔다. 1주일 뒤 〈뉴스위크〉 지는 암흑에너지 관련 기사를 실었는데, 이 기사는 리스가 1997년에 한 음의 질량을 갖는 우주의 계산을 재조명하는 것으로 시작해서 우주상수에 관한 커슈너의 말을 인용했다. 펄머터와 SCP 팀뿐 아니라 리스 이외에 어떤 다른 발견자의 존재에 대해서도 전혀 언급이 없었다('그리고 그의 동료들'이라는 언급 이외에).

---

*프티는 자신의 기사가 실린 날 책상 앞에 앉아 사람들이 그동안 이 대형 뉴스를 어떻게 보도해왔는지 알아보려고 다른 신문들과 매스컴을 찾아보았다. 그러나 전혀 찾지 못하자 '대체 어떻게 된 일이지?'라고 생각한 일을 떠올렸다.

그것은 효과가 있었다. 펄머터는 LBNL 홍보실에 연락을 취했다. SCP 판 암흑에너지 발견의 역사를 공개할 때가 된 것이었다. 그 직후 LBNL 웹사이트에 그 역사가 3부 시리즈로 올라왔다. 1부는 이렇게 시작되었다. "LBNL에 본거지를 둔 국제 SCP 팀 리더인 솔 펄머터가 1998년 1월 8일에 우주의 가속 팽창에 대한 증거를 처음으로 발표했다…."

케임브리지의 하버드 스퀘어에서 가든 스트리트로 800미터쯤 떨어진 거리에 있는 어떤 연구실에서는 누군가가 떨리는 손을 키보드로 뻗었다.

새로운 물리학

소위 지식인이라는 사람들이 이렇게 치고받고 싸우는 행태는 슈미트나 두 팀의 어떤 다른 멤버도 바라는 바가 아니었다. 그리고 이제 그들이 과연 자신들의 분야를 자랑스럽게 한 것인지도 장담할 수가 없었다.

〈근본주의 물리학, 암흑에너지가 왜 천문학에 나쁠까Fundamentalist Physics: Why Dark Energy Is Bad for Astronomy〉. 제목만 보아도 그 논문은 관심을 끌기에 충분했을 것이다. 저자가 독일 막스 플랑크 천체물리학연구소의 역대 소장들 가운데 한 명인 사이먼 화이트란 사실도 그 내용을 진지하게 고찰하게 했을 게 틀림없다. 암흑에너지가 천문학에 나쁘다는 사실을 학계가 불가피하게 생각한 논거들을, 이 논문이 제시했다는 것도 센세이션을 일으켰다.

그 논문은 〈물리학 발달 보고서Reports on Progress in Physics〉라는 저널 출간에 앞서, 그리고 맥매스터 학회와 페리미터 워크숍 직전인 2007년 4월에 온라인에 올라왔다. 그루버 상에 대한 논쟁처럼, 이 논문도 그 주에 슈미트의 시선을 끌었다. 다른 모든 사람이 그 논문에 대해서 말하고 있을 뿐 아니라 화이트가 말한 내용의 대부분에 그가 공감했기 때문이었다. 화이트 주장의 핵심은 천문학과 입자물리학이 전혀 다른 문화를 갖고 있다는 것이었다. 천문학자들은 사례 연구를 기초로 해서 우주의 복잡성을 탐구하는 '일반주의자들'이라고 화이트는 말했다. 입자물리학자들은 '궁극적인 기초' 즉 '진리'를 짜내겠다는 바람으로 우주의 복잡성들을 비틀어 짜는 '근본주의자들'이었다. 그는 "암흑에너지는 기본 이론의 심오한 양상들을 반영하지만 오직 천문학적 관측을 통해서만 이해할 수 있는 것처럼 보이는 그들 사이의 유일한 연결고리"라고 썼다.

과학자들이 지난 400년에 걸쳐 다듬어온 자연을 연구하는 요구 - 반응 call-and-response 시스템인 이론과 관측에서, 우주의 암흑 영역은 돌발을 의미했다. 코페르니쿠스의 태양 중심 이론은 갈릴레오의 목성과 금성 관측으로 귀결되었고, 뉴턴의 만유인력 이론에 영감을 주었다. 그것은 다시 위성과 행성과 별들에 대한 200여 년의 연구로 귀결되었고, 아인슈타인의 일반상대성이론에 영감을 주었다. 그것은 팽창하는 우주 관측으로 귀결되었고, 다시 빅뱅이론에 영감을 주었다. 그것은 다시 CMB 관측으로 귀결되었고, 유형 Ia 초신성 관측으로 귀결되었다. 이제…그것은 무엇에 영감을 주었을까? 정확히 이론이라고 하기는 어렵지만 아직 이론이 되는 과정에 있다고 할 수 있는, 암흑에너지, 바로 그것이었다.

"우리는 여러분의 도움이 꼭 필요합니다." 슈미트는 두어 해 전에 또 다른 우주론 학회에서 청중 속에 있는 이론가들에게 이렇게 요청했다. "여러분에게 무엇이 필요한지 말씀해주시면, 우리가 나가서 여러분을 위해 그것을 찾아오겠습니다."

이런 요구에 대한 가장 간결한 반응은 과거 그의 연구실 동료였던 이론가 숀 캐럴이 또 다른 우주론 회의에서 한 말이었다. "우린 전혀 모릅니다."

전혀 모르지만, 아이디어가 없는 건 아니었다. 애덤 리스는 과학자들이 논문을 게재하는 어떤 인터넷 사이트를 매일 조사했다. 그는 결정적으로 '심오한 이론'을 제시하는 논문을 바랐지만, 대부분의 논문이 '상당히 기이하다'는 것을 알았다. 솔 펄머터는 대중 강연을 파워포인트 그림으로 시작하는 걸 좋아했다. 암흑에너지에 관한 논문들은 계속해서 쌓여갔고, 마침내 한 화면에 있는 논문 개수가 수십 개까지 늘어났다. 슈미트는 얼마나 많은 논문이 원래의 암흑에너지 논문들을 인용했는지 온라인으로 조사했고 3,000개나 된다는 것을 알았다. 그리고 그 가운데 2,500개가 이론이었다. 그는 맥매스터에서 강연할 때, 어떤 친구가 최근의 문헌에서 발췌한 암흑에너지 후보 목록을 포함시켰다.

추적 제5원, 일승 제5원, 이승 제5원, 준-남보-골드스톤 보손 Pseudo-Nambo-Goldstone Boson 제5원, 홀로그램 암흑에너지, 우주 끈, 우주영역 벽, 액시온-광자 결합, 유령 암흑에너지, 카다시안(스타트렉에 나오는 외계인 - 옮긴이) 모형, 막 brane 우주론(여분의 차원), 반데르발스 제5원, 딜라톤, 일반화된 카플리진 Chaplygin 가스, 제5원 급팽창, 통합 암흑물질과 암흑에너지, 초지평섭동 superhorizon perturbation, 물결우주, 여러 가지 수비학 numberlogy, 제5원, 일반진동모형, 밀른-보른-인펠드 Milne-Born-Infeld 모형, k-에센스, 카멜레온, k-카멜레온, f(R) 중력, 완전유체 암흑에너지, 단열물질 생성, 변동 G 등, 스칼라-텐서 중력, 이중 스칼라장, 스칼라+스피노, 퀸텀 Quintom 모형, SO(1,1) 스칼라장, 5차원 리치

플랫Ricci flat 튐 우주론, 스케일링 scaling 암흑에너지, 라디온, DGP 중력, 가우스 – 보네 Gauss-Bonnet 중력, 타키온, 제곱 법칙 팽창, 유령 k – 에센스, 벡터 암흑에너지, 딜라톤의 유령응축 암흑에너지, 제5원 말다세나 – 마오츠 Maldacena Maoz 암흑에너지, 초 제5원, 진공 메타이상변이.

'진지해질 시간.' 검은 배경에서 짙은 청록색 글자들이 튀어나오는 파워포인트 슬라이드를 또 다른 학회에 참석한 우주론자들이 뚫어지게 보았다. 숀 캐럴은 동료 이론가들에게 명령을 내리는 책임을 떠맡았다. 캐럴이 설명했듯이, '온갖 터무니없는 생각들을 터놓던 시대'는 끝났다. 마이클 터너가 어떤 학회에서 일어나 '불합리한 충일'이라고 칭했던 1998년 이후의 저 무분별하던 시대는. 이제 아침이 밝아올 때가 되었다.

관측자들은 그들의 일을 해왔다. 그들은 초신성과, 약한 렌즈효과와, BAO와, 은하단과 CMB를 이용해서 학계가 동의할 때까지 점점 더 많은 가속의 증거를 찾았다. 그 효과는 진짜였다. 그 뒤에도 관측자들은 그들의 일을 계속하면서 암흑에너지가 제5원인지 우주상수인지 알아내려고 노력했다. 그리고 그들은 그들의 일을 계속했다. 그리고 더 계속했다. 화이트는 '암흑에너지는 피리 부는 사나이의 피리'라면서 천문학자들을 그들의 본거지에서 불러내어 고에너지 물리학자들을 따라 직업적 멸망의 길로 들어서게 한다고 썼다.

20년 넘게, 입자물리학은 우주에서 질량의 존재를 설명할 가설 입자인 힉스 보손 Higgs boson이라는 먹잇감을 좇고 있었다. 페르미연구소의 테바트론 Tevatron 가속기는 그 입자를 만들어내려고 애써왔다. 머지않아 제네바의 거대 강입자 충돌기 Large Hadron Collider가 그 입자를 만들기 위해 애쓸 것이다. 우주의 가속이 발견된 지 10년이 되었을 무렵, 천문학자들은 자신들이 또한 어떤 결과를 찾는 과학을 하고 있는 게 아닌가 생각하기 시작했다. 그것은 바로 ω였다.

슈미트는 자신이 천문학을 거대과학의 영역으로 안내하는 역할을 해왔음을 깨달았다. 두 초신성 탐색 팀은 모두 50명이 넘는 공동연구자들의 노력에 의존해왔다. 그러나 천문학이 경험하는 변화들은 어쨌든 일어났을 것이다. 연구 주제들이 점점 더 전문화되어갈 뿐 아니라, 초신성, CMB, 중력렌즈 효과 등으로 그 주제들에 대한 연구 수단 또한 전자기파의 주파수 별로 전문화되어가고 있다. 예를 들면 SPT가 그랬다. SZ 효과를 확인하려면 천문학자들이 특정한 서브밀리미터 파장을 이용해야 그 파장에서 벗어난 광자들이 남긴 '구멍'들을 탐지할 수 있었다. 1세대 만에 천문학은 산꼭대기에서 홀로 가시광선으로 사진을 찍던 시대에서 전세계 수십 명의 공동연구자들이 전자기 스펙트럼을 따라 점점 더 좁은 띠를 연구함으로써 다양한 전문화를 추구하는 시대로 넘어갔다. 비록 연구비 공급은 세계적으로 변함이 없었지만, 연구비 수요는 그렇지 않았다. 점점 전문화되는 연구 분야와 점차 다양해지는 연구 방법들은 동원 가능한 자원 부족을 초래했다.

그리고 암흑에너지 연구 같은 그런 자원들을 요구하는 것은 아무것도 없었다. ADEPT(찰스 베넷과 애덤 리스가 펄머터의 SNAP에 대응해서 고안한 우주 망원경)는 결국 BAO를 주요 관측 전략으로 채택했지만, 그것은 또한 유형 Ia 초신성도 편입시킬 터였다. SNAP은 그 임무를 유형 Ia 초신성에서 약한 렌즈효과로 확장했다. 어느 쪽이라도 위성 비용이 적어도 10억 달러는 될 것이다. NASA는 단 6억 달러를 예산으로 잡았을 뿐이지만.

"그건 쓸데없는 일입니다!" 한 천문학자가 어떤 암흑에너지 학회에서 NASA 대표에게 항변했다. "일을 제대로 하든지 아니면 아예 하지 마십시오. 그리고 만약 일을 제대로 할 생각이 아니라면, 그 돈으로 차라리 다른 일을 하는 게 나을 겁니다."

"끝까지 들어보세요." 강당의 앞자리에 앉아 있던 마이클 터너가 갑자기 버럭 소리를 질렀다.

슈미트는 경제학자와 결혼했기 때문인지 암흑에너지만 집중적으로 조사하는 우주망원경 아이디어에 대단히 실리적으로 접근했다. 이 임무가 그런 비용을 들일 가치가 있을까? 그것으로 얻을 수 있는 게 무엇일까? 학계가 암흑에너지에 집중함으로써 얼마나 좋은 과학이 발전하지 못할까? 만약 지금까지의 증거가, 암흑에너지가 제5원일 뿐 아니라 의심의 여지 없이 명약관화한 ─ 슈미트가 호주 저속어로 표현한 대로 '개의 불알처럼 적나라한' ─ 제5원임을 암시한다면 이런 물음들에 대해 답하기는 더 쉬웠을 것이다. 미묘하게라도 우주에 많은 변화를 일으키는 무언가를 연구한다는 것은 변함없이 똑같은 무언가를 연구하는 것보다 더 도전적이고 더 만족스럽고 아마도 우주의 비밀을 더 많이 밝히는 일이 될 것이다. 만약 오메가의 마법의 수가 1이었다면, 상태 방정식의 마법을 푸는 수는 ─1이었다. 왜냐하면 짐 피블스가 말했듯이 '그렇게 되면 그건 그저 하나의 수에 불과해서 우리와 전혀 무관하기' 때문이다.

그러나 암흑에너지가 발견된 지 10년이 되어가면서, 그 증거는 우주상수로 향하는 것처럼 보였다. 관측자들은 관측을 계속 하면 할수록 ─1에 점점 더 가까워졌다. 그 뒤 질문은 어떤 암흑에너지 학회의 회의 주제처럼 '우리가 얼마나 잘해야 할까?'가 되었다. 이것은 'ω가 ─1에 얼마나 가까워야 ω가 −1이라고 할 것인가?'와 같은 물음이었다. 그 회의에 참석한 이론가이자 패널이었던 로런스 크라우스는 파워포인트 슬라이드로 다음과 같은 주장을 폈다.

> 가장 합리적인 이론적 예측은 $\omega = -1$이다.
> 관측들은 $\omega = -1$이라고 암시한다.
> ω의 대략 측정값이 −1이라는 것은, 그러므로 우리에게 아무것도 말해주지 않는다.

그렇다면 관측자들이 ω를 찾지 말아야 할까? 그렇지 않다. "우리가 얼마나 잘해야 할까요?" 크라우스는 그 회의 주제를 되풀이하면서 이렇게 물었다. "우리가 할 수 있는 것보다는 잘해야 합니다! 여기 있는 사람들이 사는 동안 할 일보다 더 잘 해야만 합니다. 아마도 실험적으로 말이죠. 그리고 그게 바로 인생입니다. 알고 싶은 걸 알려주지 않는 것을 측정하면서 여생을 보낼 것 같지만, 그래도 여러분은 그 일을 계속해야 합니다. 그러나 2, 30년 동안은 이해할 수 없는 표준 모형을 갖게 될 각오를 해야 합니다." 그는 이론가들을 대표해서 기본적으로 관측자들에게 '여러분의 일을 계속하면 우리가 뒤쫓아 가겠다'고 말하고 있었다.

그들이 할 때까지(그들이 했다고 가정할 때!) 과학은 '터무니없는 우주'를 고수했다. 이 용어는 숀 캐럴이 기사와 강연과 논문과 블로그를 통해 널리 전파하는 데 일조한 것이다. 그것은 겉보기에 관측과 이론—하늘의 작용들과 종이의 방정식들—이 완벽하게 일치하는 듯 보이는 이점이 있는 우주였다. 초신성 관측과 CMB를 이용하고 일반상대성이론을 적용하면 정말로 오메가의 마법의 수인 1이 되는 우주가 되었다. 그러나 그것은 또한 그렇게 되지 않는 우주이기도 했다. 초신성 관측과 CMB를 이용하고 20세기 물리학의 다른 초석들인 양자이론을 적용하면 크기가 120차수나 줄어든 얼토당토않은 답을 얻었다.

그것은 암흑물질과 암흑에너지가 현대판 주전원이나 에테르임을 의미하지는 않았다. 그러나 그것은 말년의 아인슈타인을 30년 동안 열중하게 한 것과 똑같은 문제에 이론가들이 직면해야 한다는 의미였다. 그것은 바로 '매우 큰 물리학-일반상대성이론-을 매우 작은 물리학-양자역학-과 어떻게 조화시킬까'라는 문제였다.

이론가들은 두 이론을 동시에 사용할 수 있었다. 예컨대 호킹 복사가 그것인데, 스티븐 호킹이 아이디어를 낸 이 이론에 따르면 양자역학은 블랙홀의 지평선에서 가상 입자 쌍들의 존재를 규정한다. 반면 일반상대성이론은 때로 그러한 쌍들 가운데 하나는 그 가장자리를 넘어가 블랙홀로 들어가고 다른 하나는 '우리' 우주로 되튀어 나온다고 규정한다. 그러나 이론가들은 아직 두 이론을 결합시킬, 즉 0.7의 관측값을 10^{120}의 예측값과 일치시킬 방법을 알아내지 못했다. 두 이론을 모순되게 한 것, 즉 물리학이 효과가 없어지는 곳은 지난 4세기 동안 버텨온 물리학의 기초인 중력 자체였다.

물리학에서 중력은 초기-추론ur-inference이었다. 심지어 뉴턴조차도 연구를 해나가다 그것을 만들어냈음을 시인했다. 뉴턴은 중력의 영향하에서 작동하는 우주의 안정성에 대해 리처드 벤틀리에게 편지를 보낸 적이 있다. 여기서 그는 멀리 떨어진 두 물체 사이에 존재하는 인력의 개념이 "철학적 물질 속에 사고 능력이라는 성분을 갖고 있는 사람이라면 누구

눈에 보이는
것보다 적다

343

도 빠져들 수 없을 정도로 불합리하다"고 썼다. 거의 2세기 뒤, 독일의 철학자이자 과학자인 에른스트 마흐는 "뉴턴의 중력이론은 외관상 보기 드문 난해성에 기초하기 때문에 자연을 연구하는 거의 모든 사람들을 혼란에 빠뜨렸다"면서 이제 "그것은 흔한 난해성이 되었다"고 썼다.

아인슈타인은 중력을 두 물체 사이의 어떤 미스터리한 힘이 아니라 공간 자체의 성질로 정의함으로써 그것에 명료성을 부여했고, 물질의 존재와 공간의 기하학이 서로 의존적이도록 뉴턴의 방정식을 다듬었다. 암흑물질과 암흑에너지에 대한 해석들 대부분은 아인슈타인이 물질과 에너지를 놓은 쪽인 일반상대성이론 방정식의 오른쪽에서 나왔다. 그러나 모든 방정식에는 양쪽이 있고, 이 경우에는 다른 쪽에 있는 것이 중력이었다.

대부분의 천문학자들은 지난 1980년대 초기에는 수정된 MOND를 암흑물질에 대한 설명으로 간단히 처리했다. 그러나 2006년, 두 은하단의 충돌로 보통물질에서 떨어져 나오는 암흑물질을 '보여주는' 사진으로서 총알은하단 데이터가 공개된 이후, 그 옹호자들조차 멀어지기 시작했다. 총알은하단 데이터가 MOND와 조화를 이룰 수는 있었지만 그 나머지를 설명하기 위해서는 여전히 어떤 종류의 암흑물질이 필요했다. 그리고 그 순간 MOND가 간단함의 매력을 잃기 시작했다.

그러나 MOND가 타당하지 않다고 해서 일반상대성이론이 타당하다는 의미는 아니었다. 지난 1950년대에 로버트 디키는 아인슈타인의 이론을 시험하기 위해 프린스턴에 중력 그룹을 조직했고, 그의 노력들은 실험의 일반화에 일조했다. 블랙홀과 펄서와 중력렌즈 효과 같은 일반상대론 현상들의 증거를 발견하자, 그러한 노력들은 가속화될 뿐이었다. 그러나 암흑물질과 암흑에너지는 그러한 노력들을 더욱 절박하게 했다.

물리학자들은 매우 큰 규모에서 미치는 중력을 시험했다. 뉴멕시코 새크라멘토 산에서 아파치 포인트 천문대의 레이저로 달까지의 거리를 재는 루너 레이저 레인징 오퍼레이션 Apache Point Observatory Lunar Laser-ranging Operation, APOLLO은 초당 20회씩 달에 레이저 펄스를 쏘았다. 만약 어쩌다 구름이 지나가기라도 하면, 앨라모고도 상공의 보랏빛 여명에 마치 배트맨의 신호 같은 초록색 점 하나가 나타났다. 그렇지 않으면 레이저 빔이 38만 3,000킬로미터 떨어진 목표물―아폴로 우주비행사들이 특별히 이런 종류의 실험을 돕기 위해 40년 전에 달 표면에 심어둔 여행가방 크기의 거울 세 개 가운데 하나―까지 막힘없이 따라갔다. 레이저 빔을 쏠 때마다 그 빔에서 나온 광자들 가운데 몇 개가 반사면에서 되튀어 뉴멕시코까지 돌아오는 여행을 완성할 것이다. 전체 왕복 여행 시간은 2.5초 정도 된다.

바로 '정도'라는 말이 모든 차이를 만들었다. 광속 여행의 시간을 측정함으로써 연구자들은 매 순간마다 지구―달 사이의 거리를 측정해서 달의 궤도를 극도로 정밀하게 만들었다. 갈릴레오가 자유낙하의 보편성을 시험하기 위해 피사의 사탑에서 공을 떨어뜨렸다는 출처가 의심스러운 이야기에서처럼, APOLLO도 지구와 달을 태양의 중력장에서 떨어지는 두 개의 공으로 간주했다. 만약 달의 궤도가 아인슈타인의 예측에서 아주 조금이라도 벗어난다면 과학자들은 그 방정식들을 다시 생각해야 할지도 모른다.

또한 물리학자들은 매우 작은 규모에 미치는 중력도 시험했다. 21세기의 전환점까지 연구자들은 1밀리미터보다 작은 범위에서 중력을 측정하는 기술을 갖고 있지 않았는데, 이는 부분적으로 중력을 시험하는 것이 그저 두 물체를 서로 가까이 놓고 그 사이의 인력을 수량화하는 문제가 아니었기 때문이다. 온갖 종류의 다른 것들이 중력적 영향을 미치고 있을지도 모른다. 워싱턴대학교에서 시행된 일련의 보석상자 실험에서, 연구자들은 가까운 장비들의 금속을 비롯해서 실험실을 에워싼 다른 쪽 콘크리트 벽의 흙, 강수 후 토양에서 일어나는 수위의 변화(실험은 시애틀에서 진행되었기 때문에 변화가 꽤 많았다), 인근의 호수, 지구의 자전, 태양의 위치, 우리 은하의 심장부에 있는 암흑물질 등 많은 것을 고려해야만 했다. 그럼에도 그들은 중력 측정을 56마이크론, 즉 0.005센티미터 거리까지 좁혔다.

지금까지는 우주와 책상머리 모두에서 아인슈타인의 이론이 타당했다. 그리고 아인슈타인이 틀렸을 범위가 좁아질 때마다 또 다른 가설이 사라졌고, 브라이언 슈미트의 파워포인트 슬라이드는 비밀 이름 하나를 더 잃었다. 설령 아인슈타인의 이론이 타당하지 않다고 해도, 연구자들은 일반상대성이론을 개선할 필요가 있다고 인정하기 전에 먼저 달이나 태양의 질량 측정, 봄철 소나기 이후의 지하수 수위의 오류 같은 다른 가능성들을 제거해야만 할 것이다.

그렇다 해도 천문학자들은 위험을 무릅쓰고 중력을 당연한 것으로 받아들였음을 알았다. 중력이 왜 그렇게 약할까? 과학자들이 흔히 인용하는 예를 보자면, 전체 지구가 클립 하나에 미치는 중력적 인력이 왜 싸구려 잡화점에서 파는 자석으로 막을 수 있을 정도로 약할까?

일부 이론가들은 중력이 평행 우주의 잔재이기 때문이라고 제안했다. 이론가들은 흔히 이러한 우주들을 세포막에서처럼 '막'이라고 부른다. 만약 두 개의 막이 서로 충분히 가깝거나, 혹은 심지어 같은 공간을 차지

한다면 아마도 중력을 통해 상호작용할 것이다. 우리가 만약 그러한 다른 우주들로 들어갈 수 있다면 중력은 다른 세 힘들의 규모로 존재할 것이다. 평행 우주에서 강력한 힘인 것이 아마도 우리 우주의 암흑물질이나 암흑에너지 효과들의 원천일 것이다. 이런 이론들의 문제점은, 적어도 천문학자의 관점에서 볼 때는 그것들을 어떻게 시험하는가였다. 이론에는 시험 가능한 예측들이 필요하며 그렇지 않다면 진정한 과학 이론이 아니었다. 이론의 타당성은 결국 관측으로 귀결되어야만 한다. 그러나 우리 우주 너머에 있는 우주를 어떻게 관측할 수 있을까?

과학자들은 항상 자신들이 인식의 감옥에 갇혀 있음을 깨닫지 않을 수 없게 된다. 예컨대 만약 암흑에너지가 우주상수라면, 향후 1,000억 년 후 우주론자들이 보게 될 거라곤 한 줌의 은하들밖에 없으리라는 것은 사실이었다. 그러나 우리가 유사한 인식의 장벽을 만나기 위해 1,000억 년을 기다릴 필요가 없다는 것 또한 사실이었다. 급팽창은 이미 우주의 초기 조건들에 대한 어떤 흔적들이 영원히 우리의 인식 능력 너머에 있으리라는 것을 확실히 했다.

그러한 조건들은 인식에 도전한다는 면에서는 심지어 막도 무색해질 것이다. 만약 급팽창이 한 개의 양자 우주를 존재하게 할 수 있다면, 여러 개는 왜 안 되겠는가? 사실 양자이론에 따르면 그래야만 할 것이다. 만약 급팽창이 실제로 일어났다면 그렇게 될 것이다. 그러한 경우 우리의 급팽창 거품은 각각이 나름의 우주인 10^{500}개의 전체 급팽창 거품들 가운데 하나가 될 것이다. 그것은 100,000,000,000,000,000,000,000,000,000, 000,000,000,000,000,000,000,000,000,000,000,000,000,000,000,0 00,000,000,000,000,000,000,000,000,000,000,000,000,000,000,00

0,000,000,000,000,000,000,000,000,000,000,000,000,000,000,000,000,
000,000,000,000,000,000,000,000,000,000,000,000,000,000,000,000,0
00,000,000,000,000,000,000,000,000,000,000,000,000,000,000,000,00
0,000,000,000,000,000,000,000,000,000,000,000,000,000,000,000,000,
000,000,000개의 우주가 될 것이다. 우리의 우주가 자신들의 대단히 중대
한 실존을 숙고할 수 있는 생물들이 존재하는 데 적합한 람다 값을 가진
우주가 된 것은 그저 우연이었을 것이다.

이 시나리오는 어떤 면에서 베라 루빈이 석사학위 논문에서 펼치려 했
던 주장의 논리적 확장이었다. 지구는 돌고 태양계도 돌고 은하도 돈다.
우주는 왜 돌지 않겠는가? 마찬가지로 지구는 그저 태양을 공전하는 또
하나의 행성으로 드러났고, 태양은 그저 어떤 섬우주 안에 있는 또 하나
의 별로 드러났으며, 섬우주는 우주 안에 있는 또 하나의 은하로 드러났
다. 그러면 우주는?

1973년 무렵, 과학자들은 이런 아이디어에 '인류 원리anthropic principle'라
는 이름을 붙였다. 그러나 대체로 그런 생각을 탐탁지 않게 여겨서 그것
을 그냥 'A' 원리라고 불렀으며 심지어는 논의조차 하려고 하지 않았다.
아무리 터무니없다 해도 어떤 과학적 공론이 결국 어떤 예측으로 귀결
되어야만 한다면, 인류 원리가 대체 어떤 예측을 할 수 있겠는가? 우리 우주
너머에 헤아릴 수 없을 정도로 많은 우주들이 존재한다는 주장이 틀렸음
을 어떻게 입증할 수 있겠는가? 만약 그렇게 할 수 없다면 그런 아이디어
는 형이상학으로 분류해야만 한다고 비평가들은 말했다. 과학자들을 람
다−차가운 암흑물질−플러스−급팽창 우주로 안내한 것이 바로 세기
중반 우주론의 형이상학이었음을 무시할 때 말이다.

람다 발견 뒤에도 계속 이어진 인류 원리에 대한 저항은 CMB 발견에 뒤이은 균질하고 등방인 우주에 대한 이전 시대의 불편함과 유사했다. 그러나 그 뒤 균질성과 등방성이 설명을 얻었다. 바로 급팽창이었다. 아주 짧은 기간 동안 놀라운 성장을 겪은 우주는 정말로 우리가 어디에 있든 또 어디를 보든 똑같게 보일 것이다.

인류 원리도 마찬가지로 특별한 목적을 위해 만들어진 것이었다. 그러나 그게 어쨌단 말인가? "더 좋은 아이디어를 들어본 적이 있는가?" 처음에 짐 피블스 못지않게 균질하고 등방인 우주에 저항한 한 권위자는 2003년에 이렇게 썼다. "나는 이 인류 원리가 외형 구현이라는 특별한 목적을 위해 도입되었다는 불평들을 듣는다. 그러나 그건 Λ의 경우도 마찬가지다. 우주상수는 상당히 많은 현상을 구현하는 것으로 보인다." 낮은 람다 값에 대한 또 다른 설명에 관해서는 "아마도 무언가가 나타나야 할지도 모른다." 그러나 꼭 그럴 필요는 없었다. 급팽창 자체가 우주의 균질성과 등방성을 특별한 목적을 위해 만들어진 것에서 필수불가결한 것으로 끌어올렸기 때문이다. 어쩌면 10^{500}개의 다른 우주들의 존재에 대해서도 급팽창이 똑같은 일을 했는지 모른다.

그렇다고 인류 원리의 비평가들이 종종 비난하듯 그게 물리학의 끝이라는 의미는 아니었다. 급팽창은 우주들의 동물원을 예측했을지는 모르지만, 람다를 우주마다 변하게 하는 메커니즘을 설명하지는 못했다. 이론가들은 여전히 그러한 존재를 이해하기 위한 물리학을 만들어내려고 노력해야 할 것이다.

브라이언 슈미트와 솔 펄머터와 애덤 리스를 비롯해서 우주 가속의 증거를 찾아낸 수십 명의 다른 연구자들의 유산은 개인적 신랄함도, 그들

직업의 사회학적 변화도 아니며, 암흑에너지에 필요한 사고의 혁명이 될 것이다. 그리고 그 혁명에는 오랫동안 기다려온 일반상대성이론과 양자이론의 통합이 거의 확실히 필요하다. 그 혁명은 아인슈타인 방정식의 수정을 수반할 것이다. 그 혁명은 평행하거나 서로 엇갈리는, 혹은 사실상 무한한 우주들의 총체를 다룰 수 있을 것이다.

그러나 이 혁명이 결국 무엇으로 끝나든, 학회마다 연사마다 인지하고, 특종을 빼앗겼음을 알게 되었을 때의 디키의 추종자들처럼, 천문학이 그동안 저 밖에 존재하는 것의 대부분을 간과했음을 깨달았을 때의 베라 루빈처럼, 품위 있게 어깨를 으쓱해 보이며 감사하는 마음으로 받아들였던 것, 바로 그것이 필요할 것이다. '새로운 물리학.'

과학자가 우주에 남길 수 있는 더 위대한 유산이 무엇이겠는가?

트럼펫 팡파르에 이어 행진이 시작되었다. 케임브리지대학교 콤비네이션실 – 다른 곳에서는 사교실이라고 불리는 곳 – 의 중앙 복도에서 암흑에너지의 증거를 발견한 두 초신성 팀의 리더들이 위엄 있게 줄을 맞춰 행진했다. 안뜰 맞은편에는 뉴턴이 학생 시절에 사용했던 방들이 있었다. 근처에는 에딩턴이 아인슈타인의 일반상대성이론이 옳았음을 입증한 일식 탐험대를 계획한 천문대가 있었다. 많은 과학 학회에서는 장소가 중요하지 않았지만, 2007년 그루버 우주론 상을 수여하는 이번 행사에서는 장소가 중요했다. 초신성 데이터에서 이상한 무언가를 발견하고 10년 뒤, 하이–z 팀과 SCP 공동연구팀 전체뿐 아니라 솔 펄머터와 브라이언 슈미트가 역사에 기록되기 시작했다.

그들에겐 이미 후세가 있었다. 상호심사 학술지에 우주 가속의 증거 발견이 실릴 때마다, '리스 A. G 외, 1998, AJ, 116, 1009와 펄머터, S. 외, 1999, APJ, 517, 565'라는 두 인용문도 영원히 따라다닐 것이다. 그러나 그루버 우주론 상을 받은 이러한 수상자들에게는 케임브리지에서 열리는 시상식이 후세에 대한 것만은 아니었다. 그것은 역사에 관한 것이었고, 역사는 다른 무언가였다. 역사는 움직이는 후세였다.

슈미트는 애덤 리스의 공로 인정에 관해서 그루버 재단과 절충안에 도달했다. 즉 그 상은 모두에게, 즉 하이-z 팀과 SCP 공동연구팀의 51명 전원에게 돌아갈 것이다. 두 팀은 50만 달러의 상금을 분할할 것이다. 슈미트와 펄머터가 각각 자신의 팀이 받게 될 25만 달러의 절반을 받을 것이고, 나머지 12만 5,000달러는 팀 멤버들끼리 분배할 것이다. 세금 공제 후 각 개인이 받을 상금은 아마도 2,000달러가 될 것이다.

그렇게 많은 사람이 ─35명과 두 팀의 리더들이─ 한 장소에 모인 것은 아마 그게 처음이었고 어쩌면 마지막이 될지도 몰랐다. 대부분이 보이지 않는 우주를 축하하는 자리에 꼭 어울리게, 불참자들도 있었다. 슈미트와 펄머터는 자신들의 합동 강연에 그동안 종종 간과된 1990년대 초 칠레 초신성 탐색의 기여에 감사하는 내용을 포함했다. 그리고 1995년에 마리오 하무이 대우에 항의하여 하이-z 팀에서 탈퇴한 호세 마자와, 뒤이어 그 공동연구팀에서 탈퇴하여 하이-z 팀의 1998년 발견 논문 저자 명단에서 빠진 하무이의 이름과 사진도 포함했다.

"우리 팀은, 확실히 미국에서는 다소 언쟁을 벌인 것으로 알려져 있었어요." 슈미트는 시상식 행사 전날 런던에서 가진 기자회견에서 이렇게 말했다. "가속하는 우주는 우리 팀이 여태까지 동의한 최초의 것이었지요." 그가 이렇게 덧붙이자 옆에 서 있던 펄머터가 소리 내어 웃었다. 두 사람은 통합 전선을 어떻게 제시할 것인가를 놓고 미리 광범위하게 논의했고, 주말을 어떻게 보낼 것인가에 대해서도 긴밀하게 협조했다. 두 사람은 또 시상식 다음 날에 있을 강연을 위해 2인조 팀으로 어떻게 해나가야 할지에 대해서도 철저하게 계획을 세웠다. 그들은 차례로 현대 우주론의 역사를 설명하면서 때로 서로의 문장을 다듬어주기도 했다.

현대 우주론의 역사. 1964년의 짐 피블스에게는 철학적으로 우스꽝스러웠고, 1978년의 마이클 터너에게는 직업적으로 위험했으며, 우주배경탐사COBE 이전의 과학자들에게는 물리학적으로 의심스러웠을 무언가의 역사. 펄머터와 슈미트도 우주 – 이론이 관측과 만나고 하늘의 현상들이 종이 위의 계산과 일치한, 1965년에 걸려온 전화 한 통으로 존재하게 된 것 – 못지않게 젊었다. 그러나 이미 그러한 우주론은 평범한 것이 되어 있었다.

10주년을 기념하는 해가 되었을 때, 찬사가 종종 과거를 돌아보게 하는 것은 당연했다. "잠시 멈추고 우리가 얼마나 운이 좋았는지, 우주론이 어떻게 그런 단계에 도달하게 되었는지 생각해봅시다." 에든버러대학교의 존 피콕이 2008년 봄 우주망원경과학연구소STScI의 '10년간의 암흑에너지'라는 심포지엄에서 이렇게 말했다. "1914년에 참호에서 죽은 가엾은 병사는 우주에 대해서 동굴인만큼밖에 알지 못했습니다." 그 보병은 딱 별들만큼만 크고 더 크지는 않은 가만히 멈춰 있는 우주에 살았다. 그러나 지난 세기 동안 우리의 지식은 하나의 섬우주에서 수천억 개의 은하로, 영원히 반복되는 공간의 운동에서 시간에 따른 구조적 진화로 변화해왔다. 그리고 이제 우리는 심지어 암흑이라는 것을 한 가지 더 갖게 되었다.

이런 까닭에, 찬사는 또 종종 우리가 얼마나 멀리 왔는지뿐 아니라 우리가 얼마나 멀리 가야만 하는지도 생각해보게 했다. STScI 소장인 맷 마운틴은 같은 회의에서 "천체물리학은 현대 물리학이나 기초 물리학에 도전합니다. 아마 지난 400년간 이런 일이 발생한 사례는 손에 꼽을 정도일 겁니다. 우주가 가속 팽창한다는 10년 전의 발견은 우리 세대에게 이런 기회를 만들어준 거라고 할 수 있습니다"라고 말했다.

400년 전 망원경이 발명된 이후, 천문학자들은 그저 하늘을 관측하고 수학을 적용함으로써 우주의 작용들을 알아낼 수 있었다. 달과 행성과 별과 은하의 발견에 뉴턴의 법칙들을 적용하면 시계처럼 작동하는 우주를 갖게 된다. 뉴턴의 법칙들을 수정한 아인슈타인의 법칙을 우주 팽창의 발견에 적용하면 빅뱅 우주 ─ 솔 펄머터가 한때 '우스꽝스러울 정도로 간단하고, 의도적으로 만화처럼 만든 상황' ─ 를 갖게 된다.

펄머터는 버클리 캠퍼스에 있는 조지 스무트의 연구실에 앉아 있었다. 3일 전 스무트는 자신이 COBE에 대한 논문으로 2006년 노벨 물리학상 수상자로 선정되었음을 알게 되었다.

수염을 기른 스무트가 흥분과 수면 부족 때문에 동그래진 눈으로 환히 웃으며 의자에 편히 앉았다. 펄머터가 의자에 앉은 채로 상체를 앞으로 숙였다.

"또다시 우주가 간단한 것으로 드러났군."

스무트가 큰 소리로 말하자 펄머터가 열심히 고개를 끄덕였다.

"우리가 우주를 우리 수준으로 이해할 수 있는 건 아마 그 때문이겠죠?"

"맞네. 바로 그거야. 그건 초보자들을 위한 우주야! 멍청이들을 위한 우주! 처음 시도한 게 그렇게 잘 맞아떨어졌던 건 우리가 기똥차게 운이 좋았던 거라네."

우리의 행운이 계속 유지될까? 과학자들은 물리학에 필요한 게 '또 다른 아인슈타인'이라고 말하곤 했다. 그러나 우리가 만약 1,000년에 한 번 찾아올까 말까 한 암흑 우주의 혁명을 진지하게 받아들인다면 – 그렇게 생각해야 할 충분한 이유가 있었다 – 그건 정확한 비유가 아니었다. 아인슈타인은 실재하는 혹은 '진정한' 우주를 표현할 수도 있고 표현하지 못할 수도 있는 방정식들을 발견한 우리의 코페르니쿠스였다. 암흑물질과 암흑에너지의 발견자들은 비록 우리가 상상한 것보다 훨씬 더 정교하고 신비로운 것으로 드러난 우주를 확인하고 관측했던 우리의 갈릴레오였다. 과학에 필요한 것은 이제 또 하나의 아인슈타인이 아니라 또 하나의 뉴턴이었다. 이 새로운 우주의 수학을 체계적으로 정리하고, 뉴턴이 하늘의 물리학을 지구의 물리학과 통합시킨 것처럼 매우 큰 물리학을 매우 작은 물리학과 통합시키고, 관측을 통해 우리는 상상할 수 없지만 향후 수 세기 동안 우리의 물리학과 철학 – 우리의 문명 – 을 규정할 방식으로 우리 우주를 완전히 다시 이해할 사람(혹은 어떤 공동연구자들이나, 몇 세대는 지속될 권위 있는 이론)이 필요하다.

우주론자들로 하여금 우리의 감각 너머에 있는 우주의 이런 혼란스러운 발견들을 강한 흥미를 가지고 낙관적으로 보게 하고, 외관상의 인간의 한계를 지적 자유의 원천으로 보게 한 것은 바로 이런 전망이었다. 마이클 터너는 "정말로 어려운 문제들이 위대한 것은 거기에 터무니없는 새로운 아이디어들이 필요함을 우리가 알고 있기 때문"이라고 말했다. 혹은 어떤 천문학자가 맥매스터 암흑에너지 학회에서 동료들에게 말한 것처럼, "만약 내 앞에 과학 역사의 연대표를 놓고 어떤 시간과 분야든 선택하라고 한다면, 나는 바로 이곳을 선택하고 싶다."

그러니 어둠이 있게 하라. 심지어 확신할 때에도 의심이 있게 하라. 확신들 – 한 세대 만에 우주론을 형이상학에서 물리학으로, 공론에서 과학으로 변화시킨 증거의 조각들 – 이 있을 때는 특히.

2010년 초에 우리 우주를 규정하는 수를 최신 보정한 마이크로파 비등방 탐사선^{WMAP}의 7년간의 결과가 나왔다. 허블상수는 70.4였고, 상태 방정식(ω)은 −0.98로 오차 범위 내에서 −1.0이었다. 그리고 우주는 편평했고, 72.8퍼센트의 암흑에너지와 22.7퍼센트의 암흑물질과 4.56퍼센트의 중입자 물질(우리의 원료)로 구성되었다. 이것은 우리의 무지의 깊이를 말해주는, 정교할 정도로 정확한 회계였다. 이 이야기가 어떻게 끝날지는 지금으로선 알 수 없다. 그리고 아마도 영원히 알 수 없을 것이다. 우주 역사의 마지막 장을 쓰는 데 착수한 천문학자들은 '계속된다'는 더 신중한 결론에 만족해야만 했다.

"사실상, 천문학은 새롭게 시작된다." 베라 루빈은 한때 이렇게 썼다. 1992년에 지구자기국^{DTM}은 그녀의 연구실을 새로운 건물로 옮겼다. 안드로메다 사진도 함께 따라왔는데, 그들은 그 사진을 연구실 천장에 붙이겠다고 약속했지만, 아무도 그렇게 하지 않았다. 그녀는 상관하지 않았다. 세상은 변하기 마련이니까. 게다가 이전 연구실의 천장은 낮았다. 거기서는 M31이 손에 닿을 정도로 가까워 보였다. 새로운 연구실에서는 그게 손에 닿지 않았을 것이다. "우리는 우리의 손자들에게 – 그리고 그들의 손자들에게 – 우주를 이해하는 기쁨과 즐거움을 유산으로 남겨줘야 한다." 그녀는 그 에세이에서 이렇게 계속 써내려갔다.

"우리 집엔 세 살 난 딸아이가 있어요." 펄머터가 이제 스무트의 연구실에 앉아서 말했다. "녀석은 요즘 우리에게 언제나 '왜?'라고 묻는 답니다.

녀석은 그게 게임이라는 것을 아는 게 틀림없어요. 녀석은 우리가 무슨 말을 하든, '그런데 – 왜요?'라고 묻거든요." 그가 소리 내어 웃었다. "저는 대부분의 사람들이 물리학자들을 물리학의 길로 들어서게 한 게 우리가 이미 알고 있는 것을 이해하고 싶어서가 아니라, 정말로 이상하게 돌아가는 우주를 이해하기 위해서라는 걸 깨닫지 못한다는 생각이 들어요. 우리는 세상에 대한 우리의 보통 직관들이 터무니없이 잘못된 것일 수 있고, 세상이 정말로 이상하게 돌아갈 수 있다는 사실을 무척 좋아합니다. 세상이 그런 행동을 계속 되풀이하게 할 수 있다는 사실을 사랑해요. 그러면 우린 그저 밖으로 나가서 그게 계속 그렇게 하게끔 할 수 있으니까요. '또다시 해봐! 또다시 해봐!'라고 소리치면서 말이죠."

스무트도 동의했다. "그들은 항상 한계를 시험하고 있는 거야. 그리고 그게 바로 우리가 하는 일이고. 우리는 우주의 아기들이고, 한계가 무엇인지 시험하는 게지."

만약 우리의 행운이 계속 되고, 또 다른 뉴턴이 나오고, 우주가 또다시 우리가 이전에 상상할 수도 없었을 방식으로 간단한 것으로 드러난다면, 솔 펄머터의 딸이나 베라 루빈의 손자의 손자들은 그들이 본 것과 똑같은 하늘을 보고 있지 않을 것이다. 왜냐하면 그들은 그것을 똑같은 방식으로 생각하지 않을 테니까 말이다. 그들은 똑같은 별들을 보겠고, 우리 은하 이외의 수천억 개나 되는 은하들을 보고 감탄할 것이다. 그러나 그들도 암흑을 감지할 것이다. 그리고 그들에게는 그런 암흑이 지식으로 향하는 – 우리 모두가 한때 천진난만하게 빛이라고 불렀던 그런 종류의 발견들로 향하는 – 길을 의미할 것이다.

감사의 글

우주의 미지 영역에 대한 진정한 열정과 편집자로서의 빼어난 지도력을 보여준 어맨더 쿡, 일상의 지혜로 편집자와 저자를 잘 맺어준 헨리 더나우, 전문가의 시각을 가진 캐티야 라이스, 과감히 과학에 기대를 걸고 이 주제에 대한 기사를 배정해준 캐서린 버튼, 존 시몬 구겐하임 기념재단, 국립과학재단NSF의 대서양 예술가와 작가 프로그램, 뉴욕예술재단의 핵심적이고도 아낌없는 지원, 그리고 (암흑물질과 암흑에너지가 무엇인지 안다고 주장하지만, 어찌됐든 녀석들을 사랑하는 아빠에게는 절대로 말하지 않으려고 하는) 가브리엘과 찰리에게 깊은 감사의 마음을 전하고 싶다.

다음은 이 책의 밑바탕이 되어준 인터뷰이들의 목록이다. 시간과 지식을 아낌없이 제공해주신 다음과 같은 분들에게 고마움을 전하며, 혹시 누락된 분들에게는 사죄드린다.

에릭 아델버거
대니얼 에이커립
그렉 앨더링
엘레나 에이프릴
스티브 아즈탈로스
조나단 배거
브래드포드 벤슨
블라스 카브레라
로버트 칸
존 칸스트롬
숀 캐럴
더글라스 클라우
후안 콜랴
조디 쿨리
톰 크로포드

로버트 P. 크리스
애비게일 크릿츠
리처드 엘리스
알렉스 필리펜코
앤 K. 핑크바이너
브레나 플로터
W. 켄트 포드
조시 프리맨
피터 가나비치
닐 게렐스
엘리자베스 조지
제임스 글랜츠
거슨 골드하버
에어리얼 구바
돈 그룹

앨런 구스
마리오 하무이
게리 힐
스티브 홀랜드
윌리엄 L. 홀저펠
이소벨 후크
마이클 T. 호츠
웨인 후
퍼 올로프헐스
알렉스 킴
대린 숀 키니온
로버트 P. 커슈너
스튜어트 클라인
에드워드 W. 콜브
마크 크라스버그
안드레이 크라브초프
로빈 라피버
브루노 라이분구트
마이클 레비
에릭 린더
마리오 리비오
로버트 룹톤
루팍 마하파트라
스티븐 P. 마란
스테이시 맥고프
제프 맥매혼
러셋 맥밀런
모르데헤이 밀그롬
리처드 멀러
로버트 내이
하이디 뉴버그

피터 너전트
제러마이아 오스트라이커
니킬 패드마나반
니노 패나기아
로버트 J. 파울로스
P. 제임스 E. 피블스
칼 페니패커
솔 펄머터
마크 필립스
오리올 푸졸라스
애덤 리스
나탈리 로
레슬리 로젠버그
롭 로저
베라 루빈
버나드 새둘렛
앨런 샌디지
캐스린 스캐퍼
데이비드 슈레겔
브라이언 슈미트
리 스몰린
조지 스무트
스티브 스네든
헬머스 스필러
니컬러스 선체프
칼 반 비버
케이스 반더린드
릭 반 쿠텐
크리스토프 웨테리히
홍승 차오

이 책에서 중심적인 중요성을 갖는 논문들을 인용할 때는 저자를 전부 열거한다. 중심에서 약간 벗어나고 저자가 두 명 이상인 논문들은 제1저자만 언급하고 그 뒤에 'et al.(외)'라고 표기한다.

Abazajian, Kevork N., et al. 2009. *Astrophysical Journal Supplement* 182: 543~558.

Alcock, C., et al. 1993. "Possible Gravitational Microlensing of a Star in the large Magellanic Cloud." *Nature* 365: 621~623.

Alpher, R. A., and R. C. Herman. 1948. "Evolution of the Universe." *Nature* 162: 774~775.

Anton, Ted. 2001. *Bold Science: Seven Scientists Who Are Changing Our World.* New York: W. H. Freeman.

Aubourg, E., et al. 1993. "Evidence for Gravitational Microlensing by Dark Objects in the Galactic Halo." *Nature* 365: 623~625.

Australian Astronomers Oral History Project. Interview of Brian Schmidt by Ragbir Bhathal, June 15, 2006. National Library of Australia.

Baade, W. 1938. "The Absolute Photographic Magnitude of Supernovae." *Astrophysical Journal* 88: 285~304.

Bartusiak, Marcia. 1993. *Through a Universe Darkly: A Cosmic Tale of Ancient Ethers, Dark Matter, and the Fate of the Universe.* New York: HarperCollins.

Bernstein, Jeremy. 1986. *Three Degrees above Zero.* New York: New American Library.

Bernstein, Jeremy, and Gerald Feinberg, eds. 1986. *Cosmological Constants: Papers in Modern Cosmology.* New York: Columbia University Press.

Bondi, H., and T. Gold. 1948. "The Steady– State Theory of the Expanding Universe." *Monthly Notices of the Royal Astronomical Society* 108: 252~270.

Bosma, A. 1978. "The Distribution and Kinematics of Neutral Hydrogen in Spiral Galaxies of Various Morphological Types." PhD diss., Groningen University, Groningen, Neth.

Boynton, Paul. 2009. "Testing the Fireball Hypothesis." In *Finding the Big Bang*, ed. P. James E. Peebles, Lyman A. Page, Jr., and R. Bruce Partridge. New York: Cambridge University Press.

Burbidge, E. Margaret, G. R. Burbidge, William A. Fowler, and F. Hoyle. 1957. "Synthesis of the Elements in Stars." *Reviews of Modern Physics* 29: 547~650.

Burke, Bernard F. 2009. "Radio Astronomy from the First Contacts to the CMBR." In *Finding the Big Bang*, ed. P. James E. Peebles, Lyman A. Page, Jr., and R. Bruce Partridge. New York: Cambridge University Press.

Carroll, Sean M., William H. Press, and Edwin L. Turner. 1992. "The Cosmological Constant." *Annual Review of Astronomy and Astrophysics* 30: 499~542.

Colgate, Stirling A., Elliott P. Moore, and Richard Carlson. 1975. "A Fully Automated Digitally Controlled 30– inch Telescope." *Publications of the Astronomical Society of the Pacific* 87: 565~575.

Crowe, Michael J. 1990. *Theories of the World from Ptolemy to Copernicus.* New York: Dover.

Davis, M. 1982. "Galaxy Clustering and the Missing Mass." *Philosophical Transactions of the Royal Society of London, Series A, Mathematical and Physical Sciences* 307: 111~119.

Davis, M., J. Huchra, D. W. Latham, and J. Tonry. 1982. "A Survey of Galaxy Redshifts, II: The Large Scale Space Distribution." *Astrophysical Journal* 253: 423~445.

Davis, Marc, and P. J. E. Peebles. 1983. "A Survey of Galaxy Redshifts, V: The Two– Point Position and Velocity Correlations." *Astrophysical Journal* 267: 465~482.

Davis, Marc, Piet Hut, and Richard A. Muller. 1984. "Terrestrial Catastrophism: Nemesis or Galaxy?" *Nature* 308: 715~717.

de Vaucouleurs, Gerard. 1953. "Evidence for a Local Supergalaxy." *Astrophysical Journal* 58: 30~32.

Dicke, R. H., and P. J. E. Peebles. 1965. "Gravitation and Space Science." *Space Science Reviews* 4: 419~460.

Dicke, R. H., P. J. E. Peebles, P. G. Roll, and D. T. Wilkinson. 1965. "Cosmic Black– Body Radiation." *Astrophysical Journal* 142: 414~419.

Doroshkevich, A. G., and I. D. Novikov. 1964. "Mean Density of Radiation in the Metagalaxy and Certain Problems in Relativistic Cosmology." *Soviet Physics Doklady* 9: 111.

Einstein, Albert. 1917. "Cosmological Considerations on the General Theory of Relativity." Reprinted in *Cosmological Constants: Papers in Modern Cosmology,* ed. Jeremy Bernstein and Gerald Feinberg. New York: Columbia University Press, 1986.

_. 1934. "On the Method of Theoretical Physics." Reprinted in *Ideas and Opinions*, ed. Carl Seelig. New York: Bonanza Books, 1954.

Eisenstein, Daniel, et al. 2005. "Detection of the Baryon Acoustic Peak in the Large− Scale Correlation Function of SDSS Luminous Red Galaxies." *Astrophysical Journal* 633: 560~574.

Faber, S. M., and J. S. Gallagher. 1979. "Masses and Mass− to− Light Ratios of Galaxies." *Annual Review of Astronomy and Astrophysics* 17: 135~187.

Filippenko, Alexei V. 2001. "Einstein's Biggest Blunder? High− Redshift Supernovae and the Accelerating Universe." *Publications of the Astronomical Society of the Pacific* 113: 1441~1448.

Finkbeiner, Ann. 1992. "Cosmologists Search the Universe for a Dubious Panacea." *Science* 256: 319~320.

Gamow, G. 1946. "Rotating Universe?" *Nature* 158: 549.

_. 1948. "The Evolution of the Universe." *Nature* 162: 680~682.

Garnavich, Peter M., Robert P. Kirshner, Peter Challis, John Tonry, Ron L. Gilliland, R. Chris Smith, Alejandro Clocchiatti, Alan Diercks, Alexei V. Filippenko, Mario Hamuy, Craig J. Hogan, B. Leibundgut, M. M. Phillips, David Reiss, Adam G. Riess, Brian P. Schmidt, J. Spyromilio, Christopher Stubbs, Nicholas B. Suntzeff, and Lisa Wells. 1998. "Constraints on Cosmological Models from Hubble Space Telescope Observations of High− z Supernovae." *Astrophysical Journal* 493: L53~L57.

Gates, Evalyn. 2009. *Einstein's Telescope: The Hunt for Dark Matter and Dark Energy in the Universe*. New York: W. W. Norton.

Geller, Margaret J., and John P. Huchra. 1989. "Mapping the Universe." *Science* 246: 897~903.

Gibbons, G. W., S. W. Hawking, and S. T. C. Siklos, eds. 1985. *The Very Early Universe*. Cambridge: Cambridge University Press.

Gilliland, Ronald L., Peter E. Nugent, and M. M. Phillips. 1999. "High−Redshift Supernovae in the Hubble Deep Field." *Astrophysical Journal* 521: 30~49.

Gingerich, Owen. 1994. "The Summer of 1953: A Watershed for Astrophysics." *Physics Today* 47: 34~40.

Glanz, James. 1995. "To Learn the Universe's Fate, Observers Clock Its Slowdown." *Science* 269: 756~757.

_. 1996. "Debating the Big Questions." *Science* 273: 1168~1170.

_. 1997. "New Light on Fate of the Universe." *Science* 278: 799~800.

_. 1998a. "Exploding Stars Point to a Universal Repulsive Force." *Science* 279: 651~652.

_. 1998b. "Astronomers See a Cosmic Antigravity Force at Work." *Science* 279: 1298~1299.

Glazebrook, Karl. 2006. "The WiggleZ Survey." PowerPoint presentation.

Goldhaber, Gerson. 1994. "Discovery of the Most Distant Supernovae and the Quest for Omega." Lawrence Berkeley National Laboratory, LBNL Paper LBL– 36361.

Goobar, Ariel, and Saul Perlmutter. 1995. "Feasibility of Measuring the Cosmological Constant and Mass Density Ω Using Type Ia Supernovae." *Astrophysical Journal* 450: 14~18.

Gunn, James E., and Beatrice M. Tinsley. 1975. "An Accelerating Universe." *Nature* 257: 454~457.

Guth, Alan H. 1981. "The Inflationary Universe: A Possible Solution to the Horizon and Flatness Problems." *Physical Review* D 23: 347~356.

_. 1998. *The Inflationary Universe: The Quest for a New Theory of Cosmic Origins*. New York: Basic Books.

Hamuy, Mario, M. M. Phillips, José Maza, Nicholas B. Suntzeff, R. A. Schommer, and R. Aviles. 1995. "A Hubble Diagram of Distant Type Ia Supernovae." *Astronomical Journal* 109: 1~13.

Happer, W., P. J. E. Peebles, and David Wilkinson. 1999. "Robert Henry Dicke, 1916~1997." *Biographical Memoirs* 77. Washington, DC: National Academy Press.

Hemingway, Ernest. 1966. "Indian Camp." In *The Short Stories of Ernest Hemingway*. New York: Charles Scribner's Sons.

Hewitt, Adelaide, Geoffrey Burbidge, and Li Zhi Fang, eds. 1987. *Observational Cosmology*. Proceedings of the 124th Symposium of the International Astronomical Union, Beijing, China, August 25~30, 1986. Dordrecht, Neth.: D. Reidel.

Hoyle, F. 1948. "A New Model for the Expanding Universe." *Monthly Notices of the Royal Astronomical Society* 108: 372~382.

Hubble, Edwin. 1936. *The Realm of the Nebulae*. New Haven: Yale University Press.

Irion, Robert. 2002. "The Bright Face behind the Dark Sides of Galaxies." *Science* 295: 960~961.

Kare, Jordin T., Carlton R. Pennypacker, Richard A. Muller, Terry S. Mast, Frank S. Crawford, and M. Shane Burns. 1981. "The Berkeley Automated Supernova Search." Presented at the North American Treaty Organization/Advanced Study Institute on Supernovae, Cambridge, Eng land, June 28 – July 10, 1981.

Kim, A., et al. 1995. "K Corrections for Type Ia Supernovae and a Test for Spatial Variation of the Hubble Constant." Presented at the NATO Advanced Study Institute Thermonuclear Supernovae Conference, Aiguablava, Spain, June 20-30, 1995.

Kirshner, Robert P. 2002. *The Extravagant Universe: Exploding Stars, Dark Energy, and the Accelerating Cosmos*. Princeton, NJ: Princeton University Press.

Kolb, Edward W., and Michael S. Turner. 1993. *The Early Universe*. Reading, MA: Addison–

Wesley.

Kolb, Edward W., Michael S. Turner, David Lindley, Keith Olive, and David Seckel. 1986. *Inner Space/Outer Space: The Interface between Cosmology and Particle Physics*. Chicago: University of Chicago Press.

Kragh, Helge. 1996. *Cosmology and Controversy: The Historical Development of Two Theories of the Universe*. Princeton, NJ: Princeton University Press.

Krauss, Lawrence M., and Michael S. Turner. 1995. "The Cosmological Constant Is Back." *General Relativity and Gravitation* 27: 1137~1144.

Leibundgut, B., J. Spyromlio, J. Walsh, B. P. Schmidt, M. M. Phillips, N. B. Suntzeff, M. Hamuy, R. A. Schommer, R. Avilés, R. P. Kirshner, A. Riess, P. Challis, P. Garnavich, C. Stubbs, C. Hogan, A. Dressler, and R. Ciardullo. 1995. "Discovery of a Supernova (SN 1995K) at a Redshift of 0.478." *ESO Messenger* 81: 19~20.

Lightman, Alan, and Roberta Brawer. 1990. *Origins: The Lives and Worlds of Modern Cosmologists*. Cambridge, MA: Harvard University Press.

Livio, Mario, ed. 2003. *The Dark Universe: Matter, Energy, and Gravity*. Cambridge: Cambridge University Press.

Massey, Richard, et al. 2007. "Dark Matter Maps Reveal Cosmic Scaffolding." *Nature* 445: 286~290.

Mather, John C., and John Boslough. 2008. *The Very First Light: The True Inside Story of the Scientific Journey Back to the Dawn of the Universe*. New York: Basic Books.

National Research Council of the National Academies. 2003. *Connecting Quarks with the Cosmos: Eleven Science Questions for the New Century*. Washington, DC: National Academies Press.

Newberg, Heidi Jo Marvin. 1992. "Measuring q_0 Using Supernovae at z≈0.3." PhD diss., University of California, Berkeley, and Lawrence Berkeley Laboratory.

Newton, Isaac. 1999. *The Principia: Mathematical Principles of Natural Philosophy*, trans. I. Bernard Cohen and Anne Whitman. Berkeley: University of California Press.

O'Connor, Flannery. 1979. "Writing Short Stories." In *Mysteries and Manners*. New York: Farrar, Straus & Giroux.

Ohm, E. A. 1961. "Receiving System." *Bell System Technical Journal* 40: 1045.

Ostriker, J. P., and P. J. E. Peebles. 1973. "A Numerical Study of the Stability of Flattened Galaxies: Or, Can Cold Galaxies Survive?" *Astrophysical Journal* 186: 467~480.

Ostriker, J. P., P. J. E. Peebles, and A. Yahil. 1974. "The Size and Mass of Galaxies, and the Mass of the Universe." *Astrophysical Journal* 193: L1~L4.

Ostriker, J. P., and Paul J. Steinhardt. 1995. "The Observational Case for a Low–Density Universe with a Non–Zero Cosmological Constant." *Nature* 377: 600~602.

Overbye, Dennis. 1992. *Lonely Hearts of the Cosmos: The Scientific Quest for the Secret of the Universe*. New York: Harper Perennial.

_. 1996. "Weighing the Universe." *Science* 272: 1426~1428.

Paczynski, Bohdan. 1986a. "Gravitational Microlensing at Large Optical Depth." *Astrophysical Journal* 301: 503~516.

_. 1986b. "Gravitational Microlensing by the Galactic Halo." *Astrophysical Journal* 304: 1~5.

Pais, Abraham. 1997. *'Subtle Is the Lord...': The Science and the Life of Albert Einstein*. Oxford: Oxford University Press.

Peacock, John A., et al. 2001. "A Measurement of the Cosmological Mass Density from Clustering in the 2dF Galaxy Redshift Survey." *Nature* 410: 169~173.

Peebles, P. J. E. 1965. "The Black– Body Radiation Content of the Universe and the Formation of Galaxies." *Astrophysical Journal* 142: 1317~1326.

_. 1969. "Cosmology." *Journal of the Royal Astronomical Society of Canada* 63: 4~31.

_. 1970. "Structure of the Coma Cluster of Galaxies." *Astronomical Journal* 75: 13~20.

_. 1974. *Physical Cosmology*. Princeton, NJ: Princeton University Press.

_. 1984. "Tests of Cosmological Models Constrained by Inflation." *Astrophysical Journal* 284: 439~444.

_. 1999. "Penzias and Wilson's Discovery of the Cosmic Microwave Background." *Astrophysical Journal* 525C: 1067~1068.

_. 2003. "Open Problems in Cosmology." http://arxiv.org/pdf/astro– ph/0311435v1.

_. 2009. "How I Learned Physical Cosmology." In *Finding the Big Bang*, ed. P. James E. Peebles, Lyman A. Page, Jr., and R. Bruce Partridge. New York: Cambridge University Press.

Peebles, P. J. E., and J. T. Yu. 1970. "Primeval Adiabatic Perturbation in an Expanding Universe." *Astrophysical Journal* 162: 815~836.

Peebles, P. James E., Lyman A. Page, Jr., and R. Bruce Partridge, eds. 2009. *Finding the Big Bang*. New York: Cambridge University Press.

Penzias, Arno. 1992. "The Origin of Elements." In *Nobel Lectures in Physics*, 1971~1980, ed. Stig Lundqvist. Singapore: World Scientific Publishing Co.

_. 2009. "Encountering Cosmology." In *Finding the Big Bang*, ed. P. James E. Peebles, Lyman A. Page, Jr., and R. Bruce Partridge. New York: Cambridge University Press.

Penzias, A. A., and R. W. Wilson. 1965. "A Measurement of Excess Antenna Temperature at 4080 Mc/s." *Astrophysical Journal* 142: 419~421.

Perlmutter, Saul. 1986. "An Astrometric Search for a Stellar Companion to the Sun." PhD diss., Lawrence Berkeley Laboratory and University of California, Berkeley.

Perlmutter, S., G. Aldering, M. Della Valle, S. Deustua, R. S. Ellis, S. Fabbro, A. Fruchter, G.

Goldhaber, D. E. Groom, I. M. Hook, A. G. Kim, M. Y. Kim, R. A. Knop, C. Lidman, R. G. McMahon, P. Nugent, R. Pain, N. Panagia, C. R. Pennypacker, P. Ruiz– Lapuente, B. Schaefer, and N. Walton. 1998. "Discovery of a Supernova Explosion at Half the Age of the Universe." *Nature* 391: 51~54.

Perlmutter, S., G. Aldering, G. Goldhaber, R. A. Knop, P. Nugent, P. G. Castro, S. Deustua, S. Fabbro, A. Goobar, D. E. Groom, I. M. Hook, A. G. Kim, M. Y. Kim, J. C. Lee, N. J. Nunes, R. Pain, C. R. Pennypacker, R. Quimby, C. Lidman, R. S. Ellis, M. Irwin, R. G. McMahon, P. Ruiz– Lapuente, N. Walton, B. Schaefer, B. J. Boyle, A. V. Filippenko, T. Matheson, A. S. Fruchter, N. Panagia, H. J. M. Newberg, and W. J. Couch. 1999. "Measurements of Ω and Λ from 42 High– Redshift Supernovae." *Astrophysical Journal* 517: 565~586.

Perlmutter, S., S. Deustua, S. Gabi, G. Goldhaber, D. Groom, I. Hook, A. Kim, M. Kim, J. Lee, R. Pain, C. Penypacker, I. Small, A. Goobar, R. Ellis, R. McMahon, B. Boyle, P. Bunclark, D. Carter, K. Glazebrook, M. Irwin, H. Newberg, A. V. Filippenko, T. Matheson, M. Dopita, J. Mould, and W. Couch. 1995. "Scheduled Discoveries of 7+High–Redshift Supernovae: First Cosmology Results and Bounds on q_0," Presented at the NATO Advanced Study Institute Thermonuclear Supernovae Conference, Aiguablava, Spain, June 20~30, 1995b.

Perlmutter, S., S. Gabi, G. Goldhaber, A. Goobar, D. E. Groom, I. M. Hook, A. G. Kim, M. Y. Kim, J. C. Lee, R. Pain, C. R. Pennypacker, I. A. Small, R. S. Ellis, R. G. McMahon, B. J. Boyle, P. S. Bunclark, D. Carter, M. J. Irwin, K. Glazebrook, H. J. M. Newberg, A. V. Filippenko, T. Matheson, M. Dopita, and W. J. Couch. 1997. "Measurements of the Cosmological Parameters Ω and Λ from the First Seven Supernovae at z ≥ 0.35." *Astrophysical Journal* 483: 565~581.

Perlmutter, S., C. R. Pennypacker, G. Goldhaber, A. Goobar, R. A. Muller, H. J. M. Newberg, J. Desai, A. G. Kim, M. Y. Kim, I. A. Small, B. J. Boyle, C. S. Crawford, R. G. McMahon, P. S. Bunclark, D. Carter, M. J. Irwin, R. J. Terlevich, R. S. Ellis, K. Glazebrook, W. J. Couch, J. R. Mould, T. A. Small, and R. G. Abraham. 1995a. "A Supernova at z = 0.458 and Implications for Measuring the Cosmological Deceleration." *Astrophysical Journal Letters* 440: L41~L44.

Petrossian, V., E. Salpeter, and P. Szekeres. 1967. "Quasi– Stellar Objects in Universes with Non– Zero Cosmological Constant." *Astrophysical Journal* 147: 1222~1226.

Phillips, M. M. 1993. "The Absolute Magnitudes of Type Ia Supernovae." *Astrophysical Journal* 413: L105~L108.

Raup, David M., and J. John Sepkoski, Jr. 1984. "Periodicity of Extinctions in the Geologic Past." *Proceedings of the National Academy of Science USA* 81: 801~805.

Riess, Adam G., William H. Press, and Robert P. Kirshner. 1995a. "Using Type Ia Supernova Light Curve Shapes to Measure the Hubble Constant." *Astrophysical Journal Letters* 438: L17~L20.

_. 1995b. "Determining the Motion of the Local Group Using SN Ia Light Curve Shapes." *Astrophysical Journal Letters* 445: L91~L94.

_. "A Precise Distance Indicator: Type Ia Supernova Multicolor Light– Curve Shapes." *Astrophysical Journal* 473: 88~109.

Riess, Adam G., Alexei V. Filippenko, Peter Challis, Alejandro Clocchiatti, Alan Diercks, Peter M. Garnavich, Ron L. Gilliland, Craig J. Hogan, Saurabh Jha, Robert P. Kirshner, B. Leibundgut, M. M. Phillips, David Reiss, Brian P. Schmidt, Robert A. Schommer, R. Chris Smith, J. Spyromilio, Christopher Stubbs, Nicholas B. Suntzeff, and John Tonry. 1998. "Observational Evidence from Supernovae for an Accelerating Universe and a Cosmological Constant." *Astronomical Journal* 16: 1009~1038.

Riess, Adam G., Peter E. Nugent, Ronald L. Gilliland, Brian P. Schmidt, John Tonry, Mark Dickinson, Rodger I. Thompson, Tamas Budavari, Stefano Casertano, Aaron S. Evans, Alexei V. Filippenko, Mario Livio, David B. Sanders, Alice E. Shapley, Hyron Spinrad, Charles C. Steidel, Daniel Stern, Jason Surace, and Sylvain Veilleux. 2001. "The Farthest Known Supernova: Support for an Accelerating Universe and a Glimpse of the Epoch of Deceleration." *Astrophysical Journal* 560: 49~71.

Riess, Adam G., Louis– Gregory Strolger, John Tonry, Stefano Casertano, Henry C. Ferguson, Bahram Mobasher, Peter Challis, Alexei V. Filippenko, Saurabh Jha, Weidong Li, Ryan Chornock, Robert P. Kirsh ner, Bruno Leibundgut, Mark Dickinson, Mario Livio, Mauro Giavalisco, Charles C. Steidel, Txitxo Benitez, and Zlatan Tsvetanov. 2004. "Type Ia Supernova Discoveries at z > 1 from the Hubble Space Telescope: Evidence for Past Deceleration and Constraints on Dark Energy Evolution." *Astrophysical Journal* 607: 665~687.

Riess, Adam G., Louis– Gregory Strolger, Stefano Casertano, Henry C. Ferguson, Bahram Mobasher, Ben Gold, Peter J. Challis, Alexei V. Filippenko, Saurabh Jha, Weidong Li, John Tonry, Ryan Foley, Robert P. Kirshner, Mark Dickinson, Emily MacDonald, Daniel Eisenstein, Mario Livio, Josh Younger, Chun Xu, Tomas Dahlen, and Daniel Stern. 2007. "New Hubble Space Telescope Discoveries of Type Ia Supernovae at z >= 1: Narrowing Constraints on the Early Behavior of Dark Energy." *Astrophysical Journal* 659: 98~121.

Riordan, Michael, and David N. Schramm. 1991. *The Shadows of Creation: Dark Matter and the Structure of the Universe.* New York: W. H. Freeman.

Rubin, Vera Cooper. 1951. "Differential Rotation of the Inner Metagalaxy." *Astronomical Journal* 1190: 47~48.

_. 1954. "Fluctuations in the Space Distribution of the Galaxies." *Proceedings of the National Academy of Sciences* 40: 541~549.

_. 1983. "The Rotation of Spiral Galaxies." *Science* 220: 1339~1344.

_. 1997. *Bright Galaxies, Dark Matters*. Woodbury, NY: AIP Press.

_. 2003. "A Brief History of Dark Matter." In *The Dark Universe: Matter, Energy, and Gravity*, ed. Mario Livio. Cambridge: Cambridge University Press.

_. 2006. "Seeing Dark Matter in the Andromeda Galaxy." *Physics Today* 59: 8~9.

Rubin, Vera C., Jaylee Burley, Ahmad Kiasatpoor, Benny Klock, Gerald Pease, Erich Rutscheidt, and Clayton Smith. 1962. "Kinematic Studies of Early–Type Stars, I: Photometric Survey, Space Motions, and Comparison with Radio Observations." *Astronomical Journal* 67: 491~531.

Rubin, Vera C., W. Kent Ford, Jr., and Judith S. Rubin. 1973. "A Curious Distribution of Radial Velocities of Sc I Galaxies with $14.0 \leq m \leq 15.0$." *Astrophysical Journal* 183: L111~L115.

Rubin, Vera C., W. Kent Ford, Jr., Norbert Thonnard, Morton S. Roberts, and John A. Graham. 1976a. "Motion of the Galaxy and the Local Group Determined from the Velocity Anisotropy of Distant Sc I Galaxies, I: The Data." *Astronomical Journal* 81: 687~718.

Rubin, Vera C., Norbert Thonnard, W. Kent Ford, Jr., and Morton S. Roberts. 1976b. "Motion of the Galaxy and the Local Group Determined from the Velocity Anisotropy of Distant Sc I Galaxies, II: The Analysis for the Motion." *Astronomical Journal* 81: 719~737.

Rubin, Vera C., W. Kent Ford, Jr., and Norbert Thonnard. 1978. "Extended Rotation Curves of High– Luminosity Spiral Galaxies, IV: Systematic Dynamical Properties, SA→SC." *Astrophysical Journal* 225: L107~L111.

Sandage, Allan. 1970. "Cosmology: The Search for Two Numbers." *Physics Today* 23: 34~41.

_. 1987. "*Observational Cosmology* 1920-1985: An Introduction to the Conference." In Observational Cosmology (Proceedings of the 124th Symposium of the International Astronomical Union, Beijing, China, Aug. 25~30, 1986), ed. Adelaide Hewitt, Geoffrey Burbidge, and Li Zhi Fang. Dordrecht, Neth.: D. Reidel.

Smith, Sinclair. 1936. "The Mass of the Virgo Cluster." *Astrophysical Journal* 83: 23~30.

Smoot, George, and Keay Davidson. 1994. *Wrinkles in Time: Witness to the Birth of the Universe*. New York: Harper Perennial.

Stachel, John, ed. 1998. *Einstein's Miraculous Year: Five Papers That Changed the Face of Physics*. Princeton: Princeton University Press.

Staniszewski, Z., et al. 2009. "Galaxy Clusters Discovered with a Sunyaev– Zel'dovich Effect Survey." *Astrophysical Journal* 701: 32~41.

Thompson, Silvanus P. 1910. *The Life of William Thomson, Baron Kelvin of Largs*. London: Macmillan and Co.

Tolman, Richard C. 1987. *Relativity, Thermodynamics, and Cosmology*. New York: Dover.

Tryon, Edward P. 1973. "Is the Universe a Quantum Fluctuation?" *Nature* 246: 396~397.

Turner, Kenneth C. 2009. "Spreading the Word ? or How the News Went from Princeton to

Holmdel." In *Finding the Big Bang*, ed. P. James E. Peebles, Lyman A. Page, Jr., and R. Bruce Partridge. New York: Cambridge University Press.

Turner, Michael S. 1998a. "Cosmology Solved? Maybe." http://arxiv.org/abs/astro-ph/9811366.

_. 1998b. "Cosmology Solved?" http://arxiv.org/abs/astro-ph/9811447.

_. 1999. "Cosmology Solved? Quite Possibly!" Publications of the *Astronomical Society of the Pacific* 111: 264~273.

_. 2009. "David Norman Schramm, 1945?1997: A Biographical Memoir." Washington, DC: National Academy of Sciences.

Turner, M. S., G. Steigman, and L. M. Krauss. 1984. "Flatness of the Universe: Reconciling Theoretical Prejudices with Observational Data." *Physical Review Letters* 52: 2090~2093.

Uomoto, A., and R. P. Kirshner. 1985. "Peculiar Type I Supernovas." *Astronomy and Astrophysics* 149: L7~L9.

van Bibber, Karl, and Leslie J. Rosenberg. 2006. "Ultrasensitive Searches for the Axion." *Physics Today* 59 (Aug.): 30~35.

Weinberg, Steven. 1993. *The First Three Minutes: A Modern View of the Origin of the Universe.* New York: Basic Books.

White, Simon D. M. 2007. "Fundamentalist Physics: Why Dark Energy Is Bad for Astronomy." *Reports on Progress in Physics* 70: 883~897.

Wilczek, Frank. 1985. "Conference Summary and Concluding Remarks." In *The Very Early Universe*, ed. G. W. Gibbons, S. W. Hawking, and S. T. C. Siklos. Cambridge: Cambridge University Press.

_. 1991. "The Birth of Axions." Current Contents 22: 8~9.

Wilkinson, David T. 2009. "Measuring the Cosmic Microwave Background Radiation." In *Finding the Big Bang*, ed. P. James E. Peebles, Lyman A. Page, Jr., and R. Bruce Partridge. New York: Cambridge University Press.

Wilson, Robert W. 1992. "The Cosmic Microwave Background Radiation." In *Nobel Lectures in Physics*, 1971~1980, ed. Stig Lundqvist. Singapore: World Scientific Publishing Co.

_. 2009. "Two Astronomical Discoveries." In *Finding the Big Bang*, ed. P. James E. Peebles, Lyman A. Page, Jr., and R. Bruce Partridge. New York: Cambridge University Press.

Zwicky, Fritz. 1933. "Die Rotverschiebung von extragalaktischen Nebeln." *Helvetica Physica Acta* 6: 110~127.

_. 1937. "On the Masses of Nebulae and of Clusters of Nebulae." *Astrophysical Journal* 86: 217~246.

ㄱ

4퍼센트 우주

2013년 9월 5일 초판 1쇄 발행
2015년 11월 20일 초판 2쇄 발행

지은이 | 리처드 파넥
옮긴이 | 김혜원
발행인 | 이원주

발행처 | (주)시공사
출판등록 | 1989년 5월 10일(제3-248호)
주소 | 서울 서초구 사임당로 82(우편번호 137-879)
전화 | 편집(02)2046-2864·영업(02)2046-2800
팩스 | 편집(02)585-1755·영업(02)585-0835
홈페이지 | www.sigongsa.com

ISBN 978-89-527-6986-2 03420